博弈思维的通俗讲解　社会现象的缜密分析
生活决策的案例启迪　社会发展的方向追寻

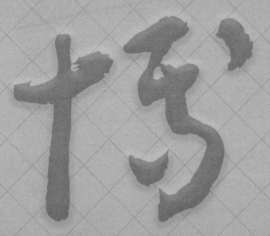

朱富强 △著

博弈思维和
Game Thinking and Social Predicament
社会困局

U0227064

经济管理出版社
ECONOMY & MANAGEMENT PUBLISHING HOUSE

图书在版编目（CIP）数据

博弈思维和社会困局/朱富强著. —北京：经济管理出版社，2017.10
ISBN 978-7-5096-5468-2

Ⅰ.①博… Ⅱ.①朱… Ⅲ.①博弈论—通俗读物 Ⅳ.①O225-49

中国版本图书馆 CIP 数据核字（2017）第 274251 号

组稿编辑：王光艳
责任编辑：许 兵 吴 蕾
责任印制：黄章平
责任校对：张晓燕

出版发行：经济管理出版社
　　　　　（北京市海淀区北蜂窝 8 号中雅大厦 A 座 11 层　100038）
网　　　址：www.E-mp.com.cn
电　　　话：(010) 51915602
印　　　刷：三河市延风印装有限公司
经　　　销：新华书店
开　　　本：710mm×1000mm/16
印　　　张：18.75
字　　　数：297 千字
版　　　次：2018 年 4 月第 1 版　　2018 年 4 月第 1 次印刷
书　　　号：ISBN 978-7-5096-5468-2
定　　　价：68.00 元

本书的写作并非我学术生涯的原初规划，它的孕育和问世应该主要归功于王光艳女士。在讲义《博弈论》一书的出版过程中，王光艳女士就建议我再写一本更容易为社会大众和非经济学专业读者所接受的通俗性博弈论读物，我接受了这一提议，随后开始酝酿如何围绕一个核心主题来系统地阐述和探究博弈机理，并在2013年的暑假期间大致完成了《博弈大困局》的初稿。如果说《博弈论》一书的目标读者群是经济学专业的学生，从而使用了较多的数学公式和数学模型，那么《博弈大困局》一书所针对的读者群就是更为广泛的社会大众，因而它尽可能少地使用数学符号而主要使用文字语言来讲述博弈思维、分析日常生活中的策略选择和社会经济现象。

为了系统讲述和探究博弈思维、博弈困局、博弈歹计和脱困方略这整体性的四大内容，《博弈大困局》一书的撰写篇幅不觉间就已经超出了原先的规划。因此，为了读者阅读的方便，《博弈大困局》一书又被分拆为《博弈思维和社会困局》和《博弈歹计和困局破解》两部来出版，它们分别对应了对社会现象的解析和对社会实践的指导两方面。同时，为了便于读者更好地掌握两本书的分析，原先作为附录的"博弈论基础"和"博弈论进展"也被提出来分别作为两本书的第一部分。当然，有较好博弈理论基础的读者完全可以跳开这部分，那些不关注理论的读者跳开这部分也不会明显影响对后面分析部分的理解。此外，为了便于读者深化理解那些深奥、抽象的博弈论原理，本书尽可能采用通俗易懂的语言和生动有趣的故事进行深入浅出的阐释，并通过上百个案例来系统讲解主流博弈理论的思维机理、均衡状态、问题成因以及应对之道，且每一案例都是精心挑选出来的。

书中案例的来源主要有两类：一类是来自我们置身其中的生活案例，这些案例是如此普遍以至于大多数人对之已熟视无睹了，困扰家长的全民奥数、方兴未艾的考研热潮、越来越盛的啃老一族、日渐凸显的剩女现象、日益扩大的性别失调、没有底线的网络炒作、层出不穷的产品召回、普遍的磨洋工行为、严重的 X-低效率、机会主义的政客、中国式过马路、横行的学术骗子、扭曲的 MBA 课程、五十九岁现象、集体腐败现象、钉子户丛林、馒头办风波、一个厨房七盏灯、小悦悦事件、强制性退休、种族的自我隔离、独裁和专制、社会发展的内卷化等。另一类是来自我们熟知的历史故事，这些故事背后实际上都嵌入了博弈论的思想，如"卑梁之衅，血流吴楚""晋阳之围，三家分晋""战国七雄，合纵连横""梁楚之欢""鲁酒围邯郸""鞍之战"以及项羽破釜沉舟、孔明巧设空城计、曹操兵败华容道、攻原得卫、陆贾分金、道旁苦李、子罕辞宝、四知金、羊续悬鱼、贫女借光、文君当垆、新生活运动、所罗门判案、奥德修斯拒塞壬、光荣革命、滑铁卢战役、火烧莫斯科、马奇诺防线保卫战、古巴导弹危机等。

本书以博弈互动为贯穿线，将社会科学各分支的诸多经典理论和发现结合起来，放在一个统一的博弈分析框架下进行阐释和分析。例如，社会学领域的蝴蝶效应、沉默的螺旋、公地悲剧和反公地悲剧、炫耀性消费、破窗效应、逆向选择和道德风险、霍金森病症、连锁店悖论，政治学领域的弃保效应、西瓜效应、钟摆效应、中间选民定理、投票空间理论、互投赞成票、最小获胜联盟、寡头铁律、集体行动困境、民主悖论和统治权悖论，法学领域的"常回家看看"立法、好撒玛利亚人法、强制民主制、集体劳动权，以及当前学术界出现的主流化现象、知识的诅咒、小数法则偏差，等等。通过本书的分析，我们可以更好地理解马尔库塞的《单向度人》、勒庞的《乌合之众》、尼布尔的《道德的人和不道德的社会》以及蒂利的《集体暴力的政治》等。此外，本书还有助于引发读者对一些热门影视和经典小说中的事例加以思考，如《悲惨世界》《荒凉山庄》《潮湿的星期六》《小鸡快跑》《疯狂原始人》《红男绿女》《老友记》《绯闻女孩》《皇帝的新装》《猫和老鼠》《集结号》《天下无贼》《西游记》《镜花缘》等。

本书对博弈思维和博弈策略的通俗讲解不仅有助于社会大众直观认识博弈论，而且有助于经济学专业学生深化理解博弈论，还有助于经济学学习者和研究者拓展博弈分析视野，本人在《博弈论》课程讲学中就使用了其中大量的案例和分析。因此，本书不仅适合广大爱好者学习博弈思维，也可以作为《博弈论》课程的补充或辅导教材，甚至也可以作为 MBA 等的教材使用。我希望，通过阅读本书，读者能够更充分地领会到博弈分析和思考的乐趣，更善于运用博弈思维理解社会现象，更敏于在竞争中识破各种诡计，更乐于在生活中感受决策的智慧和艺术，更精于在人生中思考社会发展的方向……由于本书成稿时间较短，在细枝末节处可能存在一些问题，期待读者不吝赐教，今后有机会将会不断完善此书。

朱富强

2018 年 2 月 15 日

第一部分

博弈论基础

博弈思维的兴起

现代经济学的分析工具主要有两个：当面临非人格化的市场力量时，行为主体的决策不需要考虑对方的反应，从而会采用边际主义分析工具；当面临其他相互影响的决策者时，行为主体的决策就需要考虑对方的反应，从而会采用博弈论分析工具。显然，早期新古典经济学主要关注市场多数竞争的情形，因而使用边际主义分析，并基于完全理性假设而得出一般均衡和社会和谐的结论；20世纪50年代以后，主流经济学逐渐转向关注市场少数竞争的情形，从而发展了博弈论，并基于行为的功利理性而得出囚徒困境和社会冲突的结论。

博弈的英文就是游戏（Game），因而博弈论（Game Theory）也就是一种关于游戏的理论。后来，在数学中发展成一门研究对抗冲突中最优解问题的学科，因而又被称作对策论，相应地，博弈论就是研究在相互依存情况下的理性行为及其结果的学问，是现代学科分化和发展的产物。现代博弈理论产生的公认标志是1944年诺伊曼（J.von Neumann）和摩根斯坦（O.Morgenstern）合作的《博弈论与经济行为》一书的出版，该书引进了通用的博弈理论思想，并指出绝大部分经济问题都应该作为博弈进行分析。几年后，约翰·纳什（J.Nash）探究了理性人如何博弈的"解"，从而提出了纳什均衡概念和纳什均衡条件，继而一大批学者开始研究对策问题，博弈论作为一门学科在20世纪50年代到60年代飞速发展。不过，此时博弈论还只是作为应用数学的一个分支，它对主流经济学的发展几乎没有产生影响。美国印第安纳大学经济学教授拉斯缪森（E.Rasmusen）就写道，在 20 世纪 40 年代晚期，计量经济学与博弈论这两门学科都有远大前程，但随后计量经济学逐渐成了经济学中必不可少的一部分，而博弈论则萎缩为一门子学科，它对博弈论专家来说乐趣无穷，却为整个经济学界所遗忘。

然而，到了 20 世纪 70 年代，博弈论开始与复杂的经济问题结合起来，并在 80 年代迅速成为主流经济学的重要组成部分，最后，它几乎吞没了整个微观经济学，就如"计量经济学"吞没了"经验经济学"一样。也就是说，博弈论成为主流经济学研究的主要方法之一，并逐渐改造了现代微观经济学，是 20 世纪 70 年代以后的事。那么，博弈论大量应用到经济学领域为何会发生在这一段时期呢？这就涉及经济学研究对象的演变以及新古典经济学思维的缺陷。

首先，博弈论的兴起源于市场形态的发展。一般来说，理论本身是对社会实践的反映，尽管会有所滞后。19 世纪 70 年代以前，西方社会还处于自由竞争资本主义阶段，而 19 世纪 70 年代以后，自由竞争资本主义逐步向垄断资本主义过渡，19 世纪末 20 世纪初，垄断则开始替代自由竞争并占据统治地位。明显的例子是，美国资本主义在国内战争到第一次世界大战这段时期迅速增长，并开始成为世界上最大的、最强有力的工业体系，出现了规模日益庞大的垄断组织。例如，美国制度经济学后期代表人物加尔布雷思（J.K. Galbraith）在《经济学与公共目标》中提出，现代工业社会中实际上包含了两种经济体系：①由技术结构阶层掌握的"计划"体系，即由 2000 家左右的大公司组成；②仍受市场机制支配的小工商业所体现的"市场体系"，由数百万个小企业、小商贩、农场主和个体经营者组成。这样，大企业之间的生产和定价行为就会相互影响，导致垄断竞争理论的兴起，而博弈论则为人们提供了有效的分析工具。

其次，博弈论的兴起源于生产要素的嬗变。随着人力资本的提升以及多层次化，市场主体再也不能被视为被动的原子个体，社会经济政策越来越需要关注行为者的反应。经济学之父亚当·斯密（A.Smith）很早就提出一个影响深远的"棋子原理"："在政府中掌权的人，容易自以为非常聪明，并且常常对自己所想象的政治计划的那种虚构的完美迷恋不已，以致不能容忍它的任何一部分稍有偏差。他不断全面地实施这个计划，并且在这个计划的各个部分中，对可能妨碍这个计划实施的重大利益或强烈偏见不做任何考虑。他似乎认为他能够像用手摆布一副棋盘中的各个棋子那样非常容易地摆布偌大一个社会中的各个成员；他并没有考虑到棋盘上的棋子除了手摆布时的作用之外，不存在别的行动原则；但是，在人类社会这个大棋盘上每个棋子都有它自己的行动原则，它完全不同于立法机关可能选用来指导它的那种行动原则。如果这两种原则一致、行动方向也相同，人类社会这盘棋就可以顺利和谐地走下去，并且很可能是巧妙的和结局良好的。如果这两种原则彼此抵触或不一致，这盘棋就会下得很艰苦，而人类社会必然时刻处在高度的混乱之中。"①

事实上，新古典主义早期，人们迫切需要解决的是物质需求，而关键或"瓶颈"的生产要素也是物质资本，因而经济学的研究主要集中于物质资本配置。自 20 世纪 70 年代以来，随着物质资本积累的日益丰富，财富创造所需要的关键或"瓶颈"生产要素已逐渐从物质资本转变为人力资本或社会资本，因而，如何更有效地创造和配置人力资本、社会资本等就成为经济学关注的重点。显然，这些新型社会性资本的使用必然会涉及人与人之间的关系，因而无法基于封闭的个人理性原则加以边际分析，而是需要激发人力资本主体的能动性。相应地，经济学的研究内容开始越来越涉及人与人之间关系的社会问题，有关人类互动行为的研究在经济学理论的构建中日益重要；这样，经济学就逐渐演化成了研究理性人如何行为的学科，并促使了博弈论和激励理论这类新学科、新工具的产生和发展。

目前，博弈论已经逐渐成为经济学的一种标准语言，并越来越多地应用于其他社会科学领域。在经济学中，博弈论被用来分析商品生产和价格制定等厂商行为，分析企业内部的员工雇佣和激励问题，分析商场交换或国际贸易中的策略，制定缓解经济过热或经济萎缩的政府政策。在社会经济领域，博弈论可用于分析制度和风俗的形成，分析社会主流思潮的形成，制定体育竞赛中的策略，寻求婚姻中的浪漫方式，或者制定竞选策略，等等。

可以说，只要是涉及行为主体之间互动关系的行为和现象，都可以用博弈论进行分析。行为经济学的著名代表凯莫勒（C.F.Camerer）就列举了一些例子：网球运动员决定是向球场左侧还是右侧发球；镇子里唯一的面包店在

---

① 斯密：《道德情操论》，蒋自强译，商务印书馆 1997 年版，第 302 页。

快关门时削价兜售糕点；雇员们在老板不在时决定工作努力的程度；一个阿拉伯地毯商在和一个游客讨价还价时决定以多快的速度压价；相互竞争的药业公司在争夺专利权的过程中决定投入多少；一家电子商务拍卖公司通过试验和纠错来寻找最适合其网站特色的商品进行网上拍卖；房地产开发商预测被夷为平地的城市近郊何时会再兴建起来；旧金山的上班族在海湾大桥禁行时决定走哪条路最便捷；航空公司的员工联手挡开人群以使飞机准时起飞；工商管理硕士们判断他们的学位将给其未来的老板们传递怎样的信号；还有人们为艺术品或石油开采权或易趣上的小玩意儿出价。这些例子分别展示了博弈论中的混合策略均衡、最后通牒博弈、礼物交换、讨价还价、专利竞争博弈、学习博弈、猎鹿博弈、信号传递和拍卖等。

博弈的基本结构

　　本书致力于通过众多例子来阐述主流博弈的基本思维及其衍生出的博弈困境。为了便于读者对现代主流博弈论有全面的认识以及对博弈分析工具的有效掌握，第一部分对博弈论的基本概念、术语、结构、类型和分析工具等作一简要介绍。首先介绍博弈的两种基本结构。

　　博弈就是一些个人、队组或其他组织，面对一定的环境条件，在一定的规则下，同时或先后，一次或多次，从各自允许选择的行为或策略中进行选择并加以实施，并各自从中取得相应结果的过程。博弈结构主要有策略型博弈和扩展型博弈两大类。

一、策略型博弈

　　策略型博弈结构用来表示静态博弈，它有三个基本要素：博弈方、可选择的策略、支付结构。其中，博弈方也就是博弈的参加者，是博弈中选择行动以最大化自己效用的决策主体，可以是个人、企业、国家等。策略是博弈中存在博弈方给定信息集的情况下的特定行动规则，以指导博弈方在博弈中每一阶段的行动。支付结构是对应于每一种选择得到的策略组合所能带来的确定收益或者期望效用。

　　有限策略博弈的策略型结构往往用博弈矩阵来表示，反映每一种可能的行动组合所产生的支付情况。其中，双人博弈又是博弈问题中最常见，也是被研究得最多的博弈类型，从而成为博弈论入门的重点研究类型。

例如，乒乓球或羽毛球之类的对抗性团体赛中，运动员出场顺序的策略选择就是一个博弈，这一点无论是蔡振华还是李永波都深有体会。这里以南郭先生的滥竽充数博弈为例加以说明，其博弈矩阵见图1-1。为方便起见，习惯上规定每一单元格左边的数字表示矩阵左侧博弈方（齐王）的盈利，右边数字表示矩阵上方博弈方（南郭先生）的盈利。

齐王		南郭先生	
		充数	不充数
	好合奏	−5, 5	5, 0
	好独奏	0, −5	0, 0

图1-1　滥竽充数博弈

二、扩展型博弈

扩展型博弈结构用来表示动态的或者不完全信息的博弈，它的主要构成要素，除了上述策略型博弈结构的三个基本要素外，还有另外两个：每个博弈方选择行动的时点和每个博弈方在每次选择行动时有关其他博弈方过去行动的信息。其中，信息是指博弈方所具有的博弈知识，特别是有关其他博弈方的特征和行动的知识，策略空间、支付结构以及博弈方的特征等构成了博弈的信息结构。博弈次序是指当存在多个独立博弈方时所涉及的行动次序问题，后行动者可以观察到前行动者的行动并在此基础上采取对自己最有利的策略。

任何有限博弈方和有限策略博弈的扩展型博弈都可用博弈树形象化表示，博弈树由节点、枝和信息集组成，能有效地向人们展示博弈方的行动、选择这些行动的次序、作出决策时博弈方所拥有的信息量以及不同行动组合下的支付水平。其中，节点包括决策节和终点节，决策节表示博弈方采取行动的时点，终点节是博弈行动路径的终点；枝是从一个决策节到它的直接后续节的连线，代表博弈方可能的行动选择；信息集是博弈方认为博弈可能达到的节的集合。

例如，在第二次世界大战中，1944年盟军决心展开一场解放欧洲的重大战役，其选择登陆的地点可能是诺曼底海滩或者加来港，而德军决心要阻击这次行动，为了阻击成功，它必须将重兵部署在盟军的登陆点。显然，如果盟军在德军部署重兵的地方登陆，就会完全失败，而如果德军部署错了地点，将从此崩溃。博弈树见图1-2。

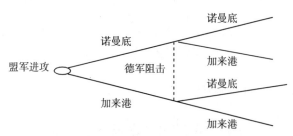

图1-2 第二次世界大战盟军登陆博弈

一个信息集可能包含多个决策节，也可能只包含一个决策节。只包含一个决策节的信息集称为单节信息集。如果博弈树的所有信息集都是单节的，该博弈就是完美信息博弈。不完美信息意味着不同的节点具有相同的信息集，我们一般用方框表示两个节点在同一信息集上，或者用虚线将具有相同信息集的节点连接起来。

1. 完美信息的动态博弈树

完美信息博弈是一个特例，在此类博弈中所有的信息集都是单节的，因此，每时点博弈方采取一个行动，并知道其以前所有的行动。我们以市场产业竞争中的先来后到博弈策略为例：假设博弈方1是先来者（在位者），那么博弈方2和博弈方3是否进入市场就形成了一种博弈。因为博弈方2和博弈方3进入后，就会分享博弈方1的利润，从而可能引发博弈方1的打击。在面对博弈方各种可能的反应下，我们假设博弈方2比博弈方3先行动：博弈方2选择是否进入的策略后，博弈方1选择打击还是容忍的策略，随后博弈方3确定自己是否进入。

博弈树表示见图1-3，该博弈树的7个决策节被分割成7个信息集，其中1个是属于博弈方2的初始节，2个是属于博弈方1，4个是属于博弈方3。如果每个信息节只包含一个决策节，那就意味着所有博弈方在决策时都准确地知道自己所处的节点。

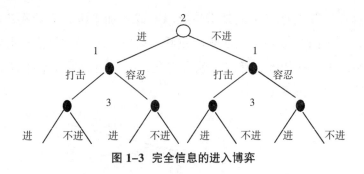

图 1-3 完全信息的进入博弈

2. 不完美信息的动态博弈树

如图 1-3 所示博弈中，博弈方 3 并不知道博弈方 1 采取的策略选择，那么博弈方 3 的信息集就由 4 个变成了 2 个，每个信息集就包含两个决策节，因此，上面就用虚线将属于同一信息集的两个决策节连接起来，见图 1-4（a）。假如博弈方 3 知道博弈方 1 的行动，但并不知道博弈方 2 的行动，那么他的信息集就成为另一种情况，见图 1-4（b）。

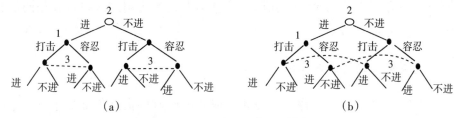

图 1-4 不完全信息的进入博弈

博弈的基本类型

给定了基本博弈结构后，就需要对一些常见的博弈类型作一介绍。这里基于一些基本维度对博弈类型作一梳理，从而便于读者更好地认识不同类型中的博弈思维。

一、根据收益结构分为常和博弈和变和博弈

常和博弈是指无论博弈方采取什么策略全体博弈方的得失总和为一个常数的博弈，即社会总量不变的博弈。常和博弈的基础是零和博弈，只是将零和博弈的总和换成非零常数。零和博弈是指一方之所得，就是另一方之所失，两者的盈利之和恰好为零。例如，图 1-5 的猜币博弈就是一个零和博弈，图 1-6 则是一个常和博弈，存在一个为正的可分配资源。

猜币者		投币者	
		正面	反面
	正面	1, -1	-1, 1
	反面	-1, 1	1, -1

图 1-5　猜币的零和博弈

多数		少数	
		方案 A	方案 B
	方案 A	5, 5	10, 0
	方案 B	10, 0	5, 5

图 1-6　福利分配的常和博弈

变和博弈是指每种结果之下所有博弈方的得益之和并不总是一个常数的博弈，即非零和博弈。变和博弈又可分为正和博弈和负和博弈：负和博弈是

指在博弈过程中会使得社会总福利减少，它实际上是个抢瓷器的过程，如对公共资源的滥用；正和博弈则会使得社会总福利增加，从而是一个做大蛋糕的过程，如相互之间的经济贸易。

例如，如图 1-7 所示的委托—代理博弈就是一个变和博弈，不同策略组合的收益都是不同的。

委托人		代理人	
		偷懒	努力
	监督	$-i$, 0	$y-w-i$, $w-e$
	不监督	$-w$, w	$y-w$, $w-e$

图 1-7　委托—代理博弈

二、根据博弈次序分为静态博弈和动态博弈

静态博弈是指所有博弈方同时选择策略或行动的博弈，或者，尽管博弈方的行动有先后顺序但后行动方不知道先行动方采取什么行动（从而可看作同时选择策略或行动）的博弈。例如，工程招标和密封拍卖就是典型的静态博弈，因为每一方的出价都是同时进行的，或者不同投标者的投标时间不同但相互间都不知道对方的报价。

动态博弈则是指各博弈方不是同时而是先后、依次进行选择或行动，而且，后选择或行动的博弈方在自己选择行动之前能够看到之前博弈方的选择或行动的博弈。下棋就是典型的动态博弈，因为每一方的落棋都要考虑对其他方所产生的影响，每一方的出招都依赖于前一方的落棋。

文君因私奔相如而与其父亲卓王孙形成了一个博弈。因为文君私奔相如后注定要过一段时间苦日子，这里称其为"文君当垆"博弈。开始时，文君和卓王孙构成的是静态博弈，卓王孙根据自己的内在偏好发出威胁，如果文君私奔了相如，他将坚决不进行救济，见图 1-8。但是，当文君采取抢先行动而与相如私奔后，生活穷困并在街上开了个小店。此时，卓王孙感到丢了面子，在外在"耻辱"的促动下发生了效用变化。在这种情况下，文君和卓王孙之间实际上构成了一个动态博弈，见图 1-9。

卓王孙		文君	
		私奔	不私奔
	救济	0, 15	10, 10
	不救济	5, 5	5, 0

图1-8 "文君当垆"博弈

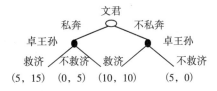

图1-9 "文君当垆"博弈展开型

三、根据信息状态分为得益维度信息和行动维度信息

基于得益状况的信息分布，博弈可以分为完全信息博弈和不完全信息博弈。完全信息博弈是指各博弈方对博弈中各种情况下的得益完全了解的博弈，也就是说，博弈方的特征、策略空间及收益函数是所有博弈方的"共同知识"。不完全信息博弈是指博弈中至少部分博弈方不完全了解其他博弈方的得益情况，这包括其他博弈方的特征、策略空间及收益函数等信息。

关于完全信息博弈和不完全信息博弈的区分，这里以"黔之驴"博弈为例加以说明。如果老虎具有充分的信息知道驴子的"踢"只不过是在装腔作势，而驴子实际上是一个一无所能的废物，这就构成了一个完全信息博弈，该博弈矩阵见图1-10。但是，如果老虎的信息是不完全的，它只看到驴子的"踢"，却不知道驴子是装腔作势还是真的勇猛，这就构成了一个不完全信息博弈，该博弈矩阵见图1-11。

虎		驴	
		踢	不踢
	咬	5, 0	10, 5
	不咬	0, 5	0, 10

图1-10 完全信息的"黔之驴"博弈

虎		驴	
		踢	不踢
	咬	$5-\varepsilon$, $0+\varepsilon$	10, 5
	不咬	0, 5	0, 10

图1-11 不完全信息的"黔之驴"博弈

得益要素在静态博弈和动态博弈中都存在，因而结合信息结构和博弈次序这两大维度，就可以形成四种基本的博弈类型，见表1-1。

基于行动进程的信息分布，博弈可以分成完美信息博弈和不完美信息博弈。完美信息博弈是指博弈方完全了解自己之前博弈过程的动态博弈，这主要是指所有博弈方的策略选择或行动信息。不完美信息博弈是指后行动博弈方并不完全了解自己之前博弈过程的动态博弈。

表 1-1 博弈的四种基本类型

得益＼行为	静态	动态
完全信息	完全信息静态 博弈纳什均衡	完全信息动态博弈 子博弈精炼纳什均衡
不完全信息	不完全信息静态博弈 贝叶斯纳什均衡	不完全信息动态博弈 精炼贝叶斯纳什均衡

如图 1-12 所示的诸葛亮摆空城计博弈就是一个完全但不完美信息的动态博弈，司马懿的策略选择取决于诸葛亮部署，但司马懿却不知道这一点，从而只能依赖对诸葛亮历来行为方式的判断。结果，在历史故事中，诸葛亮正是利用司马懿对自己"谨慎"的猜疑而冒险摆了场空城计，得以死里逃生。

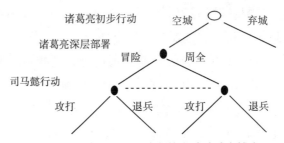

图 1-12 完全但不完美信息的空城计动态博弈

完美信息是指一个博弈方对其他博弈方（包括自然）的行动选择都有准确的了解，而完全信息仅是指没有事前的不确定性，因此，不完全信息意味着不完美信息，而逆定理不成立。同时，行动进程只存在动态博弈中，因此，基于信息两大维度的结合，又可以把动态博弈划归为三种基本类型，见表 1-2。

表 1-2 动态博弈的三种基本类型

得益＼行为	完美信息	不完美信息
完全信息	完全且完美信息动态博弈	完全但不完美信息动态博弈
不完全信息	—	不完全信息动态博弈

四、根据多阶段博弈的信息结构分为开环结构和闭环结构

开环结构是指博弈方除了自己的行动和日程之外看不到任何历史，或者

在博弈的一开始博弈方必须选择仅依赖于日程时间的行动日程表。这类博弈的策略的特点在于，它们只是日程时间的函数。

如图 1-13 所示的多阶段猜拳博弈就具有开环策略的特征，博弈方往往在事前就确定自己的出拳顺序（a_1，a_2，a_3），这就是博弈方选择的行动日程表。

		乙		
		石头	剪刀	布
甲	石头	0, 0	1, −1	−1, 1
	剪刀	−1, 1	0, 0	1, −1
	布	1, −1	−1, 1	0, 0

图 1-13 猜拳博弈

闭环结构是指博弈人在选择自己的行动时需要根据自己所看到的历史，尤其是对手在此前采取的行动而作出决策。这是此类博弈的策略不仅依赖于日程时间，还依赖于其他的变量。在绝大多数的博弈中，人们都努力使用闭环策略。

如图 1-14 所示的田忌赛马博弈中，田忌各类等级的马都不如齐威王，因而要取得胜利就必须有针对性地根据齐威王的出局选择自己的策略，其最佳策略为（上，下）、（中，上）、（下，中）。在某种意义上，田忌赛马博弈也可以成为团体竞技性比赛的一类博弈总称，该博弈的最终结果往往取决于教练临场的策略选择。同时，为了取得策略的优势，每一博弈方又会对自己的策略进行保密。

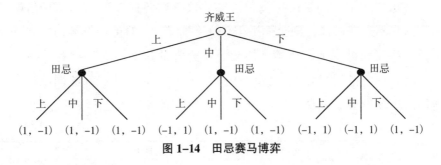

图 1-14 田忌赛马博弈

重复博弈是多阶段博弈的一种，它是指一个生成博弈的简单反复，而博弈方在各阶段的策略变量及支付结构都完全相同。例如，大学生教室上课占座或者图书馆自习占座就是重复博弈。具体说，重复博弈存在三个特征：①阶段博弈之间没有"物质"上的联系，即前一阶段的博弈不改变后一阶段的博弈结构（一般的序贯博弈则涉及物质上的联系）；②所有博弈方都观测到博弈过去的历史；③博弈方的总支付是所有阶段博弈的贴现值之和或加权平均值。

其中，重复博弈的每次博弈就是"阶段博弈"或原博弈，它可以是静态博弈，也可以是动态博弈。同时，根据重复博弈的重复次数，可以将其分为有限次重复博弈（Finitely Repeated Games）和无限次重复博弈（Infinitely Repeated Games）。其中，由基本博弈的有限次重复构成的重复博弈就称为"有限次重复博弈"，而如果一个基本博弈一直重复博弈下去所构成的重复博弈就称为"无限次重复博弈"。

五、根据分析单位分为非合作博弈和合作博弈

非合作博弈的分析单位是博弈方个体，博弈方利用一切可能的机会寻求个体利益最大化而独立地进行策略选择，强调个体理性。合作博弈的分析单位是博弈方联盟，博弈方之间通过谈判达成具有约束性合作契约或形成联盟而实现联盟的利益最大化，强调团体理性。两者的关键区别在于，是否存在一个具有约束性的协议，合作博弈中存在强制性的威胁、承诺或协定，非合作博弈中则不存在有约束的契约来限制博弈方行为。

典型的合作博弈就是寡头企业之间的串谋：企业之间通过公开或暗地里签订协议对各自的价格或产量进行限制，以获取更多垄断利润。如图 1-15 所示的卡特尔博弈中，如果两厂商都遵守协议，则各拥有 10% 的市场份额；如果两厂商都不遵守协议，则会两败俱伤，各拥有 2% 的市场份额；如果一个厂商不遵守协议而另一个厂商遵守协议，不遵守的这个厂商就拥有 15% 的市场份额，而另一个将只拥有 1% 的市场份额。显然，如果他们都能同意遵守，那么他们的市场份额总额最大。问题是，不管厂商 A 怎么选择，厂商 B 不遵守

厂商 A		厂商 B	
		遵守	不遵守
	遵守	10%, 10%	1%, 15%
	不遵守	15%, 1%	2%, 2%

图 1-15　卡特尔博弈

总是优选方案，厂商 A 也是如此，于是他们往往选择攻击性竞争，试图获得大部分市场，结果却是两败俱伤。

合作博弈理论主要研究人们达成合作时如何分配合作得到的收益，即收益分配问题，但联盟的形成过程却没有得到清楚的说明。相反，非合作博弈则主要研究人们在利益相互影响的局势中如何选择策略使得自己的收益最大，即策略选择问题，因而它特别说明博弈方的顺序、时间和信息结构等。显然，两者所采用的假设和研究对象不同，使得相应的分析思路和手段不同。不过，主流博弈论集中探讨非合作博弈，主要是基于个体理性分析博弈方的最优策略选择，其基本思维就是纳什策略。显然，纳什均衡分析衍生出了一个重要困惑：斯密理论强调，自由市场经济中从利己目的出发的个体行为将会导向社会福利的最大化，纳什均衡却发现，从利己目的出发的行为结果往往是损人不利己。正因如此，在某种意义上，"纳什均衡"提出的悖论动摇了现代西方主流经济学的基石。

静态博弈的分析思维

了解了博弈的基本结构和类型后，接下来对不同类型的分析思维作一介绍，首先介绍静态博弈的分析思维。

一、占优策略分析

占优策略，是指无论其他博弈方选择什么策略，博弈方的某个策略所带来的得益始终高于其他策略或至少不低于其他策略，这个最优策略就是"占优策略"。相应地，如果某策略在盈利向量上的每一个元素至少被一个其他纯策略在盈利向量上的相应元素超过，该策略就是该博弈方的"劣策略"。显然，理性的博弈方肯定不会选择劣策略，因而占优策略分析就可以预测那些情形不可能出现。

进一步地，如果一个博弈的某个策略组合中的所有策略都是各博弈方的上策，那么，这个策略组合肯定是所有博弈方都愿意选择的，从而必然是该博弈比较稳定的结果，该策略组合就称为该博弈的一个"占优策略均衡"。

例如，如图 1-16 所示的朝核博弈中：在朝鲜开发核武器的情况下，美国的最佳策略是打击，以防微杜渐；朝鲜关闭核反应堆的情况下，美国的最佳策略也是打击，以免夜长梦多。相应地，在美国选择打击的情况下，朝鲜最佳的策略是开发核武器，以避免"人为刀俎，我为鱼肉"；在美国选择容忍的情况下，朝鲜的最佳策略也是开发核武器，以壮大自身抗衡的力量。（打击，开发）就是占优策略均衡。

美国		朝鲜	
		开发	关闭
	打击	−10, −100	10, −∞
	容忍	−∞, 10	0, 0

图 1-16　朝鲜核武器博弈

同样，在第二价格拍卖（维克瑞拍卖）中：一个卖主面对多个买主，最高竞价者只需支付次高竞价者的竞价额就可以获得拍卖品。那么，此种情形下，每个博弈方的占优策略是以其完全估价进行竞价。即混合策略的最优反应是：$B_1 = V_1$，$B_2 = V_2$，其中，B_i 是竞价者 i 的出价，而 V_i 则是竞价者 i 的估价。

具体说明如下：如果竞价者 1 竞价高于其估价，那么，就存在竞价模式 $V_1 < B_2 < B_1$ 的风险；此时，即使他最后取得了标的物，也将无利可图。相反，如果竞价者 1 竞价低于其估价，那么，就存在竞价模式 $B_1 < B_2 < V_1$ 的风险，此时，他就失去了本来可以以稍低于 V_1 的价格获得标的物的机会。而如果竞价者 1 竞价等于其估价，他将不会失去任何东西。同样，对竞价者 2 也是如此。

二、重复剔除劣策略分析

如果每个博弈方都存在占优策略，就很容易得到占优策略均衡。问题是，如果不是所有博弈方都有占优策略，又该怎么办呢？一般地，如果其中部分博弈方有占优策略，就可以使用重复剔除劣策略分析。基本步骤是：首先，找出某个博弈方的劣策略，再把这个劣策略剔除掉，重新构造一个不包含剔除策略的新的博弈；其次，剔除这个新的博弈中的某个博弈方的劣策略，如此循环，直到只剩下一个唯一的策略组合。

基本思维是：通过假设其他博弈方服从占优，可以使一个博弈方获得一种简单可靠的方法去猜测别人如何行动；相应地，他得自于其他博弈方的非劣策略的某些支付也是不会实现的，因为这些支付只有当其他博弈方违反占优时才会发生。基于这种推理，最初的非劣策略就成为实际上的劣策略。明显的例子：在单行道上机动车不会逆行，因为它可以预测逆行是其他人的劣策略，在这种情况下，自己的最佳选择就是不要逆行，否则就会遭到其他顺行的大多数车辆的阻碍。

例如，如图 1-17 所示的博弈矩阵中，理性的博弈方甲只有知道理性博弈方乙不会选择劣策略 [中] 时，他才会选择策略 [上]；而博弈方乙同样基于甲的理性认识，乙才会选择 [上]；最后达致（上，上）均衡。

甲		乙		
		上	中	下
	上	4, 3	5, 1	6, 2
	中	2, 1	8, 4	3, 6
	下	3, 0	9, 6	2, 8

甲		乙	
		上	下
	上	4, 3	6, 2
	中	2, 1	3, 6
	下	3, 0	2, 8

甲		乙	
		上	下
	上	4, 3	6, 2

图 1-17　重复剔除占优策略

三、纳什策略分析

通过重复剔除劣策略的占优分析有两个障碍：①最后剩下的策略组合是唯一的，如果不是唯一的，那么该博弈就无法通过重复剔除而得到均衡解；②相当多的对策并不能通过重复剔除而得到占优策略，因为常常是所有博弈方都没有上策。

举一个经常发生在我们身边的例子，当你与一个朋友，特别是与恋人通电话的时候，由于某种原因电话突然中断了，此时你就面临一个博弈的问题：如果你重新给朋友打电话，而朋友又在尝试给你打电话，那么结果就是盲音而不通；同样，如果你等待朋友的回打电话，而你朋友也是如此，那么结果也是不能通电话，如图 1-18 所示。显然，在这个博弈中，不存在占优策略。

通话者 A		通话者 B	
		回电	不回电
	回电	0, 0	1, 2
	不回电	2, 1	0, 0

图 1-18　电话断线回叫博弈

占优策略均衡并不能解决所有的博弈问题，最多只是在分析少数博弈时有效。因此，有必要将博弈的均衡解进一步拓宽，以使更为广泛的博弈问题存在合理解。其实，占优分析之所以没有均衡解，其关键是对博弈方严劣纯策略的定义要求过严，它需要在该博弈方的策略空间中至少存在一个策略，在给定其他博弈方的每一可能策略时均在盈利上优于它，但实际上，博弈方最佳的策略往往是根据对方行动的相机抉择，即博弈方采取的策略是他对于其他博弈方策略的预测的最佳反应。根本上说，博弈方的最优策略体现为随其他博弈方的策略的变化而变化。

例如，在上述"电话断线回叫博弈"中，尽管双方都没有占优策略。但显然，当 A 回电时，B 的最佳策略是不回电；而当 A 不回电时，B 的最佳策略是回电。对 A 也就如此。因此，(回电，不回电) 就构成了稳定的策略均衡，这就是纳什策略均衡。

纳什策略分析：在给定其他人都遵守这个协议的情况下，没有人有积极性不遵守这个协议，也就是说，单独改变对自己没有好处，因而这个协议是可以自动实施（Self-enforcing）的。

四、防联盟策略分析

纳什均衡存在另一个问题：它着眼于博弈中的个人博弈方，却没有考虑部分博弈方相勾结或形成联盟的可能性。为此，2005 年诺贝尔经济学奖得主奥曼（Robert J. Aumann）提出了强均衡概念，强均衡要求：在其他博弈方的策略选择给定的条件下，不存在博弈方集合的任意一个子集所构成的联盟，能够通过联合偏离当前的策略选择而增进联盟中所有成员的支付。由于这一要求适用于所有博弈方的全联盟，因而强均衡必须是帕累托有效的。

例如，如图 1-19 所示的博弈矩阵中，有两个纳什均衡 (1，1) 和 (2，2)，但 (1，1) 不是强均衡，因为它们可以通过集体行为转向 (2，2) 而获得帕累托改进。

显然，强均衡的条件太强了。为此，本海姆（Bernheim）等把强均衡的概念条件作了进一步放宽，从而提出了防勾结均衡。防勾结均衡的基本思想：一个均衡策略组合不仅要求博弈方在这个策略组合下没有单独偏离的激励，

		B	
		1	2
A	1	5, 5	5, 0
	2	0, 5	10, 10

图 1-19　分级协调博弈

即给定策略是一种纳什均衡，而且，也要求他们没有组建联盟集体偏离的激励，否则偏离的博弈方中任何一个能够再次偏离。

如图 1-20 所示的博弈存在两个纳什均衡（R，r，A）和（D，d，B），且（R，r，A）优于（D，d，B）。显然，如果根据帕累托有效的要求，（R，r，A）应该是较为现实的纳什均衡结果。但是，现实中往往不会出现（R，r，A），这是因为存在博弈方之间进行勾结的可能性。显然，在（R，r，A）情况下，这意味着博弈方丙取策略 A，而在丙取策略 A 的条件下，博弈方甲和乙的帕累托优势均衡是（D，d）。因此，此时博弈方甲和乙就可能勾结起来，采取（D，d）策略而实现两者的最大利益，从而损害了丙的收益。

甲		乙	
		r	d
	R	0, 0, 10	-5, -5, 0
	D	-5, -5, 0	1, 1, -5

丙（A）

甲		乙	
		r	d
	R	-2, -2, 0	-5, -5, 0
	D	-5, -5, 0	-1, -1, 5

丙（B）

图 1-20　防勾结博弈

尽管纳什均衡强调，在博弈方单独偏离的情况下不会带来任何好处，但是，部分博弈方集体偏离却可能产生更大的收益，从而产生博弈方相互勾结的激励。在这种情况下，哪种均衡更为可行和实际呢？如图 1-20 所示的博弈中，纯策略纳什均衡（R，r，A）不是防勾结纳什均衡。因为在博弈方丙不改变策略选择的情况下，甲和乙可以通过共谋而集体偏离原先的策略组合，并获得更高的收益。当然，在这种情况下，丙为了提防甲和乙可能的损害自己的勾结行为，从而将采取 B 策略，结果形成了（D，d，B）均衡。显然，这种均衡可以有效地防止其他人的勾结，因为在这种策略组合下，任何勾结的偏离都只会导致收益的下降，因而，这个策略组合被称为防勾结纳什均衡。

可见，如图 1-20 所示的博弈中，具有帕累托效率的（R，r，A）不是防勾结纳什均衡，而不具有帕累托效率的（D，d，B）则是防勾结纳什均衡，（D，d，B）比（R，r，A）具有更大的稳定性，更可能成为博弈的均衡结果。不过，（D，d，B）也不是强均衡，因为存在着集体偏离到（R，r，A）而增进所有博弈方收益的可能。显然，在这个博弈中，不存在强均衡，只存在防勾结均衡。由此可见，防勾结纳什均衡是纳什均衡，但不是帕累托上策均衡，从而也不是强均衡。一般来说，强均衡与防勾结纳什均衡的区别在于：强均衡必定是帕累托有效的，而防勾结纳什均衡则不一定是帕累托有效的。因此，防勾结纳什均衡是强均衡的弱化。

五、混合策略分析

有的博弈并没有纯策略的纳什均衡。例如，在猜币博弈中，一方之所得就是另一方之所失，找不到稳定的最优策略。同时，有的博弈也具有多个纳什均衡，从而不能预测具体的策略均衡。例如，在斗鸡博弈中，一方的策略选择就依赖于对方。为此，博弈论又引入了混合策略和混合策略均衡概念。事实上，任何存在偶数个纯策略纳什均衡的博弈，也必然存在一个混合策略纳什均衡，这是博弈论中的奇数定理所揭示的。

一般来说，在完全信息博弈中，如果在每个给定信息下只能选择一种特定策略，这个策略为纯策略。如果在每个给定信息下只以某种概率选择不同策略，称为混合策略。显然，混合策略是纯策略在空间上的概率分布，纯策略是混合策略的特例。要使得任何有限博弈都存在纳什均衡这一命题，就必须有个前提条件：允许博弈方选择混合策略，即博弈方。

如图1-21所示的地下选举赌博博弈中：我国台湾地区2012年领导人选举前，某地下赌庄发起一个赌博活动，顾客在店内下赌注，是马英九还是蔡英文会胜出。显然，在该赌博博弈中，博弈方选任何策略都不能保证有利的结果。

店主		顾客	
		马英九	蔡英文
	马英九	−1, 1	1, −1
	蔡英文	1, −1	−1, 1

图1-21 选举赌博博弈

纯策略的收益可以用效用表示，混合策略的收益只能以预期效用表示，混合纳什均衡是指使期望效用函数最大化的混合策略。对混合策略的纳什均衡，我们有两种基本的求解方法：①支付的最大化方法；②支付等值法。

例如，以 1994 年诺贝尔经济学奖得主泽尔腾（Reinhard Selten）提供的小偷与门卫博弈为例进行说明，该博弈矩阵如图 1-22 所示。假设，门卫睡觉的概率为 p，不睡觉的概率为 1 - p；而小偷偷的概率为 q，不偷的概率为 1 - q。

小偷		门卫	
		睡觉 p	不睡觉 （1-p）
	偷 q	10, -5	-15, 0
	不偷 （1-q）	0, 5	0, 0

图 1-22　门卫和小偷博弈

1. 支付的最大化方法

在上述门卫—小偷博弈中，门卫追求期望收益最大化：

$$\max_{p} \{ p[-5 \times q + 5 \times (1-q)] + [(1-p) \times [0 \times q + 0 \times (1-q)]] \}$$

通过一阶条件，可以求得：q = 0.5

同样，对小偷来说，追求期望收益最大化有：

$$\max_{q} \{ q[10 \times p - 15 \times (1-p)] + [(1-q) \times [0 \times p + 0 \times (1-p)]] \}$$

同样，可得：p = 0.6

显然，只要小偷按照 （0.5，0.5） 的概率行事，那么，门卫无论是睡觉还是不睡觉，所得的期望收益都是无差别的；同样，只要门卫按照 （0.6，0.4） 的概率行事，那么，小偷无论是偷还是不偷，所得的期望收益也是无差别的。这意味着，谁都无法通过改变自己的混合策略 （概率分布） 而改善自己的期望收益，因此达到了均衡。

2. 支付等值法

在小偷选择混合策略 （q，1 - q） 的情况下，

门卫选择纯策略睡觉的期望效用是：$v_G(1，q) = -5 \times q + 5 \times (1-q) = 5 - 10q$

门卫选择纯策略不睡觉的期望效用是：$v_G(0，q) = 0 \times q + 0 \times (1-q) = 0$

一个混合策略是门卫的最优策略选择，就意味着门卫选择睡觉和不睡觉是无差异的，此时，q = 0.5。相反，如果 q < 0.5，门卫将选择睡觉；q > 0.5，门卫将选择不睡觉。

同样，在门卫选择混合策略 （p，1 – p）的情况下，小偷选择纯策略偷的期望效用是：$v_s(1，p) = 10 \times p + (-15) \times (1 - p) = 25p - 15$

小偷选择纯策略不偷的期望效用是：$v_s(0，p) = 0 \times p + 0 \times (1 - p) = 0$

如果一个混合策略是小偷的最优策略选择，就意味着小偷选择偷和不偷是无差异的，此时，p = 0.6。相反，如果 p > 0.6，小偷将选择偷；p < 0.6，小偷将选择不偷。

动态博弈的分析思维

　　理解了静态博弈的分析思维，为动态博弈的分析打下了基础，动态博弈均衡需要在静态博弈均衡上作进一步的精练，从而呈现出不同的分析思维。

一、可信性问题

　　在静态博弈中，纳什均衡策略往往假定每个博弈方在选择自己的最优策略时假定其他博弈方的策略选择是给定的，而不考虑博弈方策略之间的互动关系。显然，这个条件对动态博弈来说太弱了，因为在动态博弈中，先行动者的行动对后行动者会产生影响，后行动者也可以观察到先行动者的行为而作"相机选择"。这样，后行动者可以"承诺"采取对先行动者有利的行动，也可"威胁"先行动者以使先行动者不得不采取对后行动者有利的策略，关键在于，这里的"承诺"和"威胁"是否可信。这就引出了动态博弈的一个中心问题——可信性。可信性问题对纳什均衡在动态分析博弈中的有效性提出了质疑，因为静态博弈下定义的纳什均衡在动态博弈中往往会出现允许不可置信威胁的存在这一问题。

　　我们以进入博弈为例加以分析说明。图 1-23 显示的是静态的博弈矩阵，它有两个均衡：（进入，容忍），（不进，打击）。其中，（不进，打击）是以在位者的威胁为前提：只要进入者进入，在位者就会进行打击。那么，在位者发出的威胁可信吗？图 1-24 显示的是动态的博弈树，这两个均衡的可能性就明显了，因为博弈不是同时进行的，如进入者确实已经进入了，那么，在位者的最优选择只能是默许而非斗争。此时，在位者发出的"斗争"信号就是一个不可置信的威胁。

进入者 B	在位者 A	
	容忍	打击
进入	5, 8	–2, 2
不进	0, 20	0, 20

图1-23　策略式进入博弈

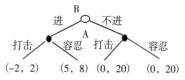

图1-24　展开式进入博弈

因此，动态博弈中的一个中心问题就是可信性问题：只有那些具有可信威胁的均衡才是稳定和合理的。也就是说，有些纳什均衡之所以不具有现实性，就在于它们包含了不可置信的威胁策略。不过，如果博弈方能在博弈之前采取某些措施改变自己的行动空间或得益函数，原来不可置信的威胁就可能变得可置信，博弈均衡也会相应改变。我们将改变博弈结果的措施称为"承诺行动"。作出这种行动承诺的途径很多：一方面，博弈方可以通过限制自己的选择集而改变对手的最优选择；另一方面，博弈方也可以通过设立违约保证金等提供有效承诺。

二、子博弈均衡策略

针对动态博弈的可信性问题，泽尔腾提出了"子博弈精炼纳什均衡"；它要求博弈方的决策在任何时点上都是最优的，从而将纳什均衡中包含的不可置信的威胁剔除，缩小了纳什均衡的数目。

要了解子博弈精炼纳什均衡，首先必须了解什么是"子博弈"（Subgame）。在动态博弈中，如果所有以前的行动是"共同知识"，即每个人都知道过去发生了什么，并且，每个人都知道每个人都知道过去发生了什么，那么，给定历史，从每一个行动选择开始到博弈结束又构成一个博弈，称为"子博弈"。譬如，在两人下棋游戏中，从任何一着棋开始到结束的过程称为"残局"，"残局"也就自成子博弈。

有了子博弈概念，我们就可以给出子博弈精炼纳什（完美）均衡。当且仅当所有博弈方的策略所构成的策略组合在所有子博弈中都构成纳什均衡时，该纳什均衡就称为子博弈精炼纳什均衡。

子博弈精炼纳什均衡与纳什均衡之间存在这样的关系：由于任何博弈都有自身一个适当的子博弈，因而子博弈精炼纳什均衡首先必然是一个纳什均衡，但纳什均衡并不一定是精炼纳什均衡，只有那些不包含不可置信威胁的纳什均衡才是精炼纳什均衡。

事实上，子博弈精炼纳什均衡要求该行为下的策略选择所形成的均衡必须在所有子博弈中都是纳什均衡，这就排除了其中存在不可信行为选择的可能性，从而使留下的均衡策略在动态博弈分析中具有真正的稳定性。子博弈精炼纳什均衡与纳什均衡的根本不同之处就在于，子博弈精炼纳什均衡能够排除均衡策略中不可信的威胁或承诺，排除"不合理"的纳什均衡，只留下真正稳定的纳什均衡，即子博弈精炼纳什均衡。

如图 1-25 所示的进入博弈有三个子博弈，分别为：从节 1 开始的子博弈 A，从节 2 开始的子博弈 B，从节 2′ 开始的子博弈 C。如果给定甲采取 U 策略，那么，乙采取 L 策略是最优的，而如果给定乙采取 L 策略，那么，甲采取 U 策略是最优的。因此，（U，L）是一个纳什均衡。同样，如果给定甲采取 D 策略，乙采取 R 策略是最优的；而如果给定乙采取 R 策略，甲采取 D 策略是最优的。因此，（D，R）是一个纳什均衡。即该静态博弈存在三个策略型纳什均衡{U，(L，L)}、{D，(R，R)}、{D，(UL，DR)}，如图 1-26 所示。

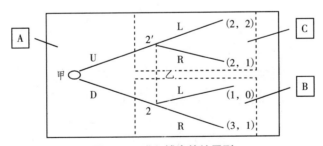

图 1-25　进入博弈的扩展型

甲		乙			
		(R, R)	(L, L)	(UR, DL)	(UL, DR)
	U	2, 1	2, 2	2, 1	2, 2
	D	3, 1	1, 0	1, 0	3, 1

图 1-26　进入博弈的策略型

然而，策略组合 {U，(L，L)} 只能在子博弈 A 和 C 上达到纳什均衡，而在子博弈 B 上则不行。同样，策略组合 {D，(R，R)} 只能在子博弈 A 和 B 上达到纳什均衡，而在子博弈 C 上则不行。相反，策略组合 {D，(UL，DR)} 在所有的子博弈上都是纳什均衡，因而是子博弈完美均衡。事实上，该博弈中，{U，(L，L)} 均衡发生的前提是，乙始终选择 L 策略，而问题在于，甲有先行动的权利，而甲一旦选择了 D 策略，乙改选 R 策略可以带来更多的利益。因此，即使乙向甲发出威胁：无论如何他一定选 L 策略，但从理性角度上说，这种威胁也是不可信的。

三、后向归纳分析法

一般来说，有限博弈的子博弈均衡要用到后向博弈法，其基本思路：动态博弈中博弈行为是顺序发生的，先行动方在前面阶段选择行为时必然会先考虑后行动方在后面阶段中将会怎样选择行为，而只有在博弈的最后一个阶段选择时，因不再有后续阶段牵制的博弈方而能直接作出明确选择；同时，当后面阶段博弈方的选择确定以后，前一阶段博弈方的行为也就容易确定。其基本方法是：从动态博弈的最后一个阶段往前推理，每次确定一个阶段博弈方的最优行动，然后再由此确定前一个阶段博弈方的最优行动（先行动者以后行动者的最优选择为前提确定自己的最优选择）；逆推归纳到某个阶段，那么这个阶段及以后的博弈结果就可以肯定下来，该阶段的选择节点等于一个结束终端。

如图 1-27 所示的借款投资博弈中，借款人 1 向贷款人 2 借款进行投资，并承诺返本付息，如果借款人 1 违背承诺，那么，贷款人 2 就有提出诉讼的选择。因此，这里就存在如下扩展型借贷博弈：根据最后一个子博弈，贷款人 2 显然会选择诉讼，得收益组合 (1，2)，在此前提下，借款人 1 的最优选择是守诺，得收益组合 (2，2)；因此，开始贷款人 2 就会选择贷款，从而最终的子博弈完美均衡是 (贷，守诺)，其得益为 (2，2)。

显然，后向归纳法具有两大特征：①可以把不可信的威胁从预测中剔除，由此得出的纳什均衡满足子博弈精炼纳什均衡的要求，因为后退到每一个决策单节时总是为在该节有行动的博弈方选取盈利最大的行动；②求解子博弈

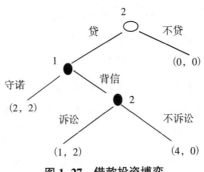

图1-27　借款投资博弈

精炼纳什均衡的过程实际上是重复剔除劣策略方法在扩展型博弈中的应用：从最后一个决策节开始往回推导，每一步剔除该决策节上博弈方的劣选择。

四、有限重复博弈的策略

重复博弈是动态博弈，从而也有阶段子博弈的概念。重复博弈的子博弈就是从某个阶段开始，包括此后所有阶段的重复博弈部分。重复博弈的子博弈是初始博弈的一部分，它不仅意味着博弈到此为止的进行过程已成为所有博弈方的共同知识，而且还包括了初始博弈在这一点之后进行的所有信息。同时，重复博弈中博弈方的行为之间会产生相互影响，如果重复博弈中的博弈方仅考虑到当前阶段博弈中的短期利益，那么，其行为就可能会引起其他博弈方在后面阶段博弈中的对抗、报复或恶性竞争。相反，如果博弈方做出一种合作的姿态，则可能使其他博弈方在今后阶段采取合作的态度。因此，重复博弈中的博弈方不能只关注某一次重复的结果或得益，而且要关注每次阶段博弈之间的相互影响和制约。这也意味着，可信性在重复博弈中是非常重要的，子博弈完美性仍是判断均衡是否稳定可靠的重要依据。

考虑如图1-28所示的两阶段的挤兑博弈：如果两个博弈方都提款将各自获得本金的一半；如果只有一个人提款将获得全部本金，而不提者一无所获；如果都不提，将给予银行时间收回更多的贷款，两者平分。显然，根据后向归纳推理，该重复博弈第二阶段的纳什均衡为（提款，提款）。给定这个结果，再后推到第一阶段，此时只要把第二阶段的盈利函数加到第一阶段，就可形成如图1-29所示的博弈矩阵（δ是贴现因子），从而也可以得到（提款，

提款）均衡。因此，该两阶段重复博弈的唯一纳什均衡就是 ｛(提款，提款)，
(提款，提款)｝。

储户 2	储户 1		
		提款	不提
	提款	5, 5	10, 0
	不提	0, 10	9, 9

图 1-28　挤兑博弈

储户 2	储户 1		
		提款	不提
	提款	5+5δ, 5+5δ	10+5δ, 0+5δ
	不提	0+5δ, 10+5δ	9+5δ, 9+5δ

图 1-29　叠加的挤兑博弈

显然，利用后向归纳法，我们很容易将博弈阶段扩展到更多的阶段，甚至是任意的有限次重复博弈。实际上，只要利用后向归纳法将每一阶段的纳什均衡盈利"糅合"到第一阶段博弈的盈利矩阵，就可以得到一个新的"一次性博弈"，其纳什均衡解就是重复博弈的子博弈完美均衡解。

不过，在重复博弈中，由于长期利益对短期行为的制约作用，使得有一些在一次性博弈中不可行的威胁或诺言在重复博弈中会变得可信，从而使博弈的均衡结果出现更多的可能性。这意味着，在某些情况下，即使没有有用的共同知识，博弈方也可以应用某种策略来达成有效均衡。

例如，在上述银行挤兑博弈中加入一个新的策略——提取一半，博弈矩阵就可表示为图 1-30。现在，博弈方宣布：如果第一阶段出现（不提，不提），第二阶段将选择（提半，提半）以奖励；而如果第一阶段出现（不提，不提）以外的任何八个结局之一，第二阶段将选择（提款，提款）以惩罚。

显然，基于这种预期，在假设贴现因子为 1 的情况下，该两阶段的重复博弈就是：｛(不提，不提)，(提半，提半)｝ 和 ｛(x，y)，(提款，提款)｝；其中，(x，y) ≠ (不提，不提)。分析如下：根据上述思路，实际上就可以将两阶段"糅合"成一次博弈，其中在（不提，不提）单元上加上（7，7），而在其余 8 个单元中各加上（5，5）。这样，新的盈利矩阵就表示为如图 1-31所示。

储户 2	储户 1			
		提款	不提	提半
	提款	5, 5	10, 0	6, 5
	不提	0, 10	9, 9	5, 9.5
	提半	5, 6	9.5, 5	7, 7

图 1-30　引入策略的挤兑博弈

储户 2	储户 1			
		提款	不提	提半
	提款	10, 10	15, 5	11, 10
	不提	5, 15	16, 16	10, 14.5
	提半	10, 11	14.5, 10	12, 12

图 1-31　引入策略的挤兑博弈糅合模型

显然，这个新的一次博弈就有了三个纯策略纳什均衡 ｛(提款，提款)，(不提，不提)，(提半，提半)｝，它们分别对应于原重复博弈的子博弈完美均衡。但是，(提款，提款) 对应于 ｛(提款，提款)，(提款，提款)｝，因为除了第一阶段的结果是 (不提，不提) 外，其他任何情况下，第二阶段的结果都是 (提款，提款)；同样，(提半，提半) 对应于 ｛(提半，提半)，(提款，提款)｝。这两个策略剖面中的各个阶段结局都是阶段博弈的纳什均衡，但 (不提，不提) 纳什均衡却与前两个存在质的差别。事实上，(不提，不提) 对应于 ｛(不提，不提)，(提半，提半)｝，是两阶段重复博弈的子博弈完美均衡，是第一阶段可以达到原阶段博弈中有效的非纳什均衡。这种子博弈完美均衡之所以会出现，关键在于承诺是可信的：博弈方的策略是在第一阶段采取有效但非纳什均衡的 (不提，不提)，那么承诺第二阶段的奖励是 (提半，提半)，因为 (提半，提半) 明显优于 (提款，提款)，因此这种承诺是可信的。

五、无限重复博弈的策略

后向归纳法只适用于有限次重复博弈情形，而在无限次重复博弈中则无法运用后向归纳法，此时，就需要考虑其他展示承诺和威胁以影响现时行为的策略，每个阶段博弈都要考虑自己的不合作行为可能引起的报复。事实上，在无限次重复博弈中，一个博弈方的策略行为会受到对方的影响，这意味着，博弈双方存在相互制约：你如果损害了他人，就有可能在将来受到他人的报复，同样，你如果施恩于他人，那么也有可能会得到回报。

在无限次重复博弈中，常被使用的策略思维主要有两种：

第一种 "针锋相对策略"，即一个博弈方在眼前的博弈中采取的是另一个博弈方在上一轮博弈中所用的那种策略。显然，如果所有的博弈方都采取这种策略，并且一开始就使用合作策略，那么，在每一轮博弈中都将会出现合作的结果。如图 1-32 所示。

第二种 "冷酷策略"，即只要其他博弈方采取合作策略，那么，每个博弈方都采取这一策略，但是，一旦其中一方选择了背叛，那么，将永远选择不合作以对背叛行为进行惩罚。如图 1-33 所示。

博弈回合	1	2	3	4	5	......
博弈方 A	合作	背叛	合作	背叛	合作	
博弈方 B	合作	合作	背叛	合作	背叛	

图 1-32　针锋相对型重复博弈

博弈回合	1	2	3	4	5	......
博弈方 A	合作	背叛	背叛	背叛	背叛	
博弈方 B	合作	合作	背叛	背叛	背叛	

图 1-33　冷酷型重复博弈

显然，在这两个策略中，如果所有博弈方一开始就相互合作，那么，这种结果就会贯穿整个博弈过程；相反，一旦其中某个博弈方在某一阶段采取背叛策略，那么，该博弈方在以后的博弈阶段也将采取不合作策略。因此，这两种策略往往被形象地称为"触发策略"。

信息博弈的分析思维

信息的不完全使得对博弈的分析变得复杂，因为信息不完全的博弈方必须预测其他博弈方的类型。如果是静态博弈，1994 年诺贝尔经济学奖得主海萨尼（J.Harsanyi）教义假设，所有博弈方对自然所选择的概率有相同的信念，这就是"先验概率"；而在动态博弈中，后行动者通过观察先行动者的行动而考虑先行动者的私人信息，这种经过修正之后的判断被称为"后验概率"。两类概率判断都要用到贝叶斯法则。

一、贝叶斯纳什策略分析

如图 1-34 所示的进入博弈中，在位者具有两种生产成本状况，但进入者并不知情，而在位者知道进入者的成本函数，因而该不完全信息的进入博弈就可表示两个策略型博弈矩阵。显然，在给定进入者选择进入的情况下，高成本在位者的占优策略是默许，而低成本在位者的占优策略是斗争。那么，

进入者		在位者			
		高成本		低成本	
		默许	斗争	默许	斗争
	进入	5, 8	-2, 2	5, 8	-2, 10
	不进入	0, 20	0, 20	0, 20	0, 20

图 1-34　不完全信息的进入博弈

面对在位者不同的占优策略选择，进入者如何选择自己的行动呢？也就是说，这种情况下，如何求解这个博弈解呢？

海萨尼（John C.Harsanyi）提出了"海萨尼转换"：引进一个假想的博弈方"自然"作为首先行动者，"自然"为其他每个博弈方抽取它们的类型，并且让每个博弈方知道自己的类型，但不知道其他博弈方的类型，类型向量的分布函数则是共同知识；其他博弈方同时从各自策略空间中选择策略。这样，在进行了海萨尼转换后，对类型的判断在形式上就变成了对博弈进程——自然选择——的判断，其概率分布仍然与类型的概率分布相同，从而将不完全信息的静态博弈转化为完全但不完美信息动态博弈，以使用标准的分析技术进行分析。

上述不完全信息静态进入博弈也可以转换成如下完全但不完美的动态进入博弈（如图1-35所示）："自然"首先决定在位者的成本类型，并让在位者准确知道自己的类型，而进入者的信息仅仅是成本类型的概率分布。

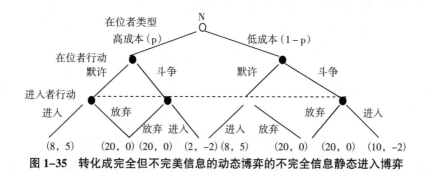

图1-35 转化成完全但不完美信息的动态博弈的不完全信息静态进入博弈

在不完全信息博弈中，由于每个博弈方仅知道其他博弈方的类型的概率，却不知道其真实类型，从而也就不可能准确地知道其他博弈方的实际策略选择，而只能正确地预测到其他博弈方的选择如何依赖于其各自的类型。这样，博弈方 i 根据自己的类型 θ_i 就可以利用贝叶斯法则计算信念 $p_i(\theta_i|\theta_i)$。这是一个条件概率，即给定博弈方 i 属于类型 θ_i 的条件下，有关其他博弈方属于 θ_{-i} 的概率。相应地，博弈方的决策目标就是，在给定自己类型和别人的类型依从策略的情况下最大化自己的期望效用：$EU_i(s, \theta_i) = \sum_{\theta_{-i} \in \Theta_{-i}} U_i(s_{-i}(\theta_{-i}), s_i(\theta_i); \theta_i, \theta_{-i})p_i(\theta_{-i}|\theta_i)$。相应地，贝叶斯均衡就是：无论博弈方属于何种类型，

每个博弈方都在其他博弈方不改变当前策略的情况下达到了其最大期望效用。

二、精炼贝叶斯纳什策略分析

不完全信息动态博弈可以借助海萨尼转换成完全但不完美信息动态博弈，但两类博弈中对博弈方类型的判断是不同的。在静态贝叶斯均衡中，博弈方的信念是事前给定的；但在不完全信息动态博弈中，后行动者就可以通过观察前者的行动而推断其类型或修正自己的信息，然后再选择自己的最优行动。事实上，尽管不能观测到先行动者的类型，但博弈方的行动是类型依存的，每个博弈方的行动都传递着自己类型的某种特征；同时，动态博弈中行动有先有后，后行动者可以观测到先行动者的行动。因此，动态博弈过程不仅是博弈方选择行动的过程，而且是博弈方不断修正信念的过程，这就是后验概率。

贝叶斯法则是根据新信息从先验概率得到后验概率的基本方法：

$$p(\theta^k/a^h) \equiv \frac{p(a^h/\theta^k)\, p(\theta^k)}{p(a^h)} = \frac{p(a^h/\theta^k)\, p(\theta^k)}{\sum_{j=1}^{k}(a^h/\theta^j)\, p(\theta^j)}$$

以二手车（柠檬）市场为例（如图1-36所示）：买方了解卖方在各种类型情况下的得益函数，并且在卖方选择卖策略后采取行动，但他并不知道卖方的车是什么类型；因此，目的是期望收益最大化的买方在考虑是否决定买的时候，必须利用一切信息来判断卖方决定卖车时车质量好和坏的条件概率 $p(g|s)$、$p(b|s)$。

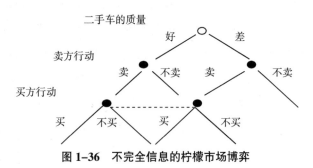

图1-36　不完全信息的柠檬市场博弈

那么，买方如何判断车的质量呢？一般来说，车质量好坏的概率可以根

据二手车市场的先验概率分布以及卖主的行动进行判断。因此，买方会做这样两点考虑：首先，运用经验性的知识和数据判断总体上二手车质量的好坏概率 $p(g)$、$p(b)$；其次，考虑卖方在车好坏两种情况下各自选择卖还是不卖的概率 $p(s|g)$、$p(s|b)$。因此，根据贝叶斯法则，车质量好坏的条件概率就有：

$$p(g|s) = \frac{p(g) \times p(s|g)}{p(s)} = \frac{p(g) \times p(s|g)}{p(g)p(s|g) + p(b)p(s|b)}$$

精炼贝叶斯均衡的要点是：博弈方根据所观察到的其他人的行动来修正自己有关后者的"信念"（主观概率），并由此选择自己的行动。它假设其他博弈方选择的是均衡策略，因而精炼贝叶斯均衡是所有博弈方策略和信念的一种结合，满足如下条件：①给定每个人有关其他人类型的信念的情况下，他的策略选择是最优的；②每个人有关其他人类型的信念都是使用贝叶斯法则从观察到的行为中获得的。

演化博弈的分析思维

前面的分析思维是在给定的情况下博弈方的理性行为，而如果存在外生冲击的情况，行为均衡又是如何变动呢？这就涉及演化博弈的分析。演化博弈的一个主要特征是，认为经济主体的行为并非建立在演绎推理的基础之上，而是基于归纳基础之上，这个归纳是基于历史的经验。

一、演化博弈的分析机理

假设一个所有成员采用相同的策略的种群，出现了一个采用不同策略的变异，如果初始时刻只有较低的增殖成功率，那么，该种群的大部分个体所采用的策略相对于变异策略就是稳定的。也即，这种变异策略不会被选择，从而会逐渐从个体中消失。

考虑单一物种的一个很大的种群，其中的个体随意配对进行一个两人对称博弈 G，种群中的策略分布用 $s \in S$ 表示，s 表示混合策略，可以解释为：当各个个体被设定采用一个纯策略的时候代表的纯策略的种群频率，也可理解为所有局中人都采用完全相同的混合策略。

那么，设 s 是一个两人对称博弈 G 的一个策略，如果存在 ε^0，对任意的 $s' \neq s$ 和任意的 $\varepsilon \in (0, \varepsilon^0)$，满足 $g[s, (1-\varepsilon)s + \varepsilon s'] > g[s', (1-\varepsilon)s + \varepsilon s']$，则称 s 是一个进化稳定策略 ESS（Evolutionary Stable Strategy），其中 $g(a, a)$ 是两局中人在双方策略为 (a, a) 时的得益，即适应度。

显然，一个演化均衡策略 ESS 代表一个种群抵抗变异侵袭的一种稳定状态，当主导策略 s 受到少量 ε% 变异策略 s′ 入侵时，不等式说明主导策略严格优于变异策略。

给定 $g[x, (1-ε)y + εz] = (1-ε)g(x, y) + εg(x, z)$ 时，上式就可以简化为：混合策略 s 是一个 ESS，当且仅当：(E1) s 构成一个纳什均衡，即对任意的 s′，有 $g(s, s) > g(s′, s)$；或者，(E2) 如果 s′ ≠ s，满足 $g(s, s) = (s′, s)$，那么，一定有 $g(s, s′) > g(s′, s′)$。

E1 说明，策略 (s, s) 是一个强纳什均衡，即如果当其他每一个人都采取 s 时，任何一个局中人发现对它来说，s 比其他任何策略都要严格地更好，则 s 就是一个 ESS。E2 说明，如果纳什均衡策略 s 是不严格的，那么，虽然一个个体单独变异时不会损害自己的利益，但当其他个体也变异时就会损害自己的利益。而且，直观上看，$ε^0$ 越大，行动 s 就越稳定，因为更多的变异被抵制了。

演化稳定策略是针对博弈中使用混合策略而言的，而演化稳定行动则是针对博弈各方采取纯策略而言的。纯策略 a 是演化均衡的，当且仅当 (E1) a 构成一个纳什均衡，即对任意的 a′，有 $g(a, a) > g(a′, a)$；或者，(E2) 如果 a′ ≠ a，满足 $g(a, a) = (a′, a)$，那么，一定有 $g(a, a′) > g(a′, a′)$。

如在囚徒博弈中，如果"总是欺骗"策略 D 是进化博弈的主导策略，那么所有的个体将处于囚徒困境。但是，艾克斯罗德（Robert Axelrod）证明这个"总是欺骗"策略 D 的种群可以被以牙还牙（TFT）策略侵袭：当 TFT 第一次遇到 D 时受到欺骗，那么第二次将立刻转向欺骗，从而获得非合作收益；但是如果采用 TFT 策略遇到的对手也是采用 TFT 策略时，两者就会采取合作，因而 TFT 策略优于 D 策略；当一个 D 策略的种群受到少量 TFT 策略侵入时，TFT 策略子群的增长将快于 D 策略子群，最终前者将控制整个种群。

当然，满足一个 ESS 条件不一定满足演化均衡的条件，因为 ESS 首先是根据一个单一的演化稳定策略来定位的，而演化的稳定性更一般的应是种群在一个策略集上分布的一种特征。一般来说，如果这种动态演化过程导致一个种群依比例地分布在一个策略集上，或者极端地，种群中所有生物都遵行某一个策略，那么，该分布就称为一个进化均衡（EE），并且，当分布面临种群任意小的任意替代时，进化过程本身会维持和修复该分布。

二、纯策略的演化稳定问题

1. 纯策略是演化均衡策略

我们将斗鸡博弈写成图 1–37 所示的矩阵形式：

	Hawk	Dove
Hawk	(v–c)/2, (v–c)/2	v, 0
Dove	0, v	v/2, v/2

图 1–37　斗鸡博弈

显然，如果 $v > c$，那么该博弈有唯一的严格纳什均衡 （H，H），因而鹰策略是演化稳定的。如果 $v = c$，此时也有唯一的纳什均衡 （H，H），尽管这个均衡不是严格的；但由于满足 E2，即 $v/2 = u$ （D，D）$< u$ （H，D），因而鹰策略也是演化稳定的。在上述两种情况下，鹰策略都会逐渐侵蚀鸽策略。

2. 纯策略不是演化均衡策略

即使纯策略是演化稳定的，也并不一定就是 ESS。如图 1–38 所示的博弈矩阵中，X 是演化稳定的：（X，X）是纳什均衡，且 X 的最优反应 Y、Z 满足：$u(Y, Y) = 0 < 1 = u(X, Y)$ 和 $u(Z, Z) = 0 < 1 = u(X, Z)$。但是，X 却不是 ESS。

	X	Y	Z
X	2, 2	1, 2	1, 2
Y	2, 1	0, 0	3, 3
Z	2, 1	3, 3	0, 0

图 1–38　纯策略均衡不是演化均衡的博弈

假设局中人采取混合策略 M：以 1/2 的概率采取行动 Y 和 Z。显然，由于 $u(X, M) = 1 < 3/2 = u(M, M)$，其中，$u(M, M)$ 是两个局中人都采取 M 混合策略：分别以 1/4 的概率采取 （Y，Y）、（Y，Z）、（Z，Y）、（Z，Z）策略；因此，即使 X 不会被任何纯策略的变异者侵入，也会被采取混合策略 M 所侵

入。这里的关键在于 Y 和 Z 类型各自合作缺乏效率，但相互间合作的效率却很高，因此，X 不是 ESS。

三、混合策略的演化稳定问题

1. 混合策略是演化均衡策略

我们将性别博弈写成图 1-39 所示的矩阵形式：

	Home	Market
Home	0, 0	1, 2
Market	2, 1	0, 0

图 1-39　性别博弈

显然，这个博弈没有对称的纯策略均衡，而存在唯一的对称混合策略均衡：每个局中人采取赋予 H 概率 1/3 的混合策略 s^*。显然，每一个 $s'=(p, 1-p)$ 都是针对 s^* 的最优反应的混合策略，因此，s 是 ESS 的条件是：$u(s', s')<u(s^*, s')$，其中 $s'\neq s^*$。

两者都采取混合策略 s'，则有：$u(s', s')=p\times p\times 0+p\times(1-p)\times 1+(1-p)\times p\times 2+(1-p)\times(1-p)\times 0=3p(1-p)$

而 $u(s^*, s')=(1/3)\times p\times 0+(1/3)\times(1-p)\times 1+(2/3)\times p\times 2+(2/3)(1-p)\times 0=1/3+p$

那么，如果 s^* 是 ESS，则对所有的 $p\neq 1/3$，必须有 $3p(1-p)<1/3+p$，即需要 $(1-3p)^2>0$。这显然成立，因此，策略 $s^*(1/3, 2/3)$ 是 ESS。

2. 混合策略不是演化均衡策略

我们将协调博弈写成图 1-40 所示的矩阵形式：

	Important	General
Important	2, 2	0, 0
General	0, 0	1, 1

图 1-40　协调博弈

显然，上述博弈中，（I，I）和（G，G）都是严格纳什均衡，因而 I 和 G 都是 ESS。此外还存在一个混合均衡 $\{s^*(1/3，2/3)，s^*(1/3，2/3)\}$。

由于每一个 $s'=(p，1-p)$ 都是针对 s^* 的最优反应的混合策略，显然，s^* 是 ESS 的条件是：$u(s'，s')<u(s^*，s')$，其中 $s'\neq s^*$。

但是，显然如果 $s'=(1，0)$，此时，$u(s'，s')=2$，而 $u(s^*，s')=2/3$，有 $u(s'，s')>u(s^*，s')$；因此，s^* 不是 ESS。

3. 无 ESS 的博弈

有的博弈只有唯一混合策略纳什均衡，但也可能没有 ESS。如图 1-41 所示的博弈：

	X	Y	Z
X	r, r	-1, 1	1, -1
Y	1, -1	r, r	-1, 1
Z	-1, 1	1, -1	r, r

图 1-41 无 ESS 的博弈

该博弈具有唯一对称纳什均衡，每一个局中人的混合策略是 $s^*(1/3，1/3，1/3)$，但它不是 ESS，因为每个纯策略都是 s^* 的最优反应，而且，$u(s，s)=r>r/3=u(s^*，s)$，这严格背离 ESS 定义中的第二个条件。

经典的博弈模型

在了解了主流博弈的基本结构和类型后，我们对一些常见的博弈模型作一归纳介绍。

一、囚徒博弈

经典的囚徒博弈描述了两个囚徒在面临警察提供的两种激励合约下理性选择的集体后果：基于个体理性形成的最终博弈均衡是大家都不愿要的。以博弈方 A 为例，他并不知道博弈方 B 如何行动，但不管如何，选择坦白将是他的占优策略，同样，对博弈方 B 也是如此。因此，（坦白，坦白）就是占优策略均衡，如图 1-42 所示。

囚徒 A		囚徒 B	
		不坦白	坦白
	不坦白	−1, −1	−10, 0
	坦白	0, −10	−5, −5

图 1-42　囚徒博弈

囚徒博弈反映了个体理性与集体理性之间的冲突关系：每个博弈方都从自身利益最大化出发选择行为，结果却既没有实现两人总体的最大利益，也没有真正实现自身的个体最大利益。囚徒博弈被提出后就引发了大量的相关研究，并在社会经济领域建立起了很多版本，如公共品的供给不足、集体行动的困境、公地的悲剧等。因此，囚徒博弈是一类博弈的总称，体现了普遍存在的社会关系，既包括国际上国与国之间的贸易、市场上厂商之间的竞争等经济行为，也包括重大国际国内政治问题，如军扩和裁军等。显然，囚徒博弈没有帕累托最优纳什均衡，却存在帕累托劣解纳什均衡，因为至少有一种结果使所有人都比纳什均衡时获得更高收益。表现在现实生活中，只要存在多数抱怨的现象，也就意味着出现囚徒困境了。例如，在团队生产、卡特尔组织等中，我们常会抱怨"搭便车"现象；在公共资源的使用中，常会出现资源浪费和无效率的现象等。

囚徒博弈可以写成如图 1-43 所示的博弈矩阵形式，其中，存在两个基本条件：$C_K > A_K$，$D_K > B_K$，$A_K > D_K$，其中，$K = 1$ 或 2。因此，背信就是个体理性的选择，从而实现（背信，背信）均衡；但显然，（合作，合作）比（背信，背信）均衡对所有人来说都是更优的。

	合作	背信
合作	A_1, A_2	B_1, C_2
背信	C_1, B_2	D_1, D_2

图 1-43　囚徒博弈一般型

二、性别博弈

经典的性别博弈描述了一对恋人或夫妻之间的矛盾，他们都有自利的效用目标，但两者只有合作才能有更好的收益，如果需要的话，都愿意牺牲自己的喜好来满足对方。

妻子		丈夫	
		球赛	音乐会
	球赛	2, 4	0, 0
	音乐会	1, 1	4, 2

图 1-44　性别之战

性别博弈反映了追求合作而利益分配不对称的一类博弈总称，它具有以下两个特点：①任一纳什均衡都是帕累托有效的，博弈方的收益最优化有赖于各博弈方间的行为协调，因而每一博弈方的最大化策略都是与其他博弈方保持一致；②收益结构具有不对称性，先行动者往往可以获得更大收益，因而谁先行动是至关重要的。例如，同一行业内的两家公司选择行业标准就是一个性别博弈，先行动者往往拥有制定标准的实质权力。

性别博弈可以写成如图1–45所示的博弈矩阵形式，其存在三个基本条件：$C_K > A_K$，$B_K > D_K$，$C_K > B_K$，其中，$K = 1$或2。因此，跟随对方就是每一博弈方的理性选择，均衡就是（活动X，活动X）和（活动Y，活动Y）；同时，这两个均衡下每一博弈方的收益又是不同的。

	活动 X	活动 Y
活动 X	C_1, B_2	D_1, D_2
活动 Y	A_1, A_2	B_1, C_2

图 1–45　性别博弈一般型

三、斗鸡博弈

斗鸡博弈首先源自进化生物学的分析，因而也被称为鹰鸽博弈。经典的斗鸡博弈描述南来北往两个人过一座独木桥，每个人都面临两种选择：要么采取强硬态度自己先通过，要么采取懦弱态度礼让对方先过。如果两人都选择强硬，显然就会在桥中间发生"顶牛"现象。那么，两人将如何选择策略呢？显然，这里是无法简单地获得占优均衡的。

参与者 1	参与者 2	
	懦弱	强硬
懦弱	5, 5	0, 10
强硬	10, 0	–5, –5

图 1–46　斗鸡博弈

斗鸡博弈也反映了大量的社会经济现象，如国际政治、经济关系的博弈，行业进入的博弈，乃至街头的械斗，都是如此。因此，斗鸡博弈也是一类重要的博弈类型。该博弈的特征是：①没有稳定的占优均衡，一方勇敢，另一方就要采取懦弱策略；②谁表现强硬谁就占有优势，博弈方为了获得更多个人利益首先会表现出强硬的态度，弱势者最终会认清形势而屈服；③相互之间相互逞强往往会造成两败俱伤，而相互选择退让策略则可以分享共同收益。

斗鸡博弈可以写成如图 1-47 所示的博弈矩阵形式，该博弈表明，如果冲突造成的损失大于由此带来的收益，即 $c > v > 0$，那么，该博弈就有两个严格纳什均衡（鹰，鸽）、（鸽，鹰）。

	鹰	鸽
鹰	$(v-c)/2$, $(v-c)/2$	v, 0
鸽	0, v	$v/2$, $v/2$

图 1-47　斗鸡博弈一般型

四、智猪博弈

经典的智猪博弈描述了猪圈中一大一小两头猪抢食的情形，有一个按钮控制了 20 单位的猪食供应，其中按按钮的成本是 5 单位猪食；如果大猪先到将吃到 16 单位猪食，而小猪只能吃到 4 单位猪食；相反，如果小猪先到将吃到 10 单位猪食，而大猪也只能吃到 10 单位猪食；如同时吃，大猪将吃到 13 单位猪食，而小猪只能吃到 7 单位猪食。该博弈的均衡解是（按，等待），显然，尽管大猪是强势者，但小猪却可以通过"搭便车"而占尽大猪的便宜。

大猪		小猪	
		按	等待
	按	8, 2	5, 10
	等待	16, −1	0, 0

图 1-48　智猪博弈

智猪博弈又展示了另一类博弈的基本特征：少数往往可以搭多数的便车，从而出现了少数剥削多数的现象。显然，智猪博弈是对很多社会经济现象的概括。例如，社会中处于统治地位的总是少数，大国在国际事务中承担了更大比例的责任，少数富人承担了大部分税收。事实上，累进制的税收往往会使得一部分的劳动收益向另一部分人转移，这就意味着一些努力工作的人和不工作的人得到与付出并不相称。当然，小猪的"搭便车"行为也会引起大猪的不满，尤其当大猪拥有巨大的权力的时候，它就会对小猪进行处罚。

智猪博弈矩阵如图 1-49 所示：其中，$C_2 > A_2$，$D_2 > B_2$，且，$C_1 > A_1$，$B_1 > D_1$。显然，（按，等待）是纳什均衡。

强者	弱者		
		行动	不行动
	行动	A_1, A_2	B_1, C_2
	不行动	C_1, B_2	D_1, D_2

图 1-49　智猪博弈一般型

五、猜币博弈

猜币博弈描述的是两人之间的一种零和赌博游戏：庄家遮盖起一枚硬币，由另一人猜正反，如果猜对了就胜出，猜错了则庄家胜出。显然，在这个博弈中，无论庄家还是猜币者都没有固定的占优策略，该博弈也没有确定的纯策略均衡。为了获得更大的收益，每一博弈方都会努力了解和挖掘其他相关者的信息，并采取与对方相对立的策略。

猜币者	投币者		
		正面	反面
	正面	1, -1	-1, 1
	反面	-1, 1	1, -1

图 1-50　猜币的零和博弈

猜币博弈是"零和博弈"的重要类型，它反映出一方之所得就是另一方之所失，从而难以有稳定的均衡，更难以进行合作博弈的分析。该博弈有两个基本特征：①不能让对方知道或猜到自己的选择，因此必须在决策时采取随机决策；②选择每种策略的概率要恰好使对方无机可乘，对方无法通过有针对性地倾向于某种策略而得益。事实上，猜谜游戏、桥牌、足球比赛等都可以看成猜币博弈。

如图 1-51 所示的猜币博弈矩阵，显然，该博弈没有纯策略纳什均衡，而具有 {(1/2，1/2)，(1/2，1/2)} 混合策略纳什均衡。

	策略 A	策略 B
策略 A	x, -x	-x, x
策略 B	-x, x	x, -x

图 1-51　猜币博弈一般型

六、协调博弈

协调博弈描述了具有互补性策略的博弈情形：如图 1-52 所示的博弈矩阵中，博弈方 A 追求高收益的行动将会增进博弈方 B 采取较高水平行动的边际收益；反之亦然。协调博弈的关键就是建立在行为主体间的相互作用上，它意味着，博弈方增加努力会引发其他博弈方的追随，而且，这种互动会进一步引起乘数效应，从而具有自强化倾向。显然，协调博弈是体现这样一类博弈的总称：博弈存在几个纳什均衡，博弈方之间需要加以协调以选取一个。

博弈方 A		博弈方 B	
		1	2
	1	2, 3	2, 2
	2	1, 2	8, 9

图 1-52　协调博弈

协调博弈可表示如图 1-53 所示的博弈矩阵，其中，$A_1 > C_1$，$A_2 > C_2$，$D_1 > B_1$，$D_2 > B_2$；该协调博弈有两个纯策略纳什均衡（1，1）和（2，2）。

A		B	
		1	2
	1	A_1, A_2	B_1, C_2
	2	C_1, B_2	D_1, D_2

图 1-53　协调博弈一般型

衍生的博弈模型

上述的基本博弈模型也衍生出一些常用的博弈模型，这里做进一步的归纳介绍。

一、跟随博弈

跟随博弈（Following Game）由斗鸡博弈衍生而来，说明弱势者跟随强势者的现象。斗鸡博弈往往体现了力量、信息和地位之间的博弈，它会产生有利于强者的效果。因此，在斗鸡博弈中，每一方都努力装扮成强势一方，力图采用强硬或先发制人的手段。这样，鹰策略会逐渐侵蚀鸽策略，并很可能导致斗争不断升级，这在对抗式的人类社会中非常常见。显然，当鹰策略具有优势并成为其他人模仿的对象时，就会出现跟随现象。跟随策略衍生出的一个重要现象就是主流化现象，如英语的普及、QWERTY 键盘的流行、电子产品的标准化、政策的中间化、衣着的潮流化、论文的标准化、学术的主流化等。因此，跟随博弈也是一类博弈的总称，其主要特征是：模仿强者或多数是有利的，从而呈现出一元化趋势，并陷入马尔库塞所谓的"单向度"状态。

跟随博弈可以写成如图 1-54 所示的矩阵形式：显然，如果 $v > c > 0$，那么该博弈有唯一的严格纳什均衡（随主流，随主流），因而主流化策略是演化稳定的。

	随主流	逆主流
随主流	(v–c) /2， (v–c) /2	v, 0
逆主流	0, v	v/2, v/2

图 1–54　跟随博弈

二、确信博弈

确信博弈（Convince Game）与囚徒博弈相对，囚徒博弈描述了互不信任的博弈方的策略选择，确信博弈则描述了博弈方之间的动机和信心状况。如果相信大多数人会选择合作策略，那么，参加合作社生产就是最佳的；但如果相信很多人会选择单干策略，那么个体式经营则更佳。也就是说，博弈方如何行动的决策依赖于其关于其他人如何行动的信念，只有相信其他人也会选择合作时才会合作，但人们应付这一不确定的范式往往会导致次优的结果。确信博弈也是对诸多社会现象的反映：不仅体现在合作社生产、公共品投资、集体行动、企业集聚上，也体现在共同面对银行危机、经济危机以及合作社的维持等上。确信博弈体现了一类重要的博弈，有两个基本特征：①它注重博弈方之间共同动机的协调，通过协调可以获得更高的收益；②如果缺乏动机的协调，那么低收益的均衡则是风险占优的。

确信博弈可以写成如图 1–55 所示的矩阵形式：如果两人都选择参加集体活动，那么就可以获得收益（x, x），这对两人都是得益占优或帕累托占优的；相反，如果两者都选择独立经营，尽管收益只有（y, y），但这却是"保险"的，是风险占优的。其中，x > y。该类型博弈的问题在于，如何树立博弈方的信心，使他更愿意选择集体行动而不是单干，从而可以实现帕累托优化。在某种程度上，确信博弈实际上也就是如何化解危险的分级协调博弈问题。

	共同行动	单独行动
共同行动	x, x	0, y
单独行动	y, 0	y, y

图 1–55　确信博弈

三、贡献博弈

贡献博弈（Contribution Game）是由性别博弈衍生而来的，如图 1-56 所示的博弈矩阵中，如果 $C_1 > A_1$，$C_2 > A_2$，$B_1 > D_1$，$B_2 > D_2$，且 $C_1 > B_1$，$C_2 > B_2$；那么，该博弈就是一个贡献博弈，它具有两个纯策略纳什均衡（1，2）和（2，1）。贡献博弈也体现了一类博弈的总称，其特点是：公共品只要有一个博弈方就可以了，而且，这个公共品为所有博弈方所共享，因此，每个人都希望由别人来承担提供公共品的成本，但在不得已的情况下都会独自承担成本。

A		B	
		1	2
	1	A_1，A_2	B_1，C_2
	2	C_1，B_2	D_1，D_2

图 1-56 贡献博弈

四、分级协调博弈

分级协调博弈由协调博弈衍生而来，如果协调博弈中的收益结构是对称的，它就成了分级协调博弈。分级协调博弈也描述了博弈方之间的动机和信心状况：如果相信大多数人会选择合作策略，那么，参加合作社生产就是最佳的。与确信博弈不同的是，此时，单干是一个更差的选择，因而如何协调以形成集体行动就显得更为重要。分级协调博弈也是对诸多社会现象的反映：例如，饭店里的酒与菜，酒香给人的效用越大，菜的需求量也越多；同样，对一个网站使用得越多，使用它也就越便捷，这也是产品对消费者的束缚效应。分级协调博弈也体现了一类重要博弈，其主要特征是：①有几个纳什均衡并可以按帕累托原则分级，即其中某个纳什均衡给所有博弈方带来的利益都大于其他所有纳什均衡会带来的利益；②一方较高水平的行动实际上增进了另一方采取较高水平行动的边际收益，库珀将这种正反馈的性质称为策略的互补性。

分级协调博弈可以写成如图 1-57 所示的博弈矩阵形式：如果两人都选择

参加集体行动 1 或集体行动 2，就可以分别获得 (x, x) 或 (y, y) 的收益，而如果分开行动则一无所获；同时，由于 x > y，因而 (x, x) 相对于 (y, y) 是支付占优或帕累托占优的。分级协调博弈的关键就是建立在行为主体间的相互作用上，它意味着，博弈方增加努力会促使其他博弈方追随，如 A 选择集体行动 1 会引导 B 自发地选择集体行动 1，从而达到更高的均衡收益组合。而且，这种互动会进一步引起乘数效应，从而具有自强化倾向。

	合作社 1	合作社 2
合作社 1	x, x	0, 0
合作社 2	0, 0	y, y

图 1-57　分级协调博弈

五、抓钱博弈

抓钱博弈与智猪博弈相对，智猪博弈描述了小猪如何等待大猪行动而获得后发优势的情形，而抓钱博弈则描述了博弈方如何争相行动以获得先占优势的情形。如图 1-58 所示的抓钱博弈：桌上放着 x 元钱，两个博弈方去抓，谁先得到就归谁；但是，如果同时抓，纸币被损坏，两者都要罚款 x 元；如果没有人抓，则均无所获。

	抓	不抓
抓	-x, -x	x, 0
不抓	0, x	0, 0

图 1-58　抓钱博弈

显然，抓钱博弈体现了一种博弈类型，它反映了博弈中的占先优势，先行动者往往具有剥削后来者的优势。事实上，大量的最后通牒式议价实验表明，先行动者往往能够获取一定的多余分配。我们可以把它类比于企业的投资行为，企业面临投资和不投资两种选择。其中，如果只有一个企业投资，则它可得到 1 的收益；如果双方同时投资，则两者都损失 1 的收益；如果企业不投资，则它不赢也不亏。实际上，抓钱博弈也就是一个典型的先发制人博弈，在该博弈中，选择了导致博弈结束的行动的博弈方将获得最后奖赏，而同时行动则都将付出代价，因而每个博弈方都试图取得先发优势。

六、监察博弈

监察博弈由猜币博弈衍生而来，描述了博弈方之间监督与反监督的关系。它也体现了一种博弈类型，可广泛用于武器控制、犯罪预防、税收审查、工人激励以及委托—代理等。我们可以设想一个代理人为一个委托人工作，代理人的努力成本为 e，而为委托人提供的努力产出为 y；委托人的监督成本为 i，而如果没有发现偷懒，委托人将支付代理人的工资为 w；其中，$y > w > e > i > 0$。那么，两人同时行动的博弈矩阵就可表示为图 1–59。

委托人		代理人	
		偷懒	努力
	监督	–i, 0	y–w–i, w–e
	不监督	–w, w	y–w, w–e

图 1–59　监察博弈

七、田忌赛马博弈

田忌赛马博弈也是由猜币博弈衍生而来的，它描述了这种情形：田忌的三匹马各自都比齐威王的差，但无论齐威王上中下三匹马怎样的比赛次序，只要田忌的应对策略正确，田忌总有获胜的情况。这里的关键在于，获得对手信息是多么的重要。这个博弈意味着，博弈结果并非仅仅是势力的较量，而是策略的较量，因而它被广泛用于商业竞争、体育团体赛、战争以及政治选举中。

		田忌					
		上中下	上下中	中上下	中下上	下上中	下中上
齐威王	上中下	3, –3	1, –1	1, –1	1, –1	–1, 1	1, –1
	上下中	1, –1	3, –3	1, –1	1, –1	1, –1	–1, 1
	中上下	1, –1	–1, 1	3, –3	1, –1	1, –1	1, –1
	中下上	–1, 1	1, –1	1, –1	3, –3	1, –1	1, –1
	下上中	1, –1	1, –1	1, –1	–1, 1	3, –3	1, –1
	下中上	1, –1	1, –1	–1, 1	1, –1	1, –1	3, –3

图 1–60　田忌赛马博弈

第二部分

博 弈 思 维

小学奥数中的博弈思维

博弈论往往被视为一门现代前沿学科，并且成为现代经济学最流行的分析工具。但实际上，我们大多数人在从小学到大学的十多年学习生涯中，都遇到过博弈推理的题目，只不过当时因不知道博弈论这一名词而没有将它们当作一道博弈论题目而已。下面从小学奥数教程中选出几道推理题加以说明。在这几道题目中，谁给出了答案，谁就用到了博弈思维。

1. 几道小学奥数题

例1 有两堆枚数相等的棋子，甲、乙轮流在其中任意一堆里取，至少取1枚，多取不限；谁取到了最后一枚棋子为胜。先取者还是后取者会获胜？他的策略如何？如果在两堆枚数不等的棋子中取又如何？

答案：在两堆枚数相等的棋子中取时后取者将获胜，其策略：后取者只要在另一堆里取先取者所取的相同枚数的棋子即可。相反，在两堆枚数不等的棋子中取时先取者将获胜，其策略：先取者取出较多一堆里比另一堆里多的枚数，使得两堆棋子的枚数相等，这样就转化成在两堆枚数相等的棋子中取中的后取者。

例2 桌上有10枚棋子，甲、乙轮流去取，每次取1枚或相邻的2枚，如果2个棋子之间已有棋子被取走，则不算相邻，谁取到最后一个就获胜；那么，先取者有利还是后取者有利？有何制胜办法？

答案：先取者将获胜，其策略：先取者只要取走中间两个，那么就转化成各含 4 个棋子的两堆，同时先取者也就转化为后取者。

例 3 153 个空格排成一行，预先在左边第 1 格放入一枚棋子，然后甲、乙两人交替走，先甲后乙，每步可向右移 1 格、2 格、3 格或 4 格，谁先到最后一格为胜，甲第一步将棋子向右走几格才能确保胜利？

1	2	3	4	……	148	149	150	151	152	153

答案：走 3 格。推理如下：在最后一轮时，甲只要留下 5 格给乙就可以确保胜利，因为乙最多只能走 4 格，而甲可以走乙留下的格数；相应地，在倒数第二轮时，甲只要留下 10 格给乙就可以确保最后胜利，因为乙最多只能走 4 格，那么，甲所走的格数只要等于 5 减去乙走的格数，就可以留下 5 格给乙；如此下去，甲只要留下的格数是 5 的倍数，那么，就可以确保最后胜利。

例 4 两个人轮流报数，所报之数不能超过 8，也不能是零，将两人所报之数加起来，谁报数后加起来的总和等于或超过 174 就胜。如果你是先手，你如何确保胜利？

答案：报 3。推理如下：因为任何人报数之和不超过 9 而且后手总可以使两人一次性所报数之和等于 9，因而先手只要使留下的余数是 9 的倍数即可，这样，174 除以 9 就余 3。

例 5 桌面上反扣着一张红桃、两张黑桃，共三张牌。甲、乙两人各摸一张牌，各自翻看手中牌，并根据自己手中牌的颜色判断剩下的一张牌的颜色。几分钟后，甲首先判断出剩下的一张牌是红桃。他是怎样判断的？

甲的博弈推理是：如果剩下的是黑桃，那么，自己和乙两人必然有一人持有红桃，而持有红桃者即刻就可以判断剩下的是黑桃；既然两人都迟疑了几分钟，说明两人手中都没有红桃。正是看到乙的迟疑，甲判断乙所持有的是黑桃，而自己所持也是黑桃，因而剩下的就是红桃。

例 6-1 有两顶红帽子、三顶白帽子，让甲、乙、丙三人看了，再把他们的眼睛蒙住。给一人戴上红帽子，两人戴上白帽子，把剩下的帽子藏起来，然后拿下蒙眼的布，要求不看自己的帽子判断自己帽子的颜色。他们三人愣了一会，过了一会，戴白帽子甲的最先判断自己戴的是白帽子。他是怎样判断的？

甲的博弈推理是：如果自己戴的是红帽子，那么，乙和丙就必然有人戴的是白帽子（要么都是白帽子，要么一个红帽子一个白帽子）；给定这个条件，由于乙和丙任何一方看到对方戴的是红帽子（甲可以看到），就可以判断自己戴的是白帽子。但在该情境中，乙和丙却无法判断，这说明自己戴的不是红帽子。

例 6-2 也可以作一改变：有两顶红帽子、三顶白帽子，主持人让甲、乙、丙三人从前到后站成一排，并在三人头上戴上一顶帽子，其中，最前面的甲看不到任何人的帽子颜色，中间的乙可以看到甲的帽子颜色，而最后的丙则可以看到甲和乙两人的帽子颜色。此时，主持人问丙：你头上帽子的颜色是什么？丙回答不知道。主持人再问乙：你头上帽子的颜色是什么？乙回答不知道。最后，主持人问甲：你头上帽子的颜色是什么？甲却回答知道。那么，甲是如何知道的？他的帽子颜色是什么？

甲的推理如下：如果我的帽子颜色是红色，那么，中间的乙就可以这样推理，"如果我的帽子颜色是红色的，那么，最后的丙看到前面两顶红帽子就可以推断出自己的帽子颜色是白色，但他却无法推断出结果，这说明我戴的帽子是白色"。也就是说，只要甲的帽子是红色的，中间的乙就一定可以判断出自己帽子的颜色；问题是，这里的乙却无法做出判断，这反过来表明甲的帽子颜色是白色的。

2. 奥数题反映的博弈思维

在上述例子中，前面四道例题涉及后向归纳推理和占优策略，具体运用到博弈思维中的跟随策略，最后两道例题的博弈思维则是以共同知识以及可理性化策略为基础。

所谓占优策略，就是不管其他人如何选择或行动，我的选择或行动都是最优的，而不受他人的影响。下面看两道类似的推理题。

例 1 桌上有 27 枚棋子，甲、乙轮流去取，每次取 1 枚、2 枚或 3 枚，拿走最后一枚棋子者获胜。那么，先取者有利还是后取者有利？有何制胜办法？如果是 28 枚棋子呢？

答案：先取者将获胜，其策略是，先取者只要取走 3 枚棋子即可，且每次都留下 4 的倍数的棋子给对方。推理如下：考虑博弈的最后一轮，如果只剩下 1 枚、2 枚或 3 枚棋子，那么最后行动者就可以取走剩下的所有棋子而获胜，因此，先行动者就必须留下 4 枚棋子。那么，如何保证最后一轮能够留下 4 枚棋子呢？关键在于在前一轮中给对方留下 8 枚棋子——由此类推，每次只要给对方留下 4 的倍数的棋子就可以获胜。而当有 28 枚棋子时，后行动者获胜，因为他才可以给对方留下 4 的倍数的棋子。

例 2 在一个活动中，主持人在 9 个信封里各装 100 元，第 10 个信封则是空的。主持人把这些信封混在一起并让参与者 A 挑一个信封自己打开来看，此时，主持人提议参与者 B 出一笔钱买下 A 所挑选的信封。这里有两个条件：①主持人和参与者 B 都不知道 A 的信封里有没有钱，而参与者 A 自己知道；②参与者 A 可以接受 B 的出价，也可以拒绝并把信封留下来。那么，参与者 B 应该出多少钱买下 A 的信封？

答案：参与者 B 出价 1 元。推理如下：首先，如果参与者 A 的信封里有 100 元，那么，参与者 B 出小于 100 元的任意价，A 都不会同意，因而 B 出价 1 元和其他高于 1 元的效果是一样的。其次，如果参与者 A 的信封是空的，那么，参与者 B 出大于等于 1 元的任意价，A 都会同意，因而 B 出 1 元是最合算的。两者综合，参与者 B 应该出价 1 元。

3. 日常生活中的博弈思维

事实上，尽管博弈论往往以复杂的数学符号和运算出现，从而给人一种高深莫测的印象；但是，作为策略使用的博弈却随时随地出现在我们的工作和生活之中，博弈思维既不神秘也不复杂，它是我们日常生活的一部分，也是日常思维的基本方式，只不过这些思维在漫长的时间中没有经过抽象和提炼而上升为一门理论。也就是说，尽管博弈分析在 20 世纪中叶以后才被经济学家运用于社会经济现象中，但博弈思维却很早就在社会实践中得到了具体应用，典型的如战国时期的田忌赛马。

在很大程度上，任何社会经济现象都是人类互动的结果，都涉及参与者之间的策略反应，因而博弈思维在现实世界中也必然是普遍存在的。例如，在大学本科或者研究生教育入学前填报学校或专业时，学生们就面临着一个博弈问题，因为绝大多数学生在选择时所关注的一个基本点是首先保证能升学，其次才是在升学的基础上有一个更好的学校或者专业。显然，由于一些名牌大学和热门专业总是抢手的，因而就存在一个悖论：如果与我报考相同的好专业或者学校的考生太多，那么我就有可能上不了；不过，如果众多考生都有这种顾虑而不去报名，此时如果我没有报选，就失去了一个好机会。那么，究竟怎么报选呢？这也涉及对他人行为的判断，这里面临的就是一个博弈问题。

因此，要理解博弈论，关键不在于掌握复杂的解题技巧，而在于理解博弈思维，以博弈思维来观察和分析真实世界中的种种社会经济现象。在很大程度上，博弈论在经济学领域之所以遭遇坎坷，就在于烦琐的数学手段令人望而生畏，同时，高度数学化主要立足于假定和猜测，而不是对人们在实际博弈中如何行动的细致观察。那么，什么是博弈思维呢？一般来说，如果一个人在作一项决策时考虑到了其他人的可能反应，那么，这种决策过程或策略选择决定就体现了博弈思维的运用。就此而言，博弈思维对我们来说显然并不陌生。博弈本身就是游戏，因而博弈思维充斥于人类日常生活中，如象棋、围棋、扑克等竞技活动，商业上的竞争行为或者政治上的尔虞我诈等。

智者游戏中的博弈思维

上一节列举的小学奥数题目中，前面四道题运用了博弈论中的占优策略，后面两道题运用到了更复杂的可理性化策略。可理性化是对某一理性信念集合的最佳应对，且在这一理性信念集合中，每个博弈方都相信其他博弈方选择了各自的最佳应对。例如，在上面例5中，如果乙本身是"傻"的，即使自身持有红桃，也不能判断出剩下的是黑桃，那么甲的判断当然也就有误。可理性化策略的基本思想就是把行为者当作具有高超推理能力的人，解决这些难题往往需要参与者运用博弈智慧，需要运用到共同知识。为了便于读者更好地理解博弈思维中的占优策略、可理性化策略和共同知识这些术语的内涵，这里再看两个更复杂的智者游戏。

例1 智者的逃生术

有5位智者被残暴的国王判处死刑，但国王又决定给他们一个机会：从100枚棋子中随意抓取，最多可以全抓，最少可以不抓，可以和别人抓的一样多，而抓的最多的和最少的要被处死。那么，如果某智者第一个抓，他应该抓几枚呢？答案：他应选20枚。

推理如下：首先，他不用担心他会是最少的，因为总共只有100枚，如果有人拿的多于20枚，就必定有人拿的少于20枚；除非所有人都拿20枚，而此时大家一样多。其次，他是否会担心自己成为拿得最多的人呢？因为国王并没有要求他们把所有棋子都拿光，可能会存在剩下4人拿的都小于20枚，因而这就需要作进一步的讨论。

那么，在第一位智者拿了20枚后，第二位智者会拿小于20枚吗？首先，可以排除第二位智者不能选择18枚及18枚以下的棋子，因为这样的话，后面的智者只要选择19枚棋子，第二位智者就必死。其次，第二位智者可以选19枚吗？也不能。因为在此种情形下，后面的智者不可能选大于20枚或小于19枚，这样的话会成为最大或最小而被处死（比如第三位智者如果选21枚，第四、第五位智者只要选20枚，第三位智者就成最大者而被处死）。也就是说，如果第二位智者选19枚，后面的智者要么选19枚，要么选20枚；此时，最小为19枚而最大为20枚，那么，全部都得被处死，因此第二位智者也不能选19枚。

基于上述逻辑，第二位智者也只能选20枚。同理，第三、第四、第五位智者也都只能选20枚。因此，最后的结果就是：所有的智者都选择20枚。

例2 海盗的分金法

有5个绝顶聪明的海盗在一次行动中抢得100枚金币，他们决定按抽签顺序依次提方案：首先由1号提出分配方案，然后5人表决，超过半数同意方案被通过，否则他将被扔入大海喂鲨鱼；依此类推，直到找到一个令每个人都接受的方案；同时，如果最后只剩下5号，他就可以一人独吞。在这个博弈情境中，海盗们基于三个因素来做决定：①要能存活下来；②自己得到的利益最大化；③在所有其他条件相同的情况下，优先选择把别人扔出船外。

表面上，抽到1号的人最倒霉，他活下来的概率似乎微乎其微，因为即使他一分钱也不要，另外4个人对他的分配方案也可能不赞同，从而只有死路一条；相反，5号是最有利的，他没有被扔下海的危险，也是最不愿合作的，前面的人被扔下海会使得他的收益增加。但是，博弈论却告诉你，结果并不是你想象的那样，只要运用适当的策略，1号海盗所提出的分配方案不仅可以为大多数人所接受，而且可以最大化自身收益。那么，1号海盗如何提出他的分配方案呢？

推理过程如下：

假设，如果1~3号强盗都喂了鲨鱼，只剩4号和5号的话；那么，5号一定投反对票，从而让4号喂鲨鱼，自己则独吞全部金币。因此，4号唯有支持3号才能保命。

给定这一信息，3号就会提出 {100，0，0} 的分配方案，对4号、5号一毛不拔而将全部金币归为己有；究其原因，3号知道4号一无所获但还是会投赞成票，再加上自己的一票，他的方案即可通过。

不过，给定3号的方案，2号就会提出 {98, 0, 1, 1} 的方案，即放弃3号，而给予4号和5号各一枚金币。由于该方案对于4号和5号来说比在3号分配时更为有利，他们将支持他而不希望他出局由3号来分配。这样，2号将拿走98枚金币。

同样，2号的方案也会被1号所洞悉，1号并将提出 {97, 0, 1, 2, 0} 或 {97, 0, 1, 0, 2} 的方案，即放弃2号，而给3号一枚金币，同时给4号（或5号）2枚金币。由于1号的这一方案对于3号和4号（或5号）来说，相比2号分配时更优，他们将投1号的赞成票，再加上1号自己的票，1号的方案可获通过，97枚金币可轻松落入囊中。

因此，1号要想获取最大收益，他推出的方案就是 {97, 0, 1, 2, 0} 或 {97, 0, 1, 0, 2}。也即，1号强盗分给3号1枚金币，分给4号或5号强盗2枚，自己独得97枚。

我们也可以改变一下这个例子的投票规则：如果分配方案只要半数支持就可以通过，那么，1号如何提出他的分配方案呢？

推理如下：倒退到只剩下4号和5号，此时，4号分配者会拿走全部100枚金币，该方案会得到4号的支持而通过；给定这一情形，3号将给5号1枚而自己占有99枚，该方案将得到3号和5号的支持而通过；那么2号就会给4号1枚金币而自己占有99枚，该方案将得到2号和4号的支持而通过；最后，1号就会给3号和5号各1枚而自己占有98枚，该方案将得到1号、3号和5号的支持而通过。

例3 "惊艳"西方的奥数题

阿尔贝茨和贝尔纳德想知道谢丽尔的生日，于是谢丽尔给了他们十个可能的日期：5月15日、5月16日、5月19日、6月17日、6月18日、7月14日、7月16日、8月14日、8月15日、8月17日。谢丽尔只告诉了阿尔贝茨她生日的月份，告诉了贝尔纳德她生日的日子。阿尔贝茨说：我不知道谢丽尔的生日，但我知道贝尔纳德也不会知道。贝尔纳德回答：一开始我不知道谢丽尔的生日，但是现在我知道了。阿尔贝茨也回答：那我也知道了。那么，谢丽尔的生日是哪月哪日？

    这是新加坡为十五六岁学生设计的一道奥数题，后被人放上网后迅速引起全球网民踊跃答题，同时引起英国、美国等西方国家网民普遍震惊。许多人惊呼，新加坡孩子竟然要做这么难的数学题啊！但中国的父母看到题目后却表示：这在咱国内是一道小学五年级奥数题！新加坡怎么还搞个为十五六岁设计的。

    其推理如下：

    在出现的十个日子中，只有 18 日和 19 日出现过一次，如果谢丽尔生日是 18 日或 19 日，那知道日子的贝尔纳德就能猜到月份，一定知道谢丽尔的生日是何月何日。但阿尔贝茨却肯定贝尔纳德不知道谢丽尔的生日，这就意味着 18 日和 19 日一定不是谢丽尔生日。同时，阿尔贝茨判断贝尔纳德肯定不知道，这就意味着谢丽尔生日一定是 7 月或 8 月，否则在 5 月和 6 月，就可能会出现 18 日或 19 日的情形，而此时贝尔纳德能够判断出谢丽尔的生日。

    进一步地，贝尔纳德的话则提供新的信息：在 7 月和 8 月剩下的 5 个日子中，只有 14 日出现过两次，如果谢丽尔告诉贝尔纳德她的生日是 14 日，那贝尔纳德就无法凭阿尔贝茨的一句话而猜到谢丽尔的生日。因此，14 日也被排除。

    最后，剩下的可能日子就只有 7 月 16 日、8 月 15 日和 8 月 17 日。在贝尔纳德说话后，阿尔贝茨也知道了谢丽尔的生日，反映谢丽尔的生日月份不可能在 8 月，因为 8 月有两个可能的日子，7 月却只有一个可能性。

    因此，答案是 7 月 16 日。

    这三个例子的分析都用到了后向归纳推理，这一推理也是基于严格的假设：每个人都是绝对聪明和绝对理性，并严格按照机会主义原则行事；同时，这些又是共同知识，每一博弈方的行动都可以被其他博弈方精确地预见到。

巧用“废话”的博弈思维

为进一步深化上述的推理思维，加深对共同知识和可理性化策略的理解，这里选几个博弈论中广为流传的故事作一分析，这些例子也是前面所列举的小学奥数题目的拓展。

1. 缘起：著名的脏脸故事

我们首先看一个经典案例——脏脸故事。故事大致是：有 A、B、C 三个人，脸上都有一块墨迹，每个人都可以看清别人脸上的墨迹，却看不到自己脸上的墨迹。现在依次问 A、B、C 三人自己脸上是否有墨迹，结果，谁也无法做出明确而肯定的回答。现在，有个人说了一句：“你们三人中至少有一人的脸上有墨迹。”显然，这句话相当于废话，因为每个人都可以看到其他两个人的脸是有墨迹的。因此，大家各自看了一眼，没有反应。此时，这人又追问一句，“你们知道吗？”此时，三人又各自打量了第二眼，沉默了一下突然意识到了自己的脸上有墨迹。

显然，正是这句废话，对三人的判断起了关键作用。那么，如何理解呢？如果只有一张脸上有墨迹，那么，当他们第一眼打量对方时，那个脸上有墨迹者看到其他人脸上是干净的，从而就可以判断自己的脸上有墨迹；但是，没有人作出反应，就说明至少有两张脸上有墨迹。相应地，如果只有两张脸上有墨迹，那么，当他们第二眼打量对方时，两个脸上有墨迹者就可以看到一个人脸上干净和一个人脸上有墨迹，从而就可以判断自己的脸上有墨迹，但是，仍然没有人作出反应，就说明三张脸上都有墨迹。

这个故事也可以换一种说法，这个人宣布"你们三人中至少有一人的脸上有墨迹"后依次询问 A、B、C 各自脸上的状况，这时，A 依然不能确定，B 也不能确定，但问到 C 时，他却可以断定自己的脸上有墨迹。推理如下：首先，问 A 时，A 不能断定自己的脸上是否有墨迹，说明 B 和 C 至少有一人的脸上有墨迹，否则 A 可以肯定自己的脸上有墨迹。结果 B 和 C 至少有一人的脸上有墨迹就为 B 和 C 所共知。其次，当问到 B 时，B 知道 B 和 C 至少有一人的脸上有墨迹，但是他依然不能断定自己的脸上是否有墨迹，这充分表明，C 的脸上有墨迹，否则，B 可以知道自己的脸上有墨迹。最后，问到 C 时，C 根据上述推理，显然就可以知道自己脸上有墨迹。

为什么一句看似废话的话却改变了人的判断呢？关键就在于，这句废话使得"三人中至少有一人的脸上有墨迹"这一信息的特点发生了改变：从"三人都具有的知识"转变成了"三人的共同知识"。

2. 基于共同知识的集体行动

脏脸故事表明，借助于一句"废话"，将每个人"都具有的知识"转化成"共同知识"，就可以改变决策判断。为了更好地理解这一点，这里再举两个类似的例子加以说明。

例 1　离婚的集体行动

假设一个偏僻的村庄里有 100 对夫妇，丈夫集体在外打工，而留守在家的妻子比较有权势，她一旦有充足证据表明其丈夫有不忠行为，当天就会离婚。同时，妇女们常常聚在一起闲聊，因而一旦某位丈夫有任何不忠行为，很快就会在妇女之间传开。但由于种种原因，其他妇女一般不会直接告知某妇女其丈夫的不忠行为，因此，一旦某位丈夫有不忠行为，那么除了其妻子以外的其他所有妇女都知道。而事实是，这个村集体在外打工的 100 个丈夫都有不忠行为，因而每个妇女都知道其他男人的不忠但不知道自己的男人是否不忠，因此，整个村庄也一直很稳定，没有发生离婚现象。

现在，假设有一位睿智的老太太洞悉了所有男人都不忠这一事实，但又碍于面子而不好直接向每个妻子说明，于是就策略性地说了一句话："你们的男人当中至少有一个是不忠的。"结果，正是这句话使得整个村庄的状况发生了变化：在老太太讲过此话后的 99 天村里都风平浪静，但到了第 100 天意想不到的事发生了：所有的妻子都要求与其丈夫离婚。之所以如此，关键就在于，老太太的一句话将"至少有一个男人是不忠的"这一知识从"大家都具有的知识"转化成了"共同的知识"，这种知识就被运用到判断当中。

推理如下：假设只有一个男人不忠，那么，其妻子看到其他男人都没有不忠行为，就会知道自己的丈夫不忠，所以，第一天就会要求离婚；而第一天没有出现离婚现象，就意味着有不忠行为的丈夫至少有两位，这成为所有妻子的共同知识。但如果仅仅有两位丈夫不忠，那么，不忠丈夫的妻子会看到其他一位不忠的丈夫，她就会在第二天要求离婚，既然没有妻子提出离婚，就意味着那些不忠丈夫的妻子至少看到了另外两位不忠的丈夫，因而不忠丈夫至少有三位成为共同知识。事实上，由于这个村里 100 个男人都是不忠的，那么上述的推理会持续到第 99 天，此时至少有 99 位丈夫不忠成为共同知识，而每个妻子都可以看到其他 99 位丈夫的不忠行为，因而也无法判断自己丈夫的行为，这样到了第 100 天，100 位丈夫全是不忠的就成了共同知识，因而妻子就突然集体提出离婚了。

例 2　屠狗的集体行动

假设某村庄中有 50 个人，每人有一条狗。在这 50 条狗中有病狗（这是共同知识），于是人们要找出病狗。每个人都可以观察其他的 49 条狗，以判断它们是否生病，但不能看自己的狗。观察后不得交流，也不能通知病狗的主人。主人一旦推算出自己的狗是病狗就要枪毙自己的狗，而且每个人只有权力枪毙自己的狗。第一天、第二天都没有枪响，到了第三天传来一阵枪声；那么，这天有几条病狗被打死，如何推算得出？答案：有三条病狗。

推理如下：假设只有一条病狗，那么，病狗的主人在看到别的狗都没有病后，就会知道自己的狗有病，所以，第一天就会开枪打死自己的狗。显然，由于第一天没有出现枪响，这说明，病狗数目至少有两条。这样，病狗数目至少有两条就成了第二天所有狗主人的共同知识。进一步假设仅仅有两条病狗，那么，病狗主人由于只会看到有一条病狗，因此，病狗的主人在第二天就会推算出自己的狗是病狗，从而在第二天就会有枪响。但是，由于第二天也没有枪响，意味着病狗的主人至少看到了其他两条病狗，也就是说，病狗至少有三条，这就成为第二天所有狗主人的共同知识。由此推算，第三天有枪响，意味着，病狗主人确实只看到其他两条病狗（因为如果他看到三条的话，就无法确定自己的狗是否是病狗），而病狗至少有三条是所有狗主人的共同知识，因此每个病狗主人就可以判定自己的狗是病狗，并且仅仅有三条病狗，从而会传来三声枪声。

3. 何谓"共同知识"

上面几个例子都涉及一个概念：共同知识。"共同知识"是美国逻辑学家李维斯（C.I.Lewis）在1969年讨论"协约"时提出的概念。他认为，某种东西要成为多方的"协约"，必须成为缔约各方的共同知识，也就是说，缔约各方不但都要知道协约的内容，而且要知道各方都知道协约的内容，等等。也即，对一个事件来说，当所有博弈方对该事件都了解，并且也都知道其他博弈方了解这一事件时，该事件就是"共同知识"。

简单地说，所谓"共同知识"，就是存在于所有博弈方之间的常识，也相当于莱布尼茨（Leibnitz）所谓的"世界的状态"。通俗讲法就是：每个人都知道什么，每个人都知道每个人都知道什么……和每个人做什么，每个人认为每个人做什么……以及每个行为对每个人的效用，每个人认为每种可能的行为对其他每个人的效用……显然，这是一个"由己及人，由人及己"的无限推理过程。一件事一旦在某个群体中成为共同知识，则从任何一个个体出发，他对这件事的理解等都已达到了完全的统一，不再有任何层面的不确定性。

这些例子都揭示出，"共同知识"和"每个人都具有的知识"之间所存在的差异，每个人都知道的知识并不必然是共同知识，因为它不表明每个人都知道他人也知道这个知识。例如，在《皇帝的新装》中，每个人都看到皇帝没有穿衣服，但这却不是共同知识；同时，骗子又说拥有这种知识的人是愚蠢或不称职的，因而没有人敢说出来。直到皇帝在裸体出游时，一个小孩的尖叫才将这种"每个人都具有的知识"转化成"共同知识"，于是大家知道都受骗了。

共同知识与中国街头的交警

1. 缘起：自作聪明的古董商

有个古董商在农村淘宝的时候，发现有个老农用来喂猫的破碟是一件珍贵的古董，以为老农不识货而想搞到手，于是，就装作十分喜欢猫的样子要买那只猫。但是，这位农民却以价格低为由不肯卖，为此，这位古董商便将猫的价钱一涨再涨，最后终于以高价成交。交易完之后，古董商又装作一副满不在乎的样子说："这个破碟子猫已经用惯了，你也送给我算了，拿回去也没用了。"不料，这位农民笑着说："那可不行，我全凭着这个碟子卖猫呢，不然你会买我的猫吗？"

在这里，为何古董商投机取巧的计谋没有得逞呢？其缘由就在于，"喂猫的破碟是一件珍贵的古董"这一信息只是一个古董商和老农都知道的知识，却不是一种"共同知识"。即古董商并不知道老农也知道这一信息，更不知道老农知道他拥有这一信息；相反，老农不仅猜测到古董商知道这一信息，而且也判断出古董商不知道自己拥有这一信息，同时判断出古董商不知道"自己知道他以为自己不知道"。于是，老农顺势抛出一个诱饵，而古董商则被这个诱饵所骗。

2. 博弈策略要甄别两类知识

显然，这个例子清楚地揭示了"每个人都具有的知识"和"共同知识"

之间的差异，两者在博弈中所起的作用是不同的：共同知识在可理性化策略选择中具有核心作用，每个人"都具有的知识"不能成为预测其他人行为的信息。为了更好地理解这一点，我们看一则笑话：父子俩在林荫道上散步，突然，前面跑出一只大黑狗对着他们狂吠。儿子害怕极了，躲在爸爸身后。爸爸说："别怕，孩子。你知道'吠狗不咬人'这条谚语吗？"儿子用颤抖的声音回答说："我知道，爸爸。可是那条狗知道这条谚语吗？"这里，尽管儿子混淆了"人"与"狗"的差异，从而发生了"以己度狗"的谬误，但他却认识到了"共同知识"与"都具有的知识"之间的差异。

信息结构不同，产生的博弈结局也完全不同。在很大程度上，正是由于某些共同知识的缺乏，现实生活中才会出现很多悖象。例如，有些领导腐败无能，一些教授、博导不学无术都是显而易见的，但绝大多数人又会对这些人表达羡慕和赞美；结果，那些无能的官员迅速升迁，那些不学无术的学人的职称迅速提升。为什么呢？关键就在于，目前社会缺乏一个进行合理评价的基本社会规则，从而使评价者无所依凭，于是，社会影响力就不断渗透，从而形成赢者通吃的局面。同样，在很大程度上正是属于共同知识的社会道德的缺失，社会大众往往对相识的人保持较高的道德水平，而对那些陌生人则采取非常冷漠乃至非道德的行为。这些都表明了将"都具有的知识"转化成"共同知识"的重要性。共同知识实际上就是系统知识，共同知识的创造体现为公共信息和公共规则的建设。

因此，将"每个人都具有的知识"转化为"共同知识"从而协调人们行为和降低社会成本的例子在人类社会中非常普遍，也非常重要。例如，每个人都知道自己不会行窃，并不会必然出现夜不闭户的现象，因为每个人并不知道其他人是否会行窃。但在 20 世纪七八十年代，中国的社会秩序要好得多，至少很多农村是日不锁门的。同样，在现代社会中，使用核武器尤其是首先使用核武器将会在政治上处于不利地位，因而世界上大多数国家都倾向于不首先使用核武器，但是，这却并不能促使全球各国销毁核武器，也不能促使美国放弃 NMD 计划。究其原因，各国都无法确定其他核国家不会首先使用核武器，从而通过拥有核武器来强化威慑力。这反映出，我们的世界还缺乏基本的互信，人类社会的伦理关系还存在严重的缺失，要将这一"都具有的知识"转化为共同知识，就需要引入更强有力的国际监督和惩罚措施，尤其是主要的核大国必须有更强的自律性，能够起到自我表率的作用。

3. 中国城市街头为何那么多警察

由此，我们也可以反观一下中国街头的警察现象：在中国城市的大街上尤其是繁华地段，往往能看到顶着酷日和冒着大雨的交警，不仅有交警，而且还有大量的交通协管。例如，2009 年，广州市的交通协管员多达 2900 名，交通协管员的人数与交警的比例将近 1∶1。2012 年北京市交通协管员已有 7191 人，超过本市交警的数量，成为一支非常重要的辅警力量。据北京市相关部门通报，北京市有交警 7000 人，面临警力不足的巨大压力。那么，我们城市需要这么多交警和交通协管吗？这就涉及交通规则的实际作用效果，以及人们对交通规则的遵守问题。

现代意义上的交通警察起源于 19 世纪 60 年代的伦敦，而在中国出现是 20 世纪 20 年代之后。但是，自从西方发明交通信号灯并完善了交通规则之后，西方各国交警所承担的角色就逐渐为这些机械取代了，现今，西方社会街头的交警非常少见。与此同时，中国的交警数量却呈现出不断增加的趋势。为什么呢？事实上，欧洲国家的一些中心城市的车流、人流量都比中国绝大多数城市要大，马路则更窄，但是，它们的交通秩序却非常好，而且往往没有交警，更不要说是协管员了。

大多数人都知道红灯停止和绿灯通行的基本交通规则，问题在于，即使人们都愿意遵守这个规则，却往往不能确定其他人是否也会像自己一样遵守交通规则。在这种情况下，即使遇到绿灯，我们过马路时也要格外小心，要左右看看以防被突然冲过来的车撞到。然而，一旦马路中间站了一个交警，我们就可以基本确定对方是不敢违反规则的，也就可以放心过马路了。同样，我们也知道遇到警车、救护车和消防车时，即使处于绿灯行的其他车辆也应该让道。但是，人们往往并不能确信他人或车辆是否一定会让道，从而导致警车、救护车和消防车还是无法高效通行。这时候如果马路中间有个交警通过手势的方式拦停其他车辆，就可以有效保障警车、救护车和消防车的有限通行了。

上面的分析表明，每个人都知道并愿意遵守交通规则，这只是大家都具有的知识，却不是能够引起大家预期的共同知识，而交警的存在使得大家都具有的知识变成了共同知识，从而有助于协调大家的行动。例如，在 2005 年之前，广州街头的交警比较少，因而到处都是不遵守交通规则的路人，以致广州的交通之乱在全国有名。相反，上海街头的交警比较多，不仅每一个路口都有协管员，还有大量的巡警流动巡视，因而上海街头就比较有秩序。后来，广州开始整治交通混乱，在市中心主要路口安置了交警和协管员，以往乱闯红灯、乱过马路、行人不走斑马线等不良现象明显减少了。这意味着，如果基本交通规则已经成为指导国人行为的基本原则，那么，目前街头那些维持秩序的交警和协管就是多余的。

股市交易、选美和博弈思维

1. 缘起：李嘉图的致富经

古典经济学大师李嘉图（D.Ricardo）被称为金融奇才，在股票市场上赚取了巨额收益。实际上，他买卖债券遵循一个非常简单的"黄金法则"："减少浪费"和"让你的利润持续下去"。李嘉图相信，人们总会夸大事件的重要性，因而只要有理由导致股票价格的小幅上升就会购买，因为他肯定价格会上升到一个更高的水平，而只要股票开始下跌就会抛出，因为他确信警惕和恐慌将使价格进一步下跌。同时，对经济风向的变动，李嘉图又是基于政治形势的精确分析。凭借在金融界的威望和良好的政府关系，他与投资伙伴获得了 1811 年到 1815 年间几乎所有的政府公债发行任务。在滑铁卢战役前 4 天政府发行了最后一次也是最大一次 3600 万英镑的公债，战争临近时胆怯的投资者纷纷清仓，但李嘉图却一直持仓观望并乘低价大幅增仓，结果英国在滑铁卢战役中获胜使政府公债价格飞涨。

2. 股市交易与选美

事实上，无论是经济景气时的持有还是经济衰退时的抛售，都会形成"跟风潮"，成功的关键在于先风向而动（见图 2-1），李嘉图在股市中获利的基本策略就是利用这种"跟风潮"。

市场风向		股民甲			
		经济景气时		经济衰退时	
		抛售	持有	抛售	持有
	抛售	−5, −5	−10, 10	5, 5	10, −10
	持有	10, −10	5, 5	−10, 10	−5, −5

图 2–1　股票抛售博弈

相应地，股市中有一个普遍现象：买涨不买跌。那么，人们为什么在股市疯涨的时候买进呢？这看似与一般的理性原则相悖，却有其合理的行为基础。究其原因，股市交易的价值并不是真实的，而是一种虚拟品，它的价值体现在社会需求上；如果社会需求大就会上升，而社会需求并不仅仅是个人行为的表现，还是社会大众行为的表现。正因如此，买卖股票时，每个人都必须揣摩社会大众的心态，从而出现了一个博傻规则：关键不在于在高价位购买，而在于不要成为最后一个在高价位购买的傻子，只要不是最傻的就行。

关于股市中的跟风行为，现代宏观经济学之父凯恩斯早就有所认识，他把股市与选美作比较："专业投资大约可以比作报纸举办的比赛，这些比赛由参加者从 100 张照片当中挑选出 6 张最漂亮的面孔，谁的答案最接近全体参加者作为一个整体得出的平均答案，谁就最能获奖；因此，每个参加者必须挑选并非他自己认为最漂亮的面孔，而是他认为最能吸引其他参加者注意力的面孔，其他参加者也正以同样的方式考虑这个问题。现在要选的不是根据个人最佳判断确定的真正最漂亮的面孔，甚至也不是一般人的意见认为真正最漂亮的面孔。我们必须做出第三种选择，即运用我们的智慧预计一般人的意见认为一般人的意见应该是什么。"凯恩斯所讲的就是博弈思维。

3. 广泛存在的选美博弈

受凯恩斯比喻的启发，当前的实验经济学发展出了一种选美博弈实验：选定一个目标数，参与者中谁给出的数字最接近目标数，谁就赢得比赛。由此发展的 p–选美博弈是：N 个参与者中每个人 i 同时在 [0, 100] 中选择一个选自 x_i，用 p 与他们所选数字的平均数乘积 $p = \sum_{i=1}^{N} \dfrac{x_i}{N}$ 定义一个目标数，参与者所选数字最接近目标数就获胜。选美博弈在现实生活中也可以找到大量的映像。

　　例1　在委员会成员推举会长、主席的过程中，推举的程序往往是：首先是每个人填写选票，然后在点票时公布每个人的选票以及选举的最终结果。显然，由于当选的会长总是对选举他的人心存感激，从而有形无形地会给选举他的人一定的好处，因此，每个委员都希望自己选举的人能够最终当选，以便于拉关系、套近乎。那么，他们又如何选择呢？显然，他们很可能不会完全按照自己的偏好进行选择，而是努力揣摩其他人的意向。

　　例2　在跳水等技术性体育比赛中，运动员获得成绩的评定过程往往是：除掉一个最高分和一个最低分并把其他分数加总或平分。为了使自己的评判不至于作废，裁判在给出成绩时就必须充分考虑其他裁判的看法，否则，每个裁判员都可以给自己国家的队员打尽可能高的分数了。

　　其实，任何社会经济现象根本上都是人类互动的结果，都需要考虑到其他人的策略反应。因此，博弈思维在现实世界中也必然是普遍存在的，我们的日常生活行为和决策几乎都涉及博弈思维的过程。相应地，大多数学生在日常生活中已经经常性体验甚至自发地运用了博弈思维。例如，大学或者研究生入学前填报学校或专业，就是一个博弈问题，因为很多学生的基本目的是首先保证升学，其次才是在升学的基础上有一个更好的学校或者专业。显然，由于一些好的学校和专业总是抢手的，因而就存在一个悖论：如果我报考的好专业或者学校的考生太多，那么我就有可能根本上不了；如果众多考生都有这种顾虑，报名者就会减少，此时如果我没有报选，就失去了一个好机会。那么，究竟怎么报选呢？这也涉及对他人心理的判断及信息的搜寻。同样，求学期间选择班长、学生会主席以及协会会长时也面临着博弈问题：大多数同学都希望自己偏爱的人能够当选，并希望自己与当选者能够发展更紧密的关系，从而获得某种利益。从这里可以看出，博弈论工具用于分析现实生活的广泛性和有用性。

重复占优与选美博弈困境

1. 缘起：选美博弈的困境

我们来做一个"p-选美比赛"博弈实验，其中 p 为 2/3。即博弈程序为：一群受试者在 0~100 选一个整数，选的数字最接近猜测平均数的 2/3 为赢家，可获得奖品 10 万元。当然，每个人的思维逻辑是不同的，但一般来说，以下两种是大多数受试者面对这个博弈情形的基本思维方式。

思维一：最大平均数思维

由于 67 是 100 的 2/3 的最大平均数，因此，博弈方应该选择比 67 小的数字而取得占优策略，所有博弈方的选择范围缩小到 [0，67]。给定这个共同知识，由于 44 是 67 的 2/3 的最大平均数，因此，博弈方就应该选择比 44 小的数字而取得占优策略，所有博弈方的选择范围缩小到 [0，44]。给定这个共同知识，由于 29 是 44 的 2/3 的最大平均数，因此，博弈方就应该选择比 29 小的数字而取得占优策略，所有博弈方的选择范围又缩小到 [0，29]，随后再被缩小到 [0，20]……依此类推，那么就可以得到唯一的纳什均衡 0。

思维二：随机平均数思维

假设人们的选择是随机的，那么，在 [0，100] 中选择的中位数或平均数就是 50，因而 33 就成为最佳选择；但在给定他人都选择 33 的情况下，22 又成为更佳的选择……这样循环下去，最后的结果还是 0。

事实上，在该选美博弈中，由于所有参与者都试图选择平均数的 2/3，那么就有：$x^* = (2/3) \times x^*$；从而就可得"0"，这就是唯一的纳什均衡。不过，实验中选择"0"的人非常罕见，"0"成为大家的现实选择结果几乎更是不可能的。例如，德国经济学家 R.Nagel 在 1995 年对此作了研究，她使用 14~16 岁的德国学生作为受试者，发现选择的平均数是 35 左右的数字，其中，许多试验对象要么选择 33（从中位数 50 开始的一步推理），或者选择 22（二步推理）。按照 R.Nagel 的估计，44% 的人使用第一个层次的后向归纳，39% 的人使用两个层次的后向归纳，少于 3% 的人使用多于两个层次的后向归纳，而 13% 的人不使用后向归纳。同样，行为经济学大家凯莫勒（C. F. Camerer）等在 1998 年所做的相似实验也发现，几乎很少人会在第一轮就选择零均衡。事实上，他们也不应该选择零，否则就聪明过头了。

那么，这个案例的博弈思维出了什么问题呢？

2. 人类的推理能力

实际上，上述选美博弈使用了无限"重复占优"的博弈思维。例如，在思维一中，由于平均数的 2/3 不会超过 67，因而选择大于 67 的数字违反了占优，相应地，选择大于 44 的数字违反了两步重复占优，选择大于 29 的数字违反了三步重复占优，依此类推，这里使用了无限的"重复占优"思维。

问题是真实的人类推理逻辑是有局限的。事实上，大量的行为实验表明，绝大多数人进行重复推理的步数不超过三级，以至于心理语言学家 H.克拉克（H.Clark）笑言，对三级或更多级重复推理的掌握"只需一杯上好的雪利酒就可以被忘却"。

因此，在这类博弈中，尽管博弈方需要了解其他博弈方重复推理的步数，但由于人们使用的重复推理步数是有限的，从而就不需要把别人视为完全理性的。也就是说，这个实验反映出，赢者并不需要完全理性，完全理性者也不一定会成为赢者。赢的关键在于，自己的推理比其他人多走一步，而不是更多，而这又需要有对方的信息。

凯莫勒提出：剔除劣策略是一种自然而然的决策规则，因为无论别的参与者做了什么，它都能至少保证一个较好的结果；但是，相信别人服从占优是一个不同的问题，因为它是对双方支付以及对别人推理的一种猜测；进一步而言，认为别人相信你服从占优又是一个不同的问题。结果，人们实际进行的剔除劣策略的等级数目是一个有趣的问题，而且是一个重要的经验问题。

这也意味着，即使通过无限逻辑推理，有博弈方正确地推算出了"0"这一均衡结果，他也不应选择"0"。事实上，在股票市场上，即使所有投资者都预见到了非理性繁荣的股市最终会崩盘，他也不会采取持续逆推法直到眼前，一推算出崩盘就马上进行清仓；相反，他会采取以静制动之策，并猜测别人会在崩盘前的一两步售出，而自己则计划刚好在别人售出前售出。这也可以解释股市的非理性繁荣为何可以在很长一段时间内得到维持。

3. "知识的诅咒"现象

"选美博弈"困境实际上揭示了一个"知识的诅咒"现象：那些具有更多知识的人所得的结果甚至比没有知识的人还要糟糕。芝加哥经济学派开创者奈特就说：苏格拉底之所以必须死，根本原因不在于他认识到自己的无知，而在于认识到其他人的无知。由此，我们就可以解释学术庸人的大量存在的现象。在当今中国学术界，取得学术地位以及相应的学术影响的人，并非都是有明显学术创新和深邃洞见的人，而主要是在阐述或解释传统智慧方面做得相对较好的人。究其原因，那些具有独特学术思想或洞见的人，反而因领先普通学者几个等级而无法为大多数人所理解，从而也就只能被边缘化。

事实上，在经济学说史上，那些在世时就拥有巨大影响力的经济学人几乎都只是对经典学说或已经被大家接受的思想进行概括和条理化，而真正的开创性学术往往要经过一、二代之后才逐渐为人们所理解和接受，这些先驱也才会被后人所认同和传诵。

之所以出现这种现象，根本上就在于主流博弈论承袭了新古典经济学的经济人思维：每个人都关心自己的利益，都基于行为功利原则行事，相互作用的结果就会导向极其糟糕的困境。例如，在选美比赛中，如果过分看重社会大众的偏好，那些哗众取宠的候选者反而会当选，从而让人大倒胃口；在高考择校中，那些好学校或者专业往往会成为某一年的冷门，而使一些学子抱憾。事实上，这也就是社会经济中广泛存在的混沌现象，如金融泡沫、各种经济风潮都是这种预期效应强化的结果。

策略投票与选举的西瓜效应

1. 缘起：陈水扁何以一再胜选

我们知道，陈水扁参与的几次选举都是以少数当选的，那么，他为何能够在选举中一再胜出呢？关键就在于我国台湾地区近年选举中不断出现的弃保效应。例如，在1994年的台北市市长选举中，当时新党候选人赵少康为免被国民党候选人黄大洲瓜分选票而喊出"弃黄保赵"口号，国民党主席李登辉则主导"弃黄保陈"而欲让赵少康落选，结果，赵少康以第二高票落败于民进党候选人陈水扁。2000年的台北大选中，亲民党候选人宋楚瑜希望从国民党候选人连战身上取得票源而高呼"弃连保宋"口号，马英九则要求"弃宋保连"，结果民进党候选人陈水扁再一次胜出。

2. 弃保效应和西瓜效应

在多位候选人或多政党的选举中，当其中两位候选人的政见相似时，往往会出现一种弃保效应：选民有意识地将选票集中在有机会胜出的候选人身上，以避免类似立场或性质的候选人瓜分选票而两败俱伤。例如，有甲、乙两位A党的候选人出马参选，A党选民把票投给甲或乙，选票被瓜分，导致甲、乙两人都落选，反而使敌对阵营B党的丙当选。

弃保效应是选民放弃次要棋子以保护主要棋子安全的"弃车保帅"策略，与此相联系的则是"西瓜效应"（Watermelon Effect）。西瓜效应本意是指：如果第一年种的西瓜好卖，大家都开始种西瓜，第二年西瓜就会过剩，不好卖了，于是大家又都不种西瓜了。后来用到政治领域中则表示，选民倾向于将票投给自己或媒体以为较可能获胜的候选人或政党，目的只是借此提高自己与赢家站在同一边的机会，而并非真的喜欢他。

在社会心理学上，"西瓜效应"也被称为"乐队花车效应"（Bandwagon Effects）：乐队花车也就是在花车大游行中搭载乐队的花车，参加者只要跳上了这台乐队花车，就能够轻松地享受游行中的音乐，又不用走路。因此，英文中的"jumping on the bandwagon"（跳上乐队花车）就代表了"进入主流"。我国台湾地区的亲民党和台联党之所以逐渐泡沫化，很大程度上就是由于西瓜效应发挥了作用。

"西瓜效应"一词源自我国台湾地区的闽南语俚语"西瓜偎大边"，意思是哪个西瓜较大，就挑哪一个；引申为，哪里有好处、利益多，就靠向哪里。因此，西瓜效应往往又与衣尾效应（Coattail Effect）联系在一起，衣尾效应的英语语源是"on the coat tails of"这个词组，直译为"在……的衣尾上"，意为"依靠……的帮助"。例如，在美国的政治环境中，赢得总统的政党通常也会得到国会中的多数席次，也即，议员即是"在总统的衣尾上"（依靠总统的帮助）。

因此，衣尾效应是指趋炎附势、投机取巧，只靠向较优势的一方，或者基于自身利益而向势力强大或局势较有利一方倒戈的情况，即"墙头草""骑墙派"。这种效应在现代社会的选举中非常常见。例如，在美国民主党与共和党总统候选人的各州初选中，假如有某几位候选人被看好而赢得头几场初选，便会获得大量的政治捐款，使得其优势更加明显最后即获胜选。

3. 选举中的策略性投票

在很大程度上，正是由于弃保效应、西瓜效应和衣尾效应等的存在，使得在各种民调中，候选人或政党的选民投票支持度和看好度往往相差很大，选民投票支持度高的候选人或政党往往会获得更高比例的看好度，并获得更大的选举优势。相应地，受之影响，现代社会也日益呈现出明显的两极分化的趋势，中间势力不仅难以壮大，而且还在逐渐萎缩。

对于这一点，同样可以用选民的策略性投票进行解释：世界各国大多实行单轮的简单多数投票原则，任何个人或政党只要获得简单多数就可以获胜；在这种情况下，尽管每个选民都希望自己支持的候选人当选或自己支持的政党执政，但他意识到最偏好的候选人或政党不可能赢得大选时，就会转而支持那些更可能当选的候选人或政党。正是基于这种策略性投票，基于简单多数投票原则的选举就衍生出了西瓜效应，从而导致中间派和小党派的日渐萎缩。

当然，与西瓜效应相对立，在选举中往往也会出现"钟摆效应"（Pendulum Effect）。钟摆效应描述了选民的这样一种心理及选举现象：选民往往不愿意看到一党持续独大，因此，当某阵营在一次选举中大胜后，大败的阵营往往较易在下一次选举收复失地，就如钟摆向左摆后，便会向右摆，循环不息。例如，欧洲不少国家都经常出现执政党轮替的情况。美国自 1901 年以来，共和党执政了 60 年，民主党执政了 53 年；更明显的是美国中期选举，执政党几乎必然遭受程度不一的失败，这源于选民对执政党的不满，或至少是给执政党一些警告。其原因是，选民往往分为游离票和铁票，游离票选民往往不想一党独大，永远不满所有执政党的政绩，期望在野党有新作为。而且，在一党胜出后，在野党领导人往往知错而辞职，新人上台往往承诺自我完善，因而游离票相信在野党的承诺就会投向在野党，形成钟摆效应。

同时，在现实选举中，很多选民确实会进行策略性投票：当投票反对他们最偏爱的候选人可以增加自身得自于可能结果的效用时，他们就会这么做。但是，大量的证据也表明，一些选民也会"真诚地投票"。例如，在 2000 年的美国总统选举中，4%的人就投票给以绿党总统候选人的身份参加美国总统竞选的纳德（R.Nader），而他实际上毫无获胜的希望。而且，一项全国性投票结果表明，如果纳德不参加竞选，那些支持他的选民中有 50%会倒向戈尔，只有 20%会选择布什，而剩下的 30%则会弃权。所以，如果纳德不参选，或者纳德的支持者采取策略性投票以支持戈尔，戈尔就能打败布什；但是，这些选民却没有这么做，从而得到了最坏的结果。事实上，戈尔仅以 537 票之差失去佛罗里达州全部选举人票，从而在整个总统选举中以微弱差距败北，而纳德在佛罗里达州赢得 9.7 万张选票。基于这一教训，纳德在 2004 年和 2008 年以独立候选人身份再次参选时，他的朋友就劝他不要参选，有人还专门为此设立了一个网站，名字就叫"纳德，不要参选"，其支持者也开始进行策略性投票。

焦点关注与选举的连任优势

1. 缘起：笨伯小布什的连任

小布什常常因其表情滑稽、行为笨拙和学业差劲而受到嘲笑，他在 2000 年当选美国总统，也并非是民选的结果而是经由最高法院裁定的，从而成为历史上最有争议的少数总统之一。但是，一旦当选后，小布什就充分利用各种资源将自己塑造成强势总统，尤其是借助"9·11"的机会一跃而成为美国历史上民望最高的总统。在这种情形下，民主党完全被布什的声望震住而不敢与之挑战，以致两院皆失，小布什在第二任选举中以大比分击败民主党候选人克里。事实上，在 2004 年总统选举的投票日，美国媒体对选民进行的抽样调查也显示，大多数美国人对伊拉克战争和经济现状并不满意，高达 90% 的美国人对不断上涨的医疗保健费用感到担忧。但是，在这种情况下，小布什仍能连任成功，为什么呢？

事实上，小布什的事例反映了一个普遍现象：在位者获得连任的概率远远高于挑战者成功的概率，这也就是塔洛克的疑问，"为什么如此稳定"？

2. 在任者的选举优势

事实上，在美国历届总统选举中，华盛顿、杰斐逊、麦迪逊、门罗、杰克逊、林肯、格兰特、西奥多·罗斯福、威尔逊、柯立芝、富兰克林·罗斯福、杜鲁门、艾森豪威尔、约翰逊、尼克松、里根、克林顿、布什、奥巴马等都获得连任，其他的美国总统中有 8 位死于任上，其中哈里逊、泰勒、哈丁和富兰克林·罗斯福是自然死亡，而林肯、加菲尔德、麦金利和肯尼迪是遭人谋杀，另外，克里夫兰是第 22 任、第 24 任总统。一般地，在任者的选举优势可以从如下两方面加以说明：

首先，从候选人角度看，在任者之所以在选举中占有优势，就在于他能够更充分地利用已经建立起来的庞大的社会推销网络，不花任何代价地为自己的信息找到了现成的听众，媒体中也充斥了他们的宣传、相互争执和许愿。事实上，小布什的连任正是巧妙利用了美国选民在纷乱中求稳定的心理。例如，布什班子在竞选中反复强调，美国面临恐怖威胁，并处在战争当中，布什是领导美国反恐的最合适人选，临阵换将只会损害国家安全利益；同时，又将克里描述为在国家安全问题上态度软弱的人，副总统切尼甚至说，克里当选将使美国有可能再次遭受"9·11"式的恐怖袭击。

其次，从选民角度看，他们往往更倾向于将注意力放在具有独一无二的在位者身上，而那些挑战者从无数的竞争者中脱颖而出则需要花费更大的成本。因此，在位者往往更容易影响选民的偏好，操纵社会的发展。事实上，选民在政治上比顾客在经济上更容易受到影响和误导。例如，1970 年当尼克松总统命令地面部队从越南向柬埔寨转移之前，民意报告显示只有 7% 的支持率，而当总统实际下达了这一命令后却有 50% 的人认可了它。

最后，在任者优势不仅体现在单个候选人身上，也体现在政党身上。譬如，目前英国、美国、澳大利亚、加拿大、新西兰等国都实行两党制，其他小政党基本上微不足道。即使在法国、德国、意大利、爱尔兰、比利时、卢森堡、荷兰、丹麦、希腊等实行多党制的国家，新兴政党也很难取得政权。其原因主要有两方面：①策略优势，在位者可以操纵制度或选民的偏好，以便他们永远不被击败，他们落选的概率为 0；②眼球优势，选举是随机事件，因为选民并不会花精力去收集有关候选人的信息，而主要关注他所属政党的性质。

一般地，政党竞选主要有两种规则：①比例投票制，大致按与投给每个政党的票数成比例的方式分配集会的席位，最简单情形就是各政党在国会中获得的席位数与它们的总得票数严格成比例，因而整个国家就可以看做是一个单一的、多席位的选区；②最多票数制，每个选区或地区通过相对多数投票制选出一位代表，尽管他往往并没有获得半数选票，最简单情形就是获得某个选区最多票数的候选人就是该区在国会中的代表。显然，在比例投票制下，各政党的席位比例或多或少是按他们的得票数来分配，没有获得半数票的政党也可以在议会中获得席位，因而会导致多党制；相反，在最多票数规则下，议会中较小政党的席位数会远低于他们在选举中作为一个整体时的力量，而那些大政党获得席位则相反，从而会产生两党制。事实上，正是这种制度性安排，使任何第三势力在美国都很难壮大。尽管无论是民主党还是共和党都没有真正代表底层 50% 人的利益，但由于历史上 50% 的人被剥夺了选举权等原因，导致了两党的坐大，人民选来选去还是这两大政党。究其原因，其他势力或个人获得的选民都是非常分散的，甚至根本无法将信息和信任传达给人民。因此，美国政党制的巨大变化只有依赖这样的条件：底层 50% 的觉醒，积极从自在向自为的转化，才能推动大规模的政治运动。

由此，我们可以思考中国香港地区的政治。香港目前的行政长官选举办法如下：不少于 150 名的行政长官选举委员会委员可联合提名行政长官候选人，每名委员可提出一名候选人，选举委员会根据提名名单并经一人一票无记名投票选出行政长官候选人；同时，行政长官选举委员会目前共 1200 人，由工商金融界，专业界，劳工、社会服务、宗教界，以及立法会议员、区议会议员代表、港区全国人大代表、港区全国政协委员四大界别组成，每一界别 300 人。全国人大常委会推出的 2017 年政改方案如下：①组成一个有广泛代表性的提名委员会，提名委员会的人数、构成和委员产生办法则按照第四任行政长官选举委员会的人数、构成和委员产生办法而规定；②提名委员会按民主程序提名产生 2~3 名行政长官候选人，每名候选人均须获得提名委员会全体委员半数以上的支持；③香港特别行政区符合资格选民均有行政长官选举权，依法从行政长官候选人中选出一名行政长官人选。

香港发生的"占中"运动则要求：废除功能界别组成的提名委员会而由公民推荐候选人，实行一人一票的行政长官选举制。但是，正如前特首梁振英指出的，民主选举"要兼顾到香港所有的阶层，如果以多数原则选出代表多数的特首，那么显然他只会照顾到那些半数以上每月收入低于 1800 美元的香港人。"尽管梁振英的话受到种种的抨击，但他却点出了一个事实，这个事实在泰国已经非常明显，在台湾地区也正在上演。当然，有人会说，为什么让百姓自由选举就形成不了像美国那样较为稳定的两党制呢？关键就在于历史。美国的两党虽然都是代表了上层50%人的利益（尽管在上层结构有些差异），却能够轮流党政，就在于在漫长的历史中，底层的50%一直被剥夺选举权和被选举权，而当他们被授予选举权和被选举权的时候，激进的大规模阶级抗争已经结束，分散的力量已经撼动不了资源丰富的两大政党。但是，这些新兴国家和地区却没有这个历史，因而泰国等的公民选举结果往往会损害中产阶级的利益，造成国家利益的大规模重新分配，从而造成社会的震荡。

3. 连任优势的博弈解释

在位者的连任优势也可以很好地运用博弈思维加以解释。选美博弈表明，博弈的结果往往取决于大多数人的流行看法而不是少数人的独到见解，而大多数人的流行看法往往建立在某些为大家熟知的习俗、规范或者个人禀性等基础之上。为此，在社会选举中，为了使得自己的选择与多数人保持一致以最大化地从选举结果中获利，就需要甄别候选人所具有的能够为大多数人认可的禀性，候选人为了增加被选中的概率也努力增加能够吸引选民注意的亮点。例如，同学们在选举班长或学生代表时，为大多数人所欣赏并很可能获得最多选票的同学往往具有一些独特特征：或者成绩最优，或者最乐于助人，或者善于搞好同学关系等。

例如，在图 2-2 所示的匹配博弈中，（方案 1，方案 1）和（方案 2，方案 2）都是均衡，究竟结果如何并没有任何复杂的选择原则可以使用。此时，博弈结果往往取决于方案本身的特性，如它的独特度和可识别度。大量的实验证明，人们在一个具有相同可得属性的选项子集中往往随机选择策略，同时又偏好将最独特的属性作为选择原则。例如，稀有性偏好原则：候选者越稀有就越容易受到注意，当某候选者是唯一具有某种属性的方案时，它就会以很高的概率被选择。显然，如果置于现实生活中来考虑，那么，某些均衡

选民 A		选民 B	
		方案 1	方案 2
	方案 1	1, 1	0, 0
	方案 2	0, 0	1, 1

图 2-2　匹配博弈

就可能具有某种稀有性而成为"聚点的"或者"心理上凸显的",因而当事人往往也会选择那些最明显的或会被注意到的方案。

1988年，美国《博弈》杂志举办的选美博弈比赛就为此提供了很好的说明。参与者模拟投票给9位名人中的两位，选一位总统和副总统，投票给得票最多者的人可能会获得奖金。这9名候选人是：著名电视谈话节目女主持人奥普拉·温弗雷、超级棒球明星皮特·罗斯、著名摇滚诗人布鲁斯·斯普林斯蒂恩、商业偶像李·艾尔柯卡、辛迪加专栏作家安·兰德斯、影视名人比尔·克斯比、影视名人斯莱·史泰龙、著名演员皮-威·赫尔曼、著名演员雪莉·麦克雷恩。投票结果是：得票最多的是比尔·克斯比，随后是李·艾尔柯卡、皮-威·赫尔曼和奥普拉·温弗雷，而雪莉·麦克雷恩则排名最后。分析原因是：深受大众欢迎的克斯比参加了一次成功的电视秀，从而可能成为一个选择原则，而皮-威·赫尔曼和奥普拉·温弗雷也做过相同的事，李·艾尔柯卡则曾被媒体提及可能成为美国总统候选人，从而引起人们的注意。

相应地，在现实生活中，那些为大家周知的人物在选举时更容易成为一种投票指标，如文体明星或电台主持之所以往往能够更容易地转换跑道而进入政界，很大程度上就在于他们的知名度较高。同样，在位者往往具有更充分的被曝光、被聚焦的机会，也往往为选民所熟知，更易成为选举中的一个亮点。尤其是在面临众多候选人的挑战时，在位者也就具有较强的稀少性，从而也容易成为选举中被考虑的重要对象。正因如此，在现实生活中，我们常常可以看到，无论是通过裙带关系、破格提拔还是其他种种原因，某个人一旦有机遇当上了班长、学生会主席、系主任、院长、校长、会长、主席或市长、特首、议员乃至总统，那么，他在下一任选举中往往也能轻松地连任，除非他的能力实在太差。这就是在位者的连任优势。

承诺的信度与一元面钞悖论

1. 缘起：舒比克教授的小计谋

耶鲁大学教授马丁·舒比克（M.Shubik）设计了一个陷阱游戏：在课堂上，老师拍卖一张 1 元钞票，请大家给这张 1 元钞票开价，每次叫价以 10 分为单位；出价最高者将获得这张 1 元钞票，但出价最高和出价次高者都要向拍卖人支付相当于出价数目的费用（这种拍卖规则是舒比克设计的）。结果，这 1 元钞票的价格一路飙升，直到终于有人认识到此博弈的无上限性而发出惊呼，大家才意识到这一点，从而拍卖最终落槌。

实际上，我们假设目前的最高价格是 A 出 0.6 元，而 B 出 0.5 元，如果就此停止，那么 A 将获得盈利 0.4 元，而 B 将损失 0.5 元；显然，B 继续出价 0.7 元，如果拍卖落槌，B 将获得 0.3 元，而 A 将损失 0.6 元。这样的过程可以一直持续下去，远远超过了 1 元的面额。因为，假如 A 出价 10 元，而 B 出价 10.1 元，此时如果 A 不继续出价 10.2 元，那么，A 将损失 10 元；而如果出价 10.2 元获胜，损失将减少为 9.2 元。这样的循环会无穷下去，直到掏光除最后胜者外其他人口袋里所有的钱财。

2. 一元面钞拍卖何以停不下来

为什么会如此循环下去呢？关键是上面受试者的拍卖行为没有充分认识到双方的理性。如果认识到这一点，采取某种策略就可以使拍卖在掏光口袋里的钱之前停止。

假设，现有 A、B 两人，双方口袋里的钱都是 2.5 元。现在运用后向归纳法，如果 A 喊价 2.5 元，从而赢得 1 元钞票，但他却亏了 1.5 元；而如果 A 喊价 2.4 元，B 只有喊价 2.5 元才可以取胜。由于多花 1 元来获得 1 元是不合算的，因此当 B 的喊价在 1.5 元及以下时，A 只要喊价 2.4 元就可以取得胜利。同样，A 如果喊价 2.3 元也行得通，因为 B 还是不可能在 2.4 元处取胜，A 一定会继续叫价 2.5 元进行反击；因此，要击败 A 的 2.3 元喊价，B 也一定要出价 2.5 元；也就是说，2.3 元的喊价将足以击败 1.5 元及以下的喊价。同样的推理，2.2 元、2.1 元一直到 1.6 元的叫价都可以取胜。也就是说，如果 A 喊价 1.6 元，理性的 B 将预见到 A 不会放弃，非要等到价位升到 2.5 元不可；因为，既然已经损失了 1.6 元，再花 0.9 元获得 1 元是合算的。

显然，上面的分析表明，第一个叫价 1.6 元的人将胜出，因为这一叫价建立了一个承诺（Commitment）。相应地，1.5 元可以击败 0.6 元及以下的叫价，因为从叫价 0.6 元提高到 1.6 元是无利可图的。进一步分析，只要出价 0.7 元就可以做到这一点，因为一旦叫价 0.7 元，那么他一路坚持到 1.6 元就是合算的；在这种情况下，0.6 元及以下的对手就会觉得跟进是不合算的。当然，即使参与方的预算是不同的，但只要预算是共同知识，基于博弈思维的拍卖也会很快结束。

实际上，这里可以用于后向归纳法。回到最后一轮，A 喊价多少能够保证最后自己能够出价 2.5 元赢得这场拍卖而 B 不敢再应价呢？留下 0.9 元就可，此时的出价为 1.6（2.5~0.9）元。因为此时，A 一定会接受 B 的应价，直到出价是 2.5 元；相反，B 却无法接受这个出价，否则他将亏更多，因为他前一轮的喊价一定不超过 1.5 元。再推后一轮，A 喊价多少能够保证最后自己能够出价 1.6 元赢得这场拍卖而 B 不敢再应价呢？再留下 0.9 元即可，此时的出价为 0.7（1.6~0.9）元。因为此时，A 一定会接受 B 的应价，直到出价是 1.6 元；相反，B 却无法接受这个出价，否则他将亏更多，因为他前一轮的喊价一定不超过 0.6 元。

由此，我们可以得出一个结论：如果有 m 个博弈方，其预算 E_1、$E_2 \cdots E_i \cdots E_m$ 是共同知识，且博弈方 i 的预算 E_i 最大，那么，只要博弈方 i 出价（$E_i - 0.9n$）就可以胜出，其中，n 是自然数，且 $0 < (E_i - 0.9n) < 1$。譬如，最高预

算为 3.2 元，那么，它只要出价 0.5（3.2 − 0.9 × 3）元就可以胜出。这里实际上运用到了后向归纳推理，类似于前面分析的小学奥数中的推理。说明如下：由于多出一元钱来买一元钱是不合算的，因而为了赢对方，每一方的出价只会在 0~0.9 元；这样，只要某参与方出价后留下的预算剩余是 0.9 的倍数，那么他将最终会叫到预定预算，从而必然可以赢得这场拍卖。考虑到这一点，对方也就不会再继续叫价。

3. 拍卖停下的机理分析

在上述博弈情境中，之所以有人叫价到 0.7 元，这场拍卖就会结束，就在于两大要素：①0.7 元叫价是叫价者给出的可信承诺；②最高预算是 2.5 元和行为理性对所有博弈方都是共同知识。

首先，就承诺而言，承诺要求放弃一些选择或机会，对自我进行约束，这样做的目的在于影响别人的选择，通过改变对方对自己行为或反应的预期而发生作用。一般来说，它又可以进一步区分为许诺（Promise）和威胁（Threat）。其中，许诺是创建一个可观察到的义务来完成所许诺的事情，如"我保证……""我愿意……"；威胁则是做出一个承诺并让别人知道这个承诺，如果被威胁的一方不按照威胁的要求行事，提出威胁的一方则宁可做出对自己不利的事情也要让被威胁的一方承受成本、损害或痛苦。显然，许诺和威胁所承担的成本是有差异的：依赖于某个交换物的许诺通常只有当许诺进行得很成功并得到遵守时才会导致高额成本的承担；相反，威胁只有当进行得不成功并且实施所威胁的事情时才会出现高额成本。在这个拍卖博弈中，0.7元叫价对叫价者自身而言是一个承诺，对其他叫价者而言则构成了一个威胁。一般来说，承诺是博弈一方做出的单方面行为，威胁则是一方对另一方行为的反应；因此，承诺是第一位次战略行为，而威胁则是第二位次战略行为。只有当一方对另一方实施了第一位次行为后，或者对方实施了第一位次行为后，威胁才能发挥作用。

显然，如果承诺或威胁发挥了有效作用，那么，就没有必要实施威胁要做的事，其代价则是做出承诺和显示承诺的成本。这里，承诺或威胁取得成功的关键是其可信性，也就是说，对方相信所做出的许诺或威胁被真正执行的程度。譬如，热恋中的女孩对其男友说，"如果你敢劈腿，一旦发现就立刻分手",这就是威胁;而男友则发誓说,"我绝对是一个专一的情圣,绝不会欺骗你的感情",这就是许诺。那么这种威胁和承诺可信吗?显然,如果男女已经同居了,女孩进行威胁的可信性就已经降低了许多,因为分手威胁的发生将使她承担高昂的成本;相应地,如果男友自愿将自己的贵重物品交与女孩,他承诺的可信性也就高了很多,因为他的背叛成本将明显增大,这里的贵重物品就是提高承诺可信度的担保。再如,罢工基金就为持久罢工的可信性提供了保证,它不仅有助于维系罢工期间的家庭收入,并给出了在必要时延长罢工时间以取得成功的可能性,尤其能使企业认识到罢工成本不完全甚至主要不是参与罢工的个人承担。在这里,博弈一方叫价 0.7 元的承诺或威胁是可信的,如果其他叫价者不停止喊价,他必然会一直叫到 1.6 元,此时其他叫价者必然亏本更多,因而叫价 0.7 元就对其他叫价者的行为构成了制约。

其次,就共同知识而言,它有助于提高博弈双方对对方策略的预期,也是基于理性推理的前提假设。这里的共同知识主要包括两类:①博弈方的预算约束是共同知识。只有当最高预算 2.5 元为其他博弈方了解时,0.7 元叫价才会构成一个有效承诺,否则会陷入不断升级的恶性循环之中。②"所有博弈方的行为都是理性的"是共同知识。如果 A 理性,而 B 是非理性的,那么,即使 A 叫价为 0.7 元,B 也可能继续往上叫价,结果拍卖也无法停下来。事实上,主流博弈论强调的是互动双方采取的是可理性化策略,但只有建立在共同知识基础之上,可理性化策略才能得以运用。所谓可理性化策略,是指理性的博弈方仅使用对他关于其对手可能具有某些信念来说是最优反应的那些策略;也就是说,由于博弈方知道对手的收益以及对手是理性的,因而就不应对他们的策略具有随意性的信念。显然,可理性化是从博弈方的收益和"理性"是"共同知识"这一假设所导出的对策略选择和行动的限制,同时,可理性化的要点还在于尽可能获得显现出来的信息。由此观之,如果缺乏足够的预算信息以及理性并非共同知识,那么,即使游戏参与者学习了主流博弈思维,并严格按照这种思维进行策略选择,最终也可能无法实现理想的最大收益。究其原因,任何个体都不可能具有基于数理模型中所使用的完全理性,或者不是所有人都具有这种完全理性。

4. 承诺的信度与价格联盟

关于博弈中的共同知识，前面的脏脸故事等已经做了说明，这里重点阐述一下承诺问题。一般来说，可信的承诺有助于引导对方的合作，这种承诺不仅体现在某种言语或协议上，更体现在行动上。例如，后面讲的破釜沉舟就是一种承诺策略，他给出了"要么胜否则死"的明确承诺，从而迫使对方投降。同样，在商业竞争中，一些厂商也通过某种行动给竞争者明确信息，他将在价格战中奉陪到底，从而有效地实现了自发的价格联盟。

举个例子，纽约市立体音响商店之间出现激烈竞争，"疯狂埃迪"打出了自己的口号："我们不会积压产品。我们的价格是最低的——保证如此！我们的价格是疯狂的。"它的主要竞争对手纽瓦克&刘易斯尽管没有如此雄心勃勃的口号，但也宣称，顾客每次购物都会得到这个商店的"终生低价保证"。按照这一承诺，顾客在别的地方看到更低的价格，商店将会按差价的双倍赔偿。表面上，这一政策将使得纽瓦克&刘易斯陷入巨大的风险之中，因为如果对方降价了，自己将不得不支付双倍的差价，但实际上，纽瓦克&刘易斯却由此发出了可信的威胁，它将对任何价格战奉陪到底，使得任何降价的商店无利可图，从而加强一个价格联盟的内部约束。

解释如下：假设一台录像机的批发价是150元，现在"疯狂埃迪"和纽瓦克&刘易斯都卖300元。此时，"疯狂埃迪"偷偷减价为275元，在通常情况下就会将一些原本打算在纽瓦克&刘易斯购物的顾客吸引过来。但是，由于纽瓦克&刘易斯有"差价双倍赔偿"的承诺，因而"疯狂埃迪"的降价起到了完全相反的作用：人们会到纽瓦克&刘易斯买一台录像机，然后要求赔偿50元。这么一来，相当于纽瓦克&刘易斯的录像机自动减价为250元，比"疯狂埃迪"减得还厉害，结果，"疯狂埃迪"的减价并不能带来任何销量的增加，反而减少了。当然，纽瓦克&刘易斯一定不愿意就这么付出50元，因而也会降价至275元。无论如何，"疯狂埃迪"的销售都不如预期，还不如维持300元的价格。虽然价格联盟在美国是非法的，"疯狂埃迪"与纽瓦克&刘易斯却还是结成了这样一个联盟。那些跑来说"疯狂埃迪"打出更低价格而要求赔偿的顾客，其实扮演了这个卡特尔的执法侦探。惩罚的形式是价格协定破裂，结果导致利润下降，那则"击败竞争对手"的广告实际上自动而迅速地实施了惩罚。

联邦贸易委员会曾接过一个著名的反垄断案子，其中就涉及一种类似机制的利用，这种机制看上去会加剧竞争程度，其实却是一个卡特尔的约束机制。E.I.杜邦公司、乙烷基公司（Ethyl）和其他生产抗震汽油添加剂的公司被指控利用了一个"最优惠客户"条款，该条款规定，这些最优惠客户将享受这些公司向所有客户提供的价格当中的最优惠价格。从表面上看，这些公司是在寻找它们的最优惠客户，但实际上，这个条款意味着这些公司不能展开竞争，不能通过提供一个带有选择性的折扣价格，将对手的顾客吸引过来，同时只能向熟客提供原来的较高价格。为此，在评估这个"最优惠客户"条款时，联邦贸易委员会裁定其存在反竞争效果，禁止这些公司在它们与客户签订的合同里使用该条款。如果现在的被告是"疯狂埃迪"和纽瓦克＆刘易斯，你又会怎么判决呢？判断竞争激烈程度的一个标准是涨价幅度。许多所谓"廉价"立体声音响商店在定价的时候，差不多要在各个元件批发价之和的基础上再加 100%。虽然很难看出哪一部分涨价是由库存和广告成本导致的，我们却可以发现一个表面上看来证据确凿的案例，说明"疯狂埃迪"究竟有多疯狂。

信封交换悖论与离婚的诅咒

1. 缘起：信封交换悖论

博弈论中有这样一个信封交换博弈：年末奖金分配，老板秘密地给两个职员各一个信封，里面随机地装着一定数目的奖金，其中一个信封里的钱是另一个信封里的 2 倍，具体数目可能是：10 元、20 元、40 元、80 元、160 元和 320 元；两个职员 A 和 B 都知道这一信息，但每个人都只知道自己信封的具体数目。老板又给他们一次机会，如果两人都想交换，那么只要付 1 元手续费就可以交换。现在假设，A 打开信封后发现，里面是 40 元；而 B 打开信封后发现，里面是 20 元（或者 80 元）。那么，A 和 B 是否应该交换呢？

根据一般的推理，A 的考虑是，B 得到 20 元和 80 元的概率是一样的，如果交换，那么期望收益是 50 元；同时，在如此小数目的赌博下，风险是无关紧要的，因而交换符合他的利益。同样的分析也可说明，无论 B 得到的是 20 元还是 80 元，也希望交换。而且，按照这种思维，无论给两人多少次选择机会，两人都会选择交换。但问题是：因为用来分配的钱是固定的，因而交换信封并不可以使双方都得到改善，即交换至少会使一人受损。那么，为什么双方都愿意交换呢？推理的问题出在哪里呢？

2. 行为悖论的博弈分析

其实，上面分析的最大问题是没有从对方角度进行推理，没有考虑对方的理性选择，而这正是博弈思维的实质。如果他们都充分认识到对方也是理性的，并估计对方产生和自己一样的推理，那就不会发生交换信封的事了。

我们首先从 A 的角度思考 B 的思维，再从 B 的角度想象 A 如何看待他，最后回到 A 的角度，考察他如何看待 B 如何看待 A 对 B 的看法。

假设 A 打开自己的信封，发现里面有 320 元，显然就不愿意交换；既然，A 在得到 320 元时不愿意交换，那么 B 在得到 160 元时也拒绝交换，因为 A 唯一愿意交换的前提是他得到 80 元。进一步地，如果 B 在得到 160 元时不愿意交换，那么，A 在得到 80 元时也不愿意交换，因为交换发生的前提是 B 得到 40 元。既然 A 在得到 80 元时不愿意交换，那么，B 在得到 40 元时也不愿意交换，因为交换发生的前提是 A 得到 20 元，在这种情况下，A 得到 40 元也是不愿意交换的。

这里对问题作一变通，假设存在另一个中间人 C，他先问 A 和 B 是否愿意交换，两人都说愿意；C 将两人的回答告诉两位，并给两人重新选择的机会，两人仍然表示愿意；C 再将两人的回答告诉两位，并再次给两人重新选择的机会，两人仍然表示愿意；C 第三次将两人的回答告诉两位，并第四次给两人重新选择的机会，此时 B 表示愿意，但 A 却不再愿意了。为什么有这样的变化呢？

关键就在于，C 不断地提问和通报双方的意愿使得有关两信封中钱数上限的"共同知识"不断地被揭示出来，从而成为 A、B 双方决策的基础。推理如下：第一次提问双方都表示愿意时，就表明双方的信封都不是 320 元；有了此共同知识，第二次提问双方都表示愿意时，就表明双方的信封都不是 160 元；接着，第三次提问双方都表示愿意时，就表明双方的信封都不是 80 元；那么，在第四次提问时，显然 A 就可以预料 B 的信封里是 20 元。事实上，即使 A 的信封里只有 20 元，如果 B 还是极力要求交换，那么 A 的最佳策略还是不换，因为 B 肯定只有 10 元。

事实上，上述信封交换博弈是一个零和博弈，在这种情境中，由于总量是固定的，因而相互交换必然不可能为所有当事人带来收益增加。既然如此，在这种情境中，人们为何还是倾向于进行交换呢？其中的交换机理出了何种问题呢？这正反映出人们的行为往往并不是理性的，没有考虑到其他人的反应。同样，在现实生活中，就流行着这样一些谚语：这山望着那山高，别人碗里的粥料更多，别人的妻子总是更漂亮。问题是，如果大家都这么想，显然违反了社会相对效用守恒这一原理。而且，既然大家有交换的冲动，是否就真的应该交换呢？或者说，交换后能够真正增大所有人的收益吗？果真如此的话，那些因交换而受损的人为何又愿意交换呢？这些其实是反映出，人们的很多认识和行为都不是绝对理性的。

3. 离婚的"幸福诅咒"

由此，我们可以思考现代社会日益凸显的离婚现象。现代社会中，离婚和再婚现象日益普遍。20 世纪 50 年代美国社会第一次结婚的妇女中已离婚的不到 15%，到了 20 世纪 80 年代则有一半的婚姻以离婚告终；即使在以保守著称的阿拉伯国家，20 世纪 90 年代每四个婚姻中也有一个以离婚告终。尤其是在文体娱乐界，婚姻的频繁更换更是家常便饭，媒体上不断报道"××又离婚了"之类的新闻，乃至在当今社会中能够毕生厮守的明星夫妇几乎成了例外。好莱坞"玉婆"伊丽莎白·泰勒离过七次婚，"电影皇帝"克拉克·盖博离过四次婚，"硬汉"亨弗莱·鲍嘉离过三次婚，"好莱坞长青树"英格丽·褒曼私奔又离婚，汤姆·克鲁斯与妮可·基德曼的分手在好莱坞掀起惊天巨澜。当今的中国社会，离婚率也是不断攀高：根据近四年（2009 年至 2012 年）媒体的公开报道进行的不完全数据统计，国内外共有 100 多对演艺界人士相继结婚，其中有 30 多对演艺界人士发生婚变或离婚。

面对这种现象，我们不禁要问，为何文体明星们如此频繁地结婚、离婚呢？这些频繁更换婚姻的明星果真会越来越幸福吗？这里不讨论个案，主要分析一些基本道理。

在很大程度上，结婚、离婚都是源于对现状的不满，而这种不满又源于对同类的比较；同时，在很大程度上，频繁更换婚姻的原理也与信封交换类似，当事人往往只是为一时激情的假象所迷惑。当然，要指出的是，婚姻更换所面临的并不是一个纯粹的零和博弈情境，因为婚姻更换会带来男女的重新组合，从而存在优化的可能。尽管如此，娱乐明星更换婚姻的比率和频率要比普通男女高得多，那么，他们的婚姻更换存在更大的优化可能吗？显然不能下此定论。相反，频繁更换婚姻在很大程度上只能反映出这些当事人对婚姻的不慎重，对待结婚和离婚的不理性。

　　正是由于婚姻的频繁更换，使单亲家庭、残缺家庭、联合家庭的比例不断增大。一般来说，幸福的婚姻是建立在情感的和合和共鸣之上，而情感的和合和共鸣又源于两人在共同生活中所建立的互爱关系，这些关系往往需要经历一定长的时间才变得牢固和醇厚。为此，大量的婚姻调查都表明，离婚次数越多，人们往往越不幸福，同时，长相厮守的原配夫妇往往更幸福。可见，尽管频繁的离婚和再婚是为了追求更高的幸福，但实际的结果往往却是更不幸福，这就是"离婚的诅咒"现象。

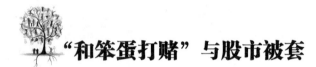

"和笨蛋打赌" 与股市被套

1. 缘起：如此多的 "笨蛋"

在电影《红男绿女》（Guys and Dolls）中，纽约赌徒斯凯·马斯特森与内森·底特律打赌说内森不知道他的蝴蝶领结是什么颜色，但显然，斯凯无论如何都赢不了：假如内森知道是什么颜色，他一定愿意打赌，并且取胜；假如他不知道，他一定不愿意打赌，也就不会输。事实上，斯凯·马斯特森的父亲曾给他提过一个很有价值的建议："孩子，在你的旅途中，总有一天会遇到有一个家伙走上前来，在你面前拿出一副漂亮的新扑克，连塑料包装纸都没有拆掉的那种。这个家伙打算跟你打一个赌，赌他有办法让梅花 J 从扑克牌里跳出来，并把苹果汁溅到你的耳朵里。不过，孩子，千万别跟这个家伙打赌，因为就跟你确确实实站在那里一样，最后你确确实实会落得苹果汁溅到耳朵里的下场。"

事实上，我们在现实生活中常常发现一些非常诱人的赌博，似乎提出打赌的人是个大笨蛋，而自己一定会赢，但最终的结果却是自己输个精光。譬如，有人跟你打赌，他每次都可以将飞镖射入轮盘的正中心，那么，他一定可以做到；如果他做不到，就一定不愿意打这个赌，也就不会输。之所以如此，就在于这种赌博处于一种零和博弈情境：一方胜利必然意味着另一方失败，不可能出现共赢的结果。实际上，前面的信封交换博弈已经说明了这一点。既然如此，为什么还有人想与你交易呢？显然，他一定隐瞒了一些对其有利的信息。

2. "别和笨蛋对等打赌"

零和博弈的策略思维给出了一个忠告："别和笨蛋对等打赌。"为了说明这一点，这里再举几个故事。

例1 某甲在火车上遇到乙，乙对甲说："你敢不敢打赌100元，我用我的牙齿咬我的右眼。"甲不相信，世上哪有这种人呢？于是就与他打赌。这时，甲取出右眼，放到牙上咬了一下，原来他的右眼是个玻璃假眼。甲只能自认倒霉，乖乖地掏出了100元。这时，乙又对甲说，"现在我给你一个回本的机会。我们再打赌200元，我还可以用牙齿咬我的左眼"。甲仔细看看，乙的左眼是真的，于是就答应再次打赌。此时，甲取出牙齿咬了一下左眼，原来他的牙齿是假的。甲只得再次掏出200元。

例2 一次，美国著名作家、幽默大师和演说家马克·吐温到一个小镇演讲，一个当地人跟他打赌，"如果你能够把一个老头逗乐，我就愿意输你一大笔钱"。对自己的幽默风趣充满信心的马克·吐温一口答应了。演讲那天，果然有一个老头坐在第一排正中。于是，马克·吐温使出浑身解数讲了一个又一个精彩段子，但发现老头从头到尾忧郁地坐在那儿，一点笑容也没有。所向披靡的马克·吐温既懊恼又奇怪，演讲结束后忍不住就问了一个当地人，那个老头是谁？为什么能够在震耳欲聋的笑声中保持如此平静？结果，当地人回答说，"你问的是那个老头呀，他的耳朵在四年前就全聋了"。

显然，这些故事启示我们，其他人的行动往往会显露了他们究竟知道什么，因而我们应该充分利用这些信息指导自己的行动。譬如，如果马克·吐温懂得一些策略思维，那么即使他相信自己能够说得铁树开花，也不应接受当地人的打赌，而且，自己的演讲才能越是高超，就越不应接受赌约，因为当地人一定掌握了一些他所不知道的信息。不幸的是，人们往往争强好胜，往往过分相信自己的聪明才智，而将别人当成笨蛋，结果恰恰就栽在笨蛋身上。

最后，上述例子也揭示了一个流行的"格劳乔·马克斯"定理：只为投资目的（而不是转移风险）而进行交易的参与者应该从不交易。究其原因，基于投资目的的交易本身是一个零和博弈，一方得益必然意味着另一方损失，交易者一方必然掌握着某些独特的信息。这个定理源自喜剧演员格劳乔·马克斯所坚持的一种有趣原则：绝不加入任何希望接纳他成为成员的俱乐部。马克斯的逻辑是：如果俱乐部了解了他的自我认知，那么他们不应该发出邀请；如果俱乐部了解了他的自我认知后还是发出了邀请，那么他们的标准也未免太低了。既然俱乐部的要求这么低，那为什么还要成为他们中的一员呢？与"格劳乔·马克斯"定理类似，德国银行界也流传着这样一个信条：只会借钱给那些不需要钱的人。

3. 没事切勿掺和股市

股票市场也是零和博弈，因此，"格劳乔·马克斯"定理也可以应用到股票市场：没有信息的社会大众就不应进入股市从事股票交易。其基本推理是：如果你认为这是一只好股票，那你为什么想卖掉它？如果它不值你所设定的价格，那你凭什么认为我会买入这只股票？事实上，如果你想把股票卖给我，我知道你是理性的而你也知道我是理性的，而且我知道你知道我是理性的。既然如此，你为什么要将它卖给我？一定是你还知道什么我不知道的信息，而我买的话必然是亏的。

正是基于"格劳乔·马克斯"定理，在经历了股市的严重下跌之后，投资者对于返回市场进行交易往往持非常谨慎的态度。在一段时期内，投资者都会受到极端理性的影响，认为其他投资者必定掌握一些秘密消息。投资者普遍不加入交易，导致股市持续低迷，直至市场开始恢复活力，投资者才开始寻找被其他投资者忽略的投资机会。这在很大程度上解释了中国股市为何从2007年至今已经持续低迷了6年，不仅上证综指已经下跌了60%，中国股票市盈率也跌至创纪录低位，但投资者对股市还是没有兴趣。

事实上，尽管股票市场往往被视为筹措资金和分散风险的重要场所，但资本结构示意理论却表明，在非对称信息下，投资者只能通过管理者输送出来的信息间接地评价企业的市场价值，而企业管理者则选择负债—资产结构作为将内部信息传给市场的一种信号工具。其中，负债—资产比上升是一个积极的信号，它表明管理者对企业未来收益有较高期望，企业市场价值也会随之增加；投资者把较高的负债率看成企业高质量的表现，因为破产概率与企业质量和企业负债率负相关，低质量的企业不敢用过度举债的办法来模仿高质量的企业。这意味着，非对称信息总是鼓励企业经营者少用股票融资。

当然，由于发行债券又受到企业财务亏空制约，因而企业总是首先用企业内部积累的资金来投资，其次是发行债券，直到因增发债券导致企业陷入财务亏空的概率达到危险区，才会发行股票。事实上，如果企业运行很好，又何必发行新股让别人分享较高的利润呢？在过去的几十年内，发达国家整体股票市场上新股发行远远赶不上企业购回现股的规模。

因此，股票市场很大程度上提供了一种零和博弈情境：不仅由企业效率推动的社会经济增长并不显著，而且各种政府税费以及经纪人高薪还使得投入股市的资金大量漏出。人们也常说股票市场只是有钱人游戏赌博的地方，这些有钱的有闲阶级将股票市场当作老虎机而盯着股票市场过日子。显然，在这种赌博场合，那些信息相对缺乏的社会大众就处于明显的交易劣势，不适宜进入弱肉强食的资本市场，否则很可能会被套牢。事实上，长期的统计数据也表明，在股票市场中获利的社会大众微乎其微。不幸的是，大多数人往往高估自己而低估别人，自以为是在"和笨蛋打赌"，从而热衷于股市交易，结果，自己却成了真正的笨蛋，并深陷入股市之中。

当然，尽管"格劳乔·马克斯"定理暗示我们不应该从事自己不熟悉的交易，但这个推论与现实世界往往又是脱节的，因为，大多数人还是会不断地在资本市场中进行交易，股市规模总体上还是在不断壮大。这又该如何解释呢？除了个人的非理性外，还有另外的一些原因：①"格劳乔·马克斯"定理依赖于多层级的重复推理，但实际上，大多数人并不具有这样的推理能力，往往因热衷于股市而被套牢；②它假设那些期权、期货以及外汇交易等都是零和博弈情形，但实际上，交易往往是相互补足，面临的是正和博弈情境，比如现在急需现金的人就会在正常股价之下出卖所持有的股票。

少数博弈与稳定的酒吧客户

1. 缘起：阿瑟的"酒吧问题"

斯坦福大学经济系教授阿瑟（W.B.Arthur）1994年发表在《美国经济评论》上的《归纳论证和有界理性》和1999年发表在《科学》上的《复杂性和经济学》文章提出了一个酒吧问题：有100个人，在每个周末决定是去一家酒吧还是待在家里，由于酒吧的容量有限，因而都不愿在人多的时候去；假设酒吧的容量（如座位）是60人，因而如果某人预测去的人超过60人，那么他就会选择待在家里。

问题是，这100人如何决定去还是不去呢？这里假定他们之间不存在信息交流。这个故事体现了互动的博弈思维：每个人都希望能够正确地预测别人的决策，但是，每个人都不知道别人的决策，而且他们的信息都是一样的，只能参照过去的历史。

2. 酒吧人数的稳定性分析

阿瑟是美国桑塔菲研究所的研究人员，他不满意现代经济学将行动者的行动视为建立在演绎推理基础之上的观点，而是认为人们的行动是基于归纳的基础之上的，每个人都只能基于过去的经验"归纳"得出一个规律，根据这个规律预测下次去酒吧的人数，从而决定自己去还是不去。

假设，前几周去酒吧的人数分别是：44、76、23、45、66、78、22，那么，不同的人就可以做出不同的预测：以前四周平均数预测就是 53 人，如果根据隔周的周期循环就是 78 人，而根据隔月（四周）的周期循环就是 45 人。我们假设根据上述预测的人都是 1/3，那么，此周去的人数就是 67 人，如果预测的依据进一步分散化，则去的人数更接近于 60 人。

显然，尽管当不同行动者根据过去的历史而进行行动时，去酒吧的人数没有一个可预测的固定的规律。但是，经过一段时间后，平均去与不去的人数之比就逐渐接近于 60：40；而且，尽管每个人不会固定地属于去或不去的人群，但这个比例还是保持稳定。阿瑟说，预测者自组织到一个均衡类型或生态均衡系统。

收敛求解：我们假设，存在 n 种预测方法，在时期 t 期，有 x 种预测方法的预测结果是去的人数不足 60 人，而（n−x）种预测方法的预测结果是去的人数超过 60 人。因此，在 t+1 期，决定去的人数就是 $100 \times (x/n)$。

这个现象通过计算机的模拟实验而得到很好的验证。正是通过计算机的模拟实验，阿瑟得出一个有意思的结论：不同的行动者是根据自己的归纳来行动的，并且，去酒吧的人数没有一个固定的规律，但是经过一段时间以后，去的平均人数总是趋于 60 人。

3. 现实生活中的少数人博弈

如果把计算机模拟实验当作更为全面的、客观的情形来看，计算机模拟的结果反映了更为一般的规律。例如，一个教学楼中，学生们都在认真上课，这时突然发生火灾，学生们开始争相逃生。假设，教室里有左、右两个门，那么，你选择哪个门呢？如果你选择的门是很多人选择的，那么你将因人多拥挤而冲不出去；相反，如果你选择的是较少人选择的，那么你将顺利逃生。

无论是在酒吧问题还是逃生门选择中，如果你选择的是少数人选择的，你就可以获得更大的效用，因此，这一类博弈又被统称为少数人博弈（Minority Game）。少数人博弈，是指很多博弈方拥有两种选择（如 0 和 1），而人数较少的那一方（也就是少数派）将获胜。

少数人博弈是中国学者张翼成在 1997 年提出的。生活中有很多例子都可以用少数人博弈加以解释，如股票买卖、交通路线选择以及足球博彩等。

例 1　股票买卖。每个股民都在猜测其他股民的行为而努力与大多数股民不同：如果多数股民处于出仓位置，而你处于买进位置，此时你就能以较低价格买进股票而获利；如果你处于少数的出仓位置，而多数人处于买进位置，那么你就能够以较高价格卖出股票而获利。当然，股民采取什么样的策略往往是多种多样的，而策略的选择完全是根据各自以往的经验归纳出来的，类似于少数者博弈的情况。同时，少数人博弈中的一个特殊结论往往不具有普遍意义，即记忆长度长的人未必一定具有优势，否则在股票市场上人们利用计算机存储的大量的股票历史数据就一定能够赚到钱了，这里涉及人们的理性程度和推理限度的问题。

例 2 交通路线选择。城市交通越来越拥挤，选择出行时间和路线也是不断博弈的过程。在交通高峰期，司机面临两条路的选择时往往会选择车辆较少的路线行走，他宁愿多开一段路程或者交纳一定通行费也不愿意冒塞车的风险。由于所有司机都不愿意在塞车的道路上行走，因此，每一个司机的选择都必须考虑其他司机的选择。司机只能根据以往的经验来判断哪条路更好走，并且经过多次的选择和学习往往能找到规律，但这不是必然有效的规律。在这个过程中，司机的经验和个人性格起很大作用：有的司机因有更多的经验而更能躲开塞车的路段，有的司机因经验不足而不能有效避开高峰路段；有的司机喜欢冒险而宁愿选择短距离的路线，有的司机因保守而宁愿选择有较少堵车的较远的路线。这样，最终路线的拥挤程度就由不同特点和不同经验的司机的选择所构成。

显然，运用博弈思维，我们可以预测和解释大量的社会经济现象。譬如，当小贩努力向下班后匆忙回家的人兜售他的蔬菜时，每个小贩都会努力占据马路边的摊位，这样互动的总体结果就是，实际市场就会从菜场移到马路边。同样，当每个同学都希望在课堂上做其他事情（如讲话、准备考试或者看其他更有趣的课外书）而不愿被老师发现，因而他就会努力避免坐在离老师最近的位置，当很多同学都有这样想法时，互动的总体结果就是，前面几排座位往往就会空着而全部都挤在后面几排。实际上，大多数同学也并不是不想坐得靠近讲台一点，这不仅可以听得更清楚，也可以免除拥挤带来的不舒服，但他们又都不愿坐在所有同学的最前排，因而为安全起见还是坐在稍后一点的位置。至于后来的同学，往往会穿过已经就座的同学而选择人群中间的空位而不是坐前面的位子，而当后面的位置都坐满时，继续进来的同学则从后往前坐，而不是坐最前的位子，这样可以使得自己不显得突兀。

陆贾分金与"常回家看看"

1. 缘起："常回家看看"立法

有一则曾引起社会关注的新闻：新修改的《老年人权益保障法》2013 年 7 月 1 日起正式施行，它将子女"常回家看看"作为一个硬性规定列入法规。新的《老年人权益保障法》中规定："与老年人分开居住的家庭成员，应当经常看望或者问候老年人"，子女不常回家看望老人将属于违法行为。新法引起了人们的讨论：赞成者说，该法给老人一份法律权利，给儿女一份法律义务，符合现在社会发展的需求；反对者则认为，该法难以约束感情，执行起来很难，什么叫"常回家"，谁来监督执行？即使违法了，最后又能如何处置？事实上，固然随着我国老龄化的速度节节攀升，因"空巢"而衍生的家庭悲剧、社会悲剧越来越多，但是，由于当前国内各种条件的限制，如户籍制度、工作要求、生活奔波等，"常回家看看"法规往往难以"一刀切"地适用于所有人。那么，是否存在一种自发机制来促使子女根据自身状况探望父母呢？这里可以借鉴博弈思维作一机制设计。

事实上，博弈思维不仅可以用于对个体行为的分析和预测，用于对社会经济现象的解释和预测，而且可以用于约束和激励个体行为的机制设计，从而有效实现某种事先目的。激励机制主要是基于收益支付角度来引导博弈方采取符合设计者利益的行为方式，其中，法律主要是通过惩罚来改变收益支付结构，而非法律机制则更多地通过奖励来改变收益支付结构。在"常回家看看"诉求中，当某些子女不常看望父母时，有经济能力的父母可以对其实施经济制裁。问题在于，如果所有的子女都以各种理由不来看望父母，父母又该如何办呢？这里，面临着一个法不责众的困境。

2. 陆贾分金享天年

上述情景下的机制设计，我们可以从"陆贾分金享天年"的故事中得到启示。

陆贾如何安排自己的晚年呢？陆贾是西汉初期的一位能言善辩的谋士，他一生做了四件重要的事情：①为刘邦出使南越，劝说南越王赵佗去帝号，向刘邦称臣；②劝说刘邦读《诗》《书》，使其明白"逆取顺守""文武并用"的道理；③在吕后专权、刘氏天下岌岌可危的时候，劝说丞相陈平与太尉周勃捐弃前嫌团结一致而平定诸吕之乱；④为汉文帝再度出使南越，劝南越王赵佗第二次去帝号，恢复与汉王朝的臣属关系。当时，出身市井的刘邦重武力、轻诗书，曾对喜好《诗》《书》的陆贾大骂："乃公居马上而得之，安事《诗》《书》！"但陆贾则对答："居马上得之，宁可以马上治之乎？且汤、武逆取而以顺守之，文武并用，长久之术也。昔者吴王夫差、智伯极武而亡；秦任刑法不变，卒灭赵氏。乡（向）使秦已并天下，行仁义，法先圣，陛下安得而有之？"为此，陆贾强调了儒学的重要意义，后来受命总结秦朝灭亡及历史上国家成败的经验教训，共著文 12 篇，每奏一篇，高祖无不称善，故名其书为《新语》。刘邦晚年在《手敕太子》的诏书中就写道："吾遭乱世，当秦禁学，自喜，谓读书无益。洎践祚以来，时方省书，乃使人知作者之意。追思昔所行，多不是。"

显然，陆贾清楚地认识到制度对社会稳定的重要性，不仅如此，他还将这种思想用到了生活中。史书记载，吕后专权后，陆贾知道自己无力改变现状，于是遵循儒家"天下有道则见，无道则隐"（《论语·泰伯》）的教导，并在乱世中坚持"穷则独善其身，达则兼济天下"（《孟子·尽心上》）的操守，而专注于私人治经之务。那么，他是如何养生的呢？他将出使南越获得赠送的千金分给五个儿子，令儿子各营生计，自己保留车一乘，马四匹，歌舞侍从十人，宝剑一口；并立下遗嘱：自身轮流在五个儿子家生活，如死在哪家，随身的宝剑等就遗留给那个儿子。正是存在这种激励机制，每个儿子都侍奉甚勤，希望陆贾能够更长时间在自己家生活。从此陆贾分金的故事脍炙人口。

3. 再谈如何使子女常回家

在当今社会，大多数父母都希望在年老以后孩子能够经常来看望他们，但是，子女因为自己的事业或家庭，往往难以遵守探望父母的承诺。在这种情况下，父母常常通过将孩子的行为与遗产分配挂钩，从而促使孩子自愿来探望父母。假设某父母定下一个规矩：如果孩子没有达到每周探望一次，电话问候两次的标准，就将失去继承权，而他们的财产将在所有符合标准的孩子们之间平均分配。问题是，如果子女不是非常孝顺的，并意识到父母不愿意剥夺所有孩子的继承权，那么他们就可能串通起来，一起减少探望父母的次数，甚至一次也不去。面对这种情况，父母该怎么办呢？实际上，父母的一个简单的办法就是设计一个锦标赛制的分配制度：将所有的财产分给探望次数最多的孩子，这样，就可以促使孩子之间的竞争，而打破他们结成的减少探望次数的卡特尔同盟，因为探望最多的子女将获得所有遗产。

事实上，此时子女只要多打一个电话就可能使自己应得的财产份额从平均值跃升为100%，相反，如果自己比其他兄弟姐妹少打一个电话就可能一无所有；因此，所有的子女都会争相探望父母，父母也就可以摆脱子女都"不常回家看看"的孤独处境。如图2-3所示博弈矩阵：

父母		子女	
		串通	多看父母
	平均分配	0, 10	10, 0
	锦标赛制	0, 10	10, 20

图 2-3 "常回家看看"博弈

4. 奥运会的起死回生

上述机制设计应用在现实生活中的典型例子是自第23届起的奥运会。在很长的一段时间内，举办奥运会都是亏本的，因为兴建奥运中心等大型体育场馆要耗费巨资。例如，1976年，加拿大蒙特利尔举办了第21届奥运会，政府预算从最初的28亿美元增加到58亿美元，组织费用从原计划的6亿美元增加到7.3亿美元。奥运会过后，蒙特利尔市政府为了弥补财政亏空变相地向市民征收奥运特别税，这种税收整整交了 30 年，直到 2006 年政府才偿还完了 1976 年奥运会欠下的债务。蒙特利尔的困境让后来许多申办奥运会的城市望而却步，结果申办 1984 年第 23 届奥运会的城市只剩下美国的洛杉矶。洛杉矶奥运会主办人尤伯罗斯声称举办这次奥运会不但不需要政府出钱，还要净赚至少 2 亿美元。最后，除去所有开支外，奥组委的实际盈利果真达到了 2.36 亿美元。那么，尤伯罗斯是如何使奥运会从亏损变成盈利的呢？事实上，在奥运会开赛前，尤伯罗斯曾派出大批工作人员到美、日、德、法、英等国去收集可能赞助奥运会的著名企业名单，最后统计数字有 12000 多家，但是，如果按照以往的赞助方式，每位商家出资仅为 2000 美元，这样得到的赞助根本无法实现最初的目标。

于是，尤伯罗斯运用博弈思维作了如下设计：洛杉矶奥运会的赞助单位数额只限 30 个，每位赞助商的赞助资金至少 400 万美元，同类企业只选一家。结果，为了能够在 30 个赞助名额中抢得一席之地，各家企业开始主动提高赞助费。在汽车方面，日本日产与美国的通用、福特进行竞争，通用公司明确表示在自己家门口举办的这次奥运会绝对不能再给日本汽车进一步侵占美国市场的机会，最后以 900 万美元的价格获得了赞助商名额，同时还答应免费提供 500 辆轿车为大会服务。德国的盖达电器公司以 1000 万美元战胜意大利的罗奇电器公司，可口可乐公司以 1300 万美元击败了百事可乐公司。此外，在出售电视转播权、门票销售方面，尤伯罗斯也规定为一家所有，仅转播费奥组委便收取了 2.8 亿美元。第 23 届洛杉矶奥运会的商业运作成功，使得奥运会得以继续发展壮大，成为各国争相举办并以此来盈利的项目。1988 年汉城奥运会赢利 4.97 亿美元，1992 年巴塞罗那奥运会赢利 4000 万美元，1996 年亚特兰大奥运会赢利 1000 万美元，2000 年悉尼奥运会赢利高达 7.65 亿澳元。

工龄工资制和强迫退休现象

1. 缘起：泸州市民李琳的诉状

2013 年 9 月 27 日，泸州市民李琳一纸诉状将自己工作了 30 年的单位——中石油下属的西南油气田公司川南公共事务管理中心（下称川南公管中心）推上了被告席。李琳表示，根据国家相关规定，管理、技术岗位女职工年满 55 周岁才能退休，"我今年才 50 岁，还可继续工作 5 年。现在要求我退休，非法剥夺了我的劳动权"。这仅仅是当前中国社会非常普遍的"强制性退休"现象的一个缩影。《中国青年报》2006 年 2 月 13 日有一篇《提前退休让社保背上沉重负担 湖南去年养老保险"赤字"14 亿元》的文章报道：来自湖南省劳动和社会保障厅的数据表明，截至 2005 年 12 月底，当年实际征收养老保险金 87 亿元，发放 101 亿元，当期缺口高达 14 亿元。而造成养老保险金"赤字"的一个重要原因是，当地国企在改制过程中普遍存在让职工提前退休的现象，平均退休年龄为 52.3 岁。其实，"强制性退休"现象不仅出现在国有企业中，更典型地出现在民营企业中。那么，企业为何倾向于诱导或强迫员工提前退休呢？

2. 工资制度与"强制性退休"

现代主流经济学中流行两种工资理论：一种是边际生产力工资，这在欧美企业中比较流行，并得到新古典经济学理论的阐释；另一种是年功工资，这源于日本社会的实践，大多数国家的实践也主要采取这种工资支付模式。

实行年功工资主要有两方面的理论解释：①根据隐含合同理论，企业是风险中性的，而工人是风险厌恶者，而且企业比工人承担风险的能力更强，因此，就业关系不仅仅是劳动和工资之间一次性的现货交易关系，而是一种涉及较长期的合同保险关系，这种保险合同可以避免工人收入的不确定性，即合同工资不再等于劳动的边际产品而是相对固定。②在团队生产中存在隐蔽行为的道德风险，雇主难以判别员工的努力程度和贡献大小，但是，如果雇佣是长期的，雇员的工作态度就容易暴露出来，所谓"瞒得了一时，瞒不了一世"。当然，如果那些机会主义的员工能够轻易地转换工作，那么单纯的解雇就难以起到约束道德风险的作用。

莱瑟尔（Edward P.Lazear）证明，在长期的雇佣关系中，如果雇主实行年功工资制，员工在早期阶段获得的工资低于其边际生产率，也低于劳动市场均衡的工资水平，而在后期阶段获得的工资高于劳动市场均衡的工资水平，这样就可以有效地遏制员工的偷懒行为。实际上，这相当于员工向雇主缴纳一定的保证金，当偷懒被发现而解雇时，就会失去保证金，从而具有较强的约束作用。而且，员工一旦被解雇，他转换到新的工作也只能从头算年功工资，因此，他转换工作的成本就相当大。这个模型也为强制退休现象提供了解释：到一定年龄阶段，工资大于边际生产率（或保留工资），自然没有人愿意退休，因而必须实行强制退休。

首先，我们假设，X 是员工的闲暇时间，Y 是除闲暇以外的所有其他商品的组合；x、y 分别是这两种消费品的消费量，这两种消费品的效用是相互独立的，消费者的效用函数可表示为：$u(x, y) = B(x) + y$。

其次，我们假设，L 是劳动时间，而 L 单位劳动时间生产 Y 的数量为 $f(L)$。显然，当消费者效用最大化时有：$B'(x) = f'(L)$。原因是，如果 $B'(x) < f'(L)$，那么，消费者多提供 dL 单位劳动所获得 Y 的效用为 $f'(L)$，而此时，因为 $dx = -dL$，闲暇减少导致的效用下降为 $B'(x)dL$，因而将增加效用。

最后，我们假设，一个人的时间禀赋为 T（生命周期），那么，有效的劳动时间为 $L = T - x^*$，即图 2-4 中的 L^*。因为 B′ 随着闲暇消费的增加而减少，即随工作时间 L 的增加而上升；劳动的边际产品 $f'(L)$ 在工作早期阶段递增，而在后期将递减。

这样，我们就可以得到如图 2-4 所示的员工效用组合。显然，如果信息是完全的，工资将等于劳动的边际产品，员工也将选择在 L* 处自动退休。但是，由于信息不对称，企业一般都是按照向上倾斜的曲线 UWP 支付工资。这样，在 L* 处退休的员工在工作阶段前期获得的低工资由后期的高工资补偿。所以，就要找到一个合适的工龄工资使得在 L* 处退休的员工的效用是无差异的。但是，正如图 2-4 所示，因为在 L* 处，UWP 的实际工资高于 B′(x)，那么员工将愿意继续工作，直到 LA 点。显然，追求利润最大化的企业是不愿意员工在 L* 点以后才退休的，因为此时的工资已经远远超过劳动的边际产品，而且，员工退休的时间越晚，企业损失越大。因此，企业往往会强迫员工在 L* 点退休。

当然，按照完全竞争理论，在发达市场中，无论采取何种支付方式，两种类型的工资支付总和与工人的贡献应该相等。但是，在实践中，雇主往往强迫工人尽可能早地退休，从而可以取得更多的剩余。为了更好地说明这一问题，我们将图 2-4 稍作改变，而表示为图 2-5，其中，W_0 是市场均衡工资。显然，如果信息是完全的，工资将等于劳动的边际产品，员工也将选择在 L* 处自动退休。在实践中，企业一般都是按照向上倾斜的曲线 UWP 支付工资，根据工资总和与工人总贡献相等的原则，企业应该让员工在 LA 点退休。但是，L′之后员工的工资已经超过劳动的边际产品，而且，员工退休的时间越晚，企业损失越大，因此，企业往往会强迫员工尽早退休。如果企业后期以市场均衡工资为筹码的话，将会要求员工在 L″处退休。而且，市场越不完善、社会失业率越高，企业让员工退休的年龄就越早。事实上，在我国大量的三资企业和民企中都存在偏爱雇用年轻人的现象，在早期工业革命时期也是如此，其实现的基本条件是存在大量的失业人员。

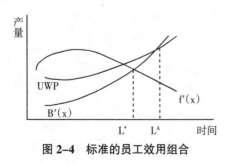

图 2-4　标准的员工效用组合

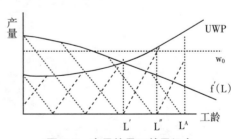

图 2-5　变异的员工效用组合

3. 反思盛行的委托—代理机制

显然，这些例子反映出，主流博弈论在机制设计上存在着明显的功能性思维，它主要体现了主权者（委托人）的利益最大化原则，而不是体现代理人的合理利益或者社会的公正性原则。在一个工具理性膨胀并日益受到推崇的市场经济中，这种功能性的博弈策略或机制设计就被广泛应用，当前中国社会广泛存在的强迫退休制现象也正体现了这一点。功能性机制的典型体现就是锦标赛制薪酬体系：每个人获得的收益与其付出的努力往往不成比例，因为稍微比他人多付出一点努力就将获得整个收益。这也意味着，尽管功能性的激励机制对主权者（或委托人）是有利的，但对整个社会的制度安排却不见得是好的，它往往是建立在大多数人受损的基础之上，这也就是当前广泛盛行的委托—代理机制内含的通病。

总量守恒与男女性别的失调

1. 缘起：两道小学奥数题目

在讲解博弈思维的最后，我们再次回到小学奥数。

小学奥数中有这样两道题目：

例 1　有一瓶玉米油和橄榄油，先从玉米油瓶中舀出一杯倒入橄榄油瓶中，混合后再从橄榄油瓶中舀出同样一杯倒入玉米油瓶中。请问：是玉米油瓶中的橄榄油多还是橄榄油瓶中的玉米油多？

例 2　有个人在船上掉了一个木箱，当他发现时已经逆流划了 1 个小时，其中，水流的速度是每小时 2 公里，于是，他以 2 倍速度顺流而下。问：找到木箱时离木箱失落的地方有多远？

这两个例子都可以运用总量守恒定理而得到轻松解决。在例 1 中，根据总量守恒定理，由于每个瓶中的总量没有发生变化，因而玉米油瓶中增加的橄榄油就等于倒入橄榄油瓶中的玉米油。在例 2 中，由于河流的速度对于船和箱子都是一样的，因而他 1 个小时后发现丢了木箱后以 2 倍的速度回划时，需要半个小时就能找到木箱，此时木箱已经漂流了 1.5 小时，因而木箱一共漂了 3 公里。

2. 利用总量守恒定理分析

社会经济是无数个体的行为引发的，因而经济学往往倾向于从微观行为来进行分析，不过，有时集中个体行为来分析宏观现象时往往会造成某种干扰；相反，运用总量守恒原理却可以更为清晰地洞悉社会经济现象的发展趋势。

例如，基于总量守恒原理，我们来思考淘汰制球赛的场次安排。在一场实行淘汰制的网球锦标赛中，有128人参加，第一轮比赛的赢者参与第一轮淘汰赛，如此类推，直到最后在决赛中决出总冠军。那么，一共需要进行几场比赛呢？如果参加人数为129，每一轮都有一个选手轮空，又需要比赛几场呢？一般的思维是：第一轮赛64场，第二轮赛32场，第三轮赛16场……于是，总场数就是：64 + 32 + 16 + ……尽管这种算法没有错误，但太麻烦了。实际上，只要运用数量守恒原理，因为在128人中最后剩下一人，就需要淘汰127人，而每一场淘汰一个选手，因而就需要有127场比赛。相应地，如果129人参加，那么，就需要有128场比赛。

同样，利用数量守恒原理，我们可以来思考中国的男女比例失衡问题。假设每对夫妇都希望有个男孩，因而有了男孩之后就不再生了，而生了女孩之后还会再生，直到生了男孩为止。那么，这种行为选择会影响一个社会的男女性别结构吗？或者说，当前中国社会严重的男女性别失调现象是计划生育本身引起的吗？其实，根据基因学原理，每一次男女的自然出生率总是为1∶1，因而，即使最后每一家都有一个男孩，男女的比例还是1∶1。当然，此时平均每个家庭有了两个孩子：一个男孩和一个女孩。例如，在10个家庭中，可能的小孩组合就是：男、女男、女女男、男、男、女女女男、男、男、男、女女女女男。这一过程可以表示为如图2-6所示的博弈树：

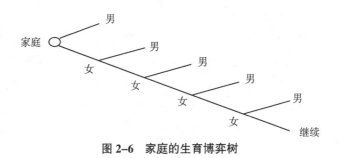

图2-6 家庭的生育博弈树

3. 中国社会男女比例何以失衡

上面的分析表明，实行计划生育政策并不是导致男女性别比例失调的必然原因。那么，在当前中国社会为何会出现如此严重的性别比例失调现象呢？例如，1982 年中国第三次人口普查出生性别比为 108.5，1987 年百分之一人口抽样调查为 110.9，1990 年第四次人口普查出生性别比为 111.3，1995 年百分之一抽样调查出生性别比为 115.6，2000 年第五次人口普查出生性别比为 116.9，2005 年人口抽样调查出生性别比为 118.59，2009 年人口抽样调查出生性别比为 119.45，2010 年第六次全国人口普查出生性别比为 118.06。

具体而言，男女婴的性别比具有两大特征：①与地域有关：根据 2000 年的人口普查，城市性别比为 112.8，镇性别比为 116.5，乡村性别比为 118.1。相应地，上海常住人口出生男女婴性别比约为 107，深圳市性别比为 120.8，北京流动人口在京出生的性别比高达 128，海南、广东等省性别比高达 130 以上。②与孩次有关：孩次越高，性别比越高。如 1990 年人口普查表明，一孩性别比为 105.2，二孩性别比为 121，三孩及以上性别比为 127；2000 年人口普查则表明，一孩性别比为 107.1，二孩性别比为 151.9，三孩及以上性别比高达 159.4。显然，这些数据表明，一孩的出生性别比很正常，而二孩开始猛然升高，三孩及以上的出生婴儿性别比更高。

因此，单就男女婴的性别失衡而言，必然有计划生育导致女婴家庭偏好继续生育之外的其他因素。例如，偏好男孩的家庭会千方百计地通过胎儿性别检测等手段人为地筛选男孩，尤其是随着孩次的上升，家庭对男孩的偏好越发强烈，从而可能通过各种方法获得胎儿性别信息并进行人为选择。据估计，在中国每诞生一个新生命，就有 2.5 个婴儿被堕胎，而每年至少有 30000 个胎儿因为是女婴而被流产。同时，大量的女婴被遗弃或者不申报户口以便家庭再生育，这又使得男女比例的表面统计数据提高了。

当然，目前出现的这些逆向选择和道德风险也与当前计划生育政策有一定关联，正是由于严格的生育限制政策，导致不少家庭选择堕胎等方式来获得男孩。为此，我们可以重新思考计划生育的措施。在一个"传宗接代"观念依旧浓厚的国度，如果实行这样一种政策可能会更好：允许生女孩的家庭可以多次生育直到有男孩为止，同时，一旦有了男孩就不再允许生育。这样计划生育政策至少可以解决当下遇到的两大困境：①缓和当前盛行的通过胎儿性别而人为进行性别选择所导致的性别比例失调现象，因为这种政策使得每个家庭至少可以合法地拥有一个男孩；②缓和因独生子女政策已经造成的人口结构老化、子女赡养负荷严重、社会亲情缺失以及人口萎缩等严峻趋势，因为这种政策使得每个家庭平均有一男一女，不仅可以使得人口总量和结构上实现平衡，通过婚配也可解决赡养老人、家庭亲情等其他社会问题。

发生在儒家社会的剩女现象

1. 缘起：日益凸显的剩女现象

现代社会尤其是儒家社会中剩女现象日益凸显，并已经引起当前社会越来越多的关注，2007 年 8 月，"剩女"一词还被教育部列为 171 个汉语新词之一。关于这一点，我们可以从政商界的那些知名单身女性身上窥见一斑。例如，在我国台湾地区，政界的吕秀莲、蔡英文、陈菊、陈亭妃、萧美琴、刘世芳、陈莹、高金素梅、洪秀柱、罗淑蕾、徐欣莹、李永萍、李纪珠、王昱婷、赖幸媛、陈文茜以及商界的陈敏熏、殷琪都是单身。香港政商界的单身女性也非常多，政界如律政司司长梁爱诗、交通运输及环保署署长廖秀冬、立法会议员陈婉娴、蔡素玉、何秀兰、陆恭蕙等，商界如香港第一女富商龚如心、香港"水饺皇后"臧健和、"航空餐皇后"伍淑清、"饼食皇后"李超群以及女探险家李乐诗等人。另外，中国的副总理吴仪和韩国总统朴槿惠也都是单身。

其实，根据数量守恒原理，在一夫一妻的群体中，未婚女性和未婚男性的比例与这个社会的男女比例必然是一样的。也就是说，未婚男女的比例并不受婚姻状况（结婚率）的影响。那么，剩女现象究竟是如何造成的呢？剩女现象为何在儒家社会比西方社会更加引人注目呢？

2. 剩女现象的总量守恒分析

要说明中西方社会中剩女现象的差异，就需要考虑男女适婚年龄的差异以及不同社会中的结婚比率。一般来说，如果男女的适婚年龄和预期寿命存在差距，那么，在适婚年龄段中的未婚男女比例就会受结婚率的影响。

假设，女性比男性早婚 5 年（如女性 18 岁结婚，男性 23 岁结婚），且女性比男性多活 5 年（如女性预期寿命为 78 岁，男性预期寿命为 73 岁），那么，在性别比是 1∶1 且分布均衡的社会中，在这个年龄段的成年女性和男性的比例就成了 60∶50。我们假设，男性的未结婚率为 x，那么，女性的未结婚率就为（$1/6 + 5x/6$），即女性的未结婚率要比男性高（$1 - x$）/6。女性和男性未结婚率的比例为（$1/6x + 5/6$），未结婚女性与男性的数量比是（$1 + 1/5x$）。显然，由于 $x \leqslant 1$，因而女性和男性的未结婚率比例以及未结婚数量比都会高于 1，而且，随着男性结婚率的上升（未结婚率的下降），女性和男性未结婚率的比例在上升，未结婚女性与男性的数量比也在上升，因而女性的未结婚率就比男性更加突出。

例如，如果有 1/100 的男性未婚，那么就有 105/600 的女性未婚，女性和男性未结婚率的比例为 17.5，未结婚女性与男性的数量比是 21；如果有 1/20 的男性未婚，那么就有 5/24 的女性未婚，女性和男性未结婚率的比例为 4.17，未结婚女性与男性的数量比是 5；如果有 1/10 的男性未婚，那么就有 1/4 的女性未婚，女性和男性未结婚率的比例为 2.5，未结婚女性与男性的数量比是 3；如果有 1/5 的男性未婚，那么就有 1/3 的女性未婚，女性和男性未结婚率的比例为 1.67，未结婚女性与男性的数量比是 2；如果有 2/5 的男性未婚，那么就有 1/2 的女性未婚，女性和男性未结婚率的比例为 1.25，未结婚女性与男性的数量比是 1.5；如果有 1/2 的男性未婚，那么就有 7/12 的女性未婚，女性和男性未结婚率的比例为 1.17，未结婚女性与男性的数量比是 1.4；如果有 2/3 的男性未婚，那么就有 13/18 的女性未婚，女性和男性未结婚率的比例为 1.08，未结婚女性与男性的数量比是 1.3；如果全部男性未婚，那么就有全部女性未婚，女性和男性未结婚率的比例为 1，未结婚女性与男性的数量比是 1.2（60∶50）。

上述数据分析反映出：①在结婚率比较高的社会，未婚女性与男性无论是未结婚率的比例还是未结婚数量比都比较高，从而使得未婚女性显得比较突出；相反，如果结婚率比较低，未婚女性与男性无论是未结婚率的比例还是未结婚数量比都比较低。②随着结婚率的下降，未婚女性与男性的未结婚率比例趋向于 1，而未结婚数量比则趋向于成年人口比，从而使得未婚女性并不显得突出。这也就可以对儒家社会中的剩女现象尤其明显的原因作一解释，因为儒家社会的结婚率相对于西方社会要高得多。

需要说明的是，上述分析是粗略的，其中包含了一部分是丧偶的独身女性，因而将"未婚"改为"独身"更好。尽管如此，丧偶的女性比丧偶的男性再婚的概率和比例都要小得多，这也是产生"剩女"感觉的重要因素之一。不过，我们也可以从更广泛的意义上来理解"剩女"一词。"剩女"是指已经过了社会一般所认为的适婚年龄，但仍然未结婚的女性，广义上是指 27 岁或以上的单身女性。在这里，未结婚并不是指"从未结婚"，因而"剩女"只是对适婚年龄阶段"独身"者的称谓。

3. 剩女凸显的社会原因

在当前的儒家社会，剩女现象还面临着一种矛盾事实：一方面，当前中国社会存在明显的男多女少现象；另一方面，大量优秀女性的择偶范围日益缩小。既然如此，为何是"剩女"而不是"剩男"现象更为凸显呢？这里从社会结构和文化心理上作一剖析。

首先，剩女现象的凸显主要是结构性问题。在很大程度上，中国社会的女性面临着既难嫁又惜嫁之间的矛盾，"难嫁"现象根源于"惜嫁"心理。因此，这不能简单地基于供求加以解释，而是要深入社会结构以及文化心理等进行分析。其中，前者涉及社会结构分层问题，而社会结构分层不仅与公共教育的开放有关，而且也与社会性别的特征差异和性别之间的互动效应有关；后者则涉及男女的择偶标准差异，而这往往与社会环境和文化传统的差异有关。①现代社会中女性之所以越来越"难嫁"，有其客观方面的因素：女性越来越多地进入市场领域、参与了社会竞争并逐渐排斥了同层次的男性。受过高等教育的女性越来越多地进入了社会中层，而男性则越来越呈现出处于社会的底层和顶层的两极分化状态。②现代社会中女性之所以越来越"难嫁"，更有其强烈的主观层面因素：女性往往希望与比自己强的男性结婚，以致中层女性的结婚对象主要是上层男性。这样，一方面是日益庞大的中层女性，另一方面是日益狭小的上层男性，从而就会越来越找不到合适的结婚对象。主观层面的"难嫁"现象也就揭示了"惜嫁"心理，这对处于社会中上层地位的知识女性而言尤其如此，她们宁愿独身也不愿意迁就。

其次，剩女现象与男女的择偶标准有关。儒家社会具有根深蒂固的"男尊女卑"的文化传统，这造成了两个后果：①儒家社会的女性总希望找到一个可以依靠的男性，这种心态使得女性在结婚前对男性不断挑三拣四；②儒家社会的女性一旦婚嫁就不愿再离婚，这种社会取向使得女性的离婚社会成本相对较高。显然，这两大因素都使得儒家社会的女性在对待婚姻的态度上更为谨慎和保守，对希望与之结婚的男性更为挑剔，以致更容易错过好的姻缘而成为"剩女"。与此不同，基督教社会具有明显的个人取向，这种个人取向注重个体的独立性，不将自己的未来寄托在他人身上，从而具有强烈的平等主义文化传统。因此，"剩女"现象往往只是凸显在当今的儒家社会中，基督教社会并不将独身女性称为"剩女"。

最后，"剩女现象"也是源于一种"心理意识"。如果社会盛行着"男大女小"婚姻观，而随着公共教育的普及和延长，女性的适婚年龄就日益缩小，从而导致"剩女"现象就更加凸显。根据一项问卷调查：受调查女性对男性年龄的选择范围是，25~35岁的占65%，36~40岁的占26%；而受调查男性对女性年龄的选择范围是，25岁以下占21%，25~30岁占65%。也就是说，女性最佳的适婚年龄是25岁到30岁，只有5年，男士的适婚年龄则从25岁到40岁，有15年。显然，女性适婚年龄范围明显小于男性，这就很大程度上解释了为什么在总体上男多女少的当今中国社会中反而是女性有更强烈的结婚焦虑症。此外，由于女性适婚年龄范围明显小于男性，而中国社会的人口又在不断增长，因此，即使同一时期男女性别比例是均衡的，适婚女性的数量也会明显高于男性（20~25岁的女性数量要多于25~30岁男性的数量）。

第三部分

社 会 困 局

博弈困局的产生

博弈思维阐述了运用最小最大化策略尽可能降低他人的机会主义行为对自己造成的损害。实际上，主流博弈论承袭了新古典经济学的经济人概念和工具理性概念，将人处理物所形成的工具理性简单地应用到对人与人之间互动行为的分析，将人与自然的互动模式简单地拓展到人与人的互动关系中。这样，每个博弈方就都成为标准经济人，它致力于选择可理性化策略来增进个人利益。正是由于主流博弈论的联合理性只是将经济人的工具理性联合在一起，从而就具有内在的先验性和实质的单向性。先验性表现在行为者的理性行为是普遍而静态的，从而隔断了与具体社会环境和文化心理的联系；单向性则体现为行为者只是机械地理解对方的反应，从而制约了理性在互动中的演化和成熟。在很大程度上，正是由于主流博弈论的联合理性依然是先验的和单向的，从而无法真正促进行为的协调，反而陷入囚徒困境之中。所以，主流博弈思维的基本结果是纳什均衡，而博弈困局往往成为纳什均衡的基本特征。这里举几个例子加以说明。

例1　筹资改革方案

这是股神巴菲特依据博弈论所提出的，他假定有一个古怪的亿万富翁拿出10亿美元作为这个改革游戏的回报，民主党和共和党每一方都可以选择支持或不支持改革法案。如果双方都支持法案，那么，该法案获得通过，而两党都不能得到任何东西；如果民主党支持而共和党不支持法案，该法案无法通过，民主党获得10亿美元；反之，如果共和党支持而民主党不支持法案，该法案也无法通过，共和党获得 10 亿美元；最后，如果双方都不支持法案，该法案搁浅，双方也都不能得到任何东西。同时，如果有一方不支持该法案，另一方将白拿 10 亿美元，并将之作为竞选经费，显然不利于另一方，因而任何一方都不希望这种情况发生，所以都会选择支持该竞选筹资法案。此外，我们还假设，如果某党被迫通过了没有任何相应捐资的法案，该党的实际效用为负，因为它白白地为他人做了嫁衣。这样，该筹资改革方案博弈就可表示为如图 3-1 所示的博弈矩阵。博弈的结果就是，法案获得两党的一致支持而通过，但两党都没有得到任何东西，那位古怪的亿万富翁也一文不花。对民主和共和两党来说，这就是陷入了囚徒困境，因为他们本来可以通过其他对他们更有利的法案。实际上，这是一个标准的囚徒博弈，博弈双方都有自己的最优策略，但联合起来却陷入一个较差的境地。

民主党		共和党	
		支持	不支持
	支持	−2, −2	10, −5
	不支持	−5, 10	0, 0

图 3-1　筹资改革方案博弈

例 2　旅行者困境

这是哈佛大学经济学教授巴罗（R.Barro）提出的，他假设两个旅行者从一个以出产细瓷花瓶闻名的地方（如景德镇）旅行回来，他们都买了花瓶，在提取行李时却发现花瓶被摔坏了，于是向航空公司索赔。航空公司知道花瓶的价格在 80~90 元，但不知道两位旅客买的确切价格，于是请两位旅客在 100 元以内自己写下花瓶的价格。其要求是：如果两人写得一样，航空公司会认为他们讲真话，从而按照他们写的数额赔偿；如果两人写得不一样，航空公司就认定写得低的旅客讲的是真话，从而照这个低的价格赔偿，同时对讲真话的旅客奖励 2 元钱，对讲假话的旅客罚款 2 元。但是为获取最大赔偿，甲、乙双方的最佳策略是都写 100 元，从而都能够获赔 100 元。但是，甲很聪明，他想：如果我少写 1 元变成 99 元，而乙会写 100 元，这样我将得到 101 元，所以他准备写 99 元。可是，乙更加聪明，他算计到甲要写 99 元，从而准备写 98 元。想不到的是，甲还要更聪明一个层次，计算出乙要这样写 98 元来坑他，于是准备写 97 元……如此下去，每个人都试图比别人算计更进一步，结果每个人都写0。显然，正是由于两人都非常精明，最终几乎获得最差的结果。实际上，这反映了基于后向归纳推理陷入的蜈蚣博弈（Centipede Game），博弈双方每一次都是基于个人理性行动，最终却陷入几乎最差的困境，如图3-2所示。

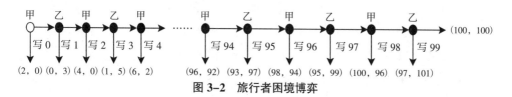

图3-2　旅行者困境博弈

例3　行贿者困境

在一个大型出租车队里，汽车经常是由调度员派给司机的。车队里既有好车，也有年久失修的老爷车。调度员可以利用他的调度权向每个司机收取一点贿赂。谁若是拒绝行贿，就一定会得到一部老爷车，而那些愿意合作的司机就会"抽到"上上签。这么一来，调度员是发达了，但司机们作为一个群体，就算不贿赂调度员，得到的也同样是这些汽车。假如司机们联合起来，也许可以结束这种被迫行贿的日子，问题在于怎样才能组织起来采取行动。问题的关键不是调度员能从行贿者那里得到多少好处，而是他可以严厉惩罚那些不肯行贿的人。最终的结果是，哪怕大家都交钱，一些司机最后还是会分配到一辆老爷车。不过，假如老爷车是随机分配的，也就不会出现哪个司机比较容易得到老爷车的情况。相反，带头拒绝交钱的司机通常都会得到老爷车。实际上，这也就是标准的人质困境博弈，也是多个人的囚徒困境，在该博弈中，就具体的司机来说，行贿显然是他的理性选择，但每个人都基于个人理性原则的结果却导致所有司机都行贿，最终并没有改善环境，如图3-3所示。

其他司机		司机甲	
		行贿	不行贿
	行贿	随机，随机	随机，老爷车
	不行贿	随机，好车	随机，随机

图3-3　行贿博弈

例4 用餐者困境

若干人出去吃饭并在点菜之前达成一致：所有人平摊埋单的钱，同时，点菜时每个人有两种选择：点贵的菜肴和点便宜的菜肴。假设贵的菜肴比便宜的要好，但是，如果一个人单独进食的话，不能保证为贵的菜肴多付的钱一定值得。然而，当大家共同进食时每个人就会这么推想：如果众人点便宜的菜肴，我所点的更贵的菜肴而额外加的钱就会被众人摊分，这样，额外加的钱很少但菜肴的味道却有较大改善，因而多花这点钱是划算的。显然，如果每个人都这样推想，最后的结果是他们都花钱点了更贵的菜肴，而原本他们认为点便宜的菜肴要比点贵的对每个人都要好些。这个博弈情境反映了多个博弈方的困境。

我们用 g 表示从享用贵的菜肴中得到的效用，b 表示从享用便宜的菜肴中得到的效用，h 表示为贵的菜肴付的钱，l 表示为便宜的菜肴付的钱，n 表示用餐者的人数，就有：$h>g>b>l$，$g-h/n>b-l/n$，后者表示在给定其他人都会帮助埋单的前提下更喜欢贵的菜肴。假设，其他的参与者的菜肴的总成本为 x，那么，点便宜的菜肴的成本是：$x/n+l/n$，点贵的菜肴的成本是：$x/n+h/n$。因此，每人从点贵菜中得到的效用是：$g-(x/n+h/n)$，从便宜菜肴中得到的效用是：$b-(x/n+l/n)$。显然，从贵的菜肴中得到的效用更高，点贵菜是严格占优策略。当每个人都点贵菜时，所有人都支付 h，得到的效用为 $g-h<0$，相反，当所有人都点便宜菜时，他们的总效用会为 $b-l>0$。这就揭示了用餐者的困境。

例5 让球博弈

2012 年伦敦奥运会女双循环赛赛中，A 组的比赛先结束，实力强劲的中国组合田卿/赵芸蕾排名只是小组第二，在 B 组中，中国组合于洋/王晓理和韩国组合郑景银/金荷娜都已经出线，她们之间的比赛结果将决定小组的前两名位次，其中 B 组的小组第一将在随后的淘汰赛中对阵 A 组的小组第二。显然，如果于洋/王晓理获胜，那么半决赛中两队中国组合将提前相遇，决赛则肯定将在中国队与外国队之间进行；相反，如果韩国组合胜，那么，它在半决赛将与中国队田卿/赵芸蕾组合相遇。因此，无论中国组合还是韩国组合都希望输掉这场比赛，从而选择了消极比赛策略：在比赛中不是下网就是出界，甚至发球不过界，最终比赛更为消极的中国组合成功地输掉了比赛，但这引起了现场观众的极大不满。在随后的另一组比赛中，也已经出线的韩国组合河贞恩/金旼贞和印度尼西亚组合波利/焦哈利为避免在半决赛中碰到中国组合，也采取了消极比赛策略。不可否认，这些消极比赛是基于个人理性原则做出的最佳战术决策，但这种策略和行为却严重违背了职业伦理和体育精神，通过电视直播后就在全世界范围内引起了轩然大波，最后，世界羽联宣布取消消极比赛的中国组合于洋/王晓理、韩国组合郑景银/金荷娜、河贞恩/金旼贞和印度尼西亚组合波利/焦哈利参加奥运会的资格。

上述五个例子都表明，个人基于理性原则的行为会导向一种均衡，但是，这种均衡并不是对所有博弈方甚至是任何博弈方都是有益的，这就是博弈困局。2005 年诺贝尔经济学奖得主谢林（T.C.Schelling）就写道："'均衡分析'中可能也有很多缺陷，包括在均衡分析中可能因忽视了调整过程而过于简化，或者可能由于忽视了那些决定均衡的参数的变化而夸大了均衡存在的可能性，但是不应该有人去反对'均衡分析'的可能性，唯恐一旦承认某样事物处于均衡状态，就等于承认这个事物状态良好。一个被绞死的人，如果尸体在绞刑架上不再摇摆，那么他就处于均衡状态，然而没有人认为他状态良好。对经济学分析不信任的另一原因来自人们假设经济学家对讨论的均衡持肯定态度。我相信这个假设通常情况下是错误的——尽管并不总是错误的，但通常都是错误的。"① 在现实生活中，受个人理性原则的支配，很多情境下的社会互动都导致了这种困局，尤其是在商业主义和功利主义膨胀的现代市场经济中，这种困境中的社会经济现象比比皆是。也就是说，现实世界中的社会经济问题很大程度上都可以运用博弈论进行分析和解释。因此，本篇首先对现实生活中的社会经济困境作一梳理和分析，便于读者的理解，并引发社会大众的重视。

---

① 谢林：《微观动机和宏观行为》，谢静译，中国人民大学出版社 2005 年版，第 15 页。

"全民奥数" 的热潮

第一部分在介绍博弈思维时以小学奥数中的例子开篇，这里谈时代所面临的博弈困局也从当前盛行的奥数培训说起。

1. 缘起：有令不止的奥数培训

现在小孩的学业非常繁重，其中一个来源就是参加各种奥数班。即使教育部的"监管令"再三严禁奥数与中小学录取挂钩，但各种正式的和非正式的奥数班还是甚嚣尘上。例如，2001 年，教育部发布禁令，规定"奥赛"成绩不得与招生挂钩，此后，北京、广东、河北、浙江、江苏、云南、成都等地也陆续出台过"禁奥令"。但是，"禁奥令"的结果，几乎都是各类奥数培训班稍事休息后便卷土重来，即便是那些深受奥数之苦的学生和家长，参加热情也并没有明显减退。那么，为何会出现这种现象呢？

2. 奥数训练的主要价值

一般认为，奥数本身充满了趣味性、知识性和逻辑性，它对孩子智力水平的提高、思维能力的优化、意志品质的训练以及学习习惯的培养等都有很大的益处。

（1）在一个关键时期选择适当的时机、以适当的方式开始进入系统化奥数训练，对孩子的智力发展是非常有利的。在很大程度上，一个人思维水平的高低取决于数学思维能力的掌握和运用，这包括分析、综合、归纳、推理、演绎等，这些能力也是人类处理日常生活中遇到问题的最基本方式；同时，一个人的思维能力要想提高，关键就在于早期的开发，尤其是学生阶段的训练与培养。究其原因，小学阶段是大脑生理发育、思维方式形成以及学习习惯培养的高速发展和积累阶段，虽然以后在中学、大学学习的知识量以及难度会逐渐递增，但多数孩子的学习能力在小学阶段已经基本定型。

（2）奥数学习对于孩子的人格塑造也是非常有益的。事实上，每解一道题都是一次挑战困难的过程，因而接受奥数训练的孩子，面临困难和挑战时有良好的心态，也比同龄人有更强的抗挫折能力。事实也表明，那些能够考上清华、北大或者获得保送资格的学生往往在中学阶段都获得过全国乃至国际范围数学以及其他理科竞赛的奖项（文科类学生除外），而这类学生往往在小学阶段都接受过比较系统的数学竞赛类培训。

正因如此，长期以来中国内地一直盛行奥数竞赛的风气，甚至掀起了"全民奥数"的热潮。

3. 反对奥数的根本原因

进入 21 世纪后，中国内地却开始周期性地出现了要求为中小学生减负的呼声，因为中小学生基于升学压力已经陷入了恶性竞争的循环之中，失去了大量孩提时代的美好时光，却并没有真正地提高思维和实践能力，反而导致中国孩子学习和生活能力的低下。受此影响，奥数训练也开始面临社会舆论越来越大的否定和鞭挞，它被视为"浪费时光而无实际用途"的课程。

奥数之所以受到越来越大的批判，主要在于实践中的奥数学习发生了偏差：奥数训练不再紧扣扩展思维能力和提高长远智力这一本质，而是追逐应试效果，相应地，大多数奥数培训不是启发学习方法，而是灌输某种机械套路，不仅将简单问题复杂化，而且磨灭了学习数学原本的乐趣。同时，在现实生活中，奥数考试成了一种选拔的零和游戏，相互之间的攀比导致奥数题目越来越偏、难、怪、毒，对孩子提高数学能力并无实际益处。例如，许多小学奥数教程上都有这么一道题：有 6 个人都生于 4 月 11 日，都属猴，某年他们岁数的连乘积为 17597125，这年他们岁数之和是多少？这个题目对仅 10 岁左右的普通小学生来说显然太难了。以致有人就形象地将奥数称为数学里的杂技，它对大多数学生没有任何意义。

很大程度上，奥数是极端重思维轻技能的，有点像脑筋急转弯，偶尔玩玩是可以的，开拓一下思路，但是，如果成天搞这个东西，那就是在钻牛角尖，只对偏才、怪才有意义。在某种意义上，那些高深的奥数原本只是提供给对数学有兴趣且智力超群的少数孩子（如5%），但"全民奥数"却将其他95%的孩子都拉来作"陪练"，本应该是少数"天才"课外甜点的奥数却成了全民大餐。而且，大多数人成为少数天才的"陪练"，最终反而失去了学习数学的兴趣，并且还怨声载道。

由奥数的异化我们可以进一步联想：现代经济学中的那些数理模型不也是一种杂耍吗？尽管这种模型毫无实际价值，但那些在当前规则下获得认可的模型建构者却由此获得了学术的声誉和物质的奖赏。正因如此，就如当前的"全民奥数"风潮一样，大量的青年学子也被激励投入大量的数学学习和模型训练之中，而基本的理论知识却浅薄得很。经济学专业的研究生尤其是博士生也时常抱怨，目前攻读经济学专业实在是太辛苦了！问题是，这么辛苦换来的却是，对流行的理论几乎都停留在望文生义层次上，而很少能够真正理解其中的深意。这也正是现代经济学的困境，它根本上源于当前的学术评价体系。

4. 全民奥数的现实困境

"全民奥数"之所以得以兴起，重要原因就在于中国父母太重视孩子的升学，而奥数对升学又有很大帮助：如1998年，"小升初"取消统一考试后，奥数就成为升学的一个加分项。同时，之所以形成这种"潜规则"，又在于每个中、小学都以进入重点中学和大学的比例作为教学考核的指标，也作为向社会宣传其优势的指标。而人们之所以追逐那些所谓的重点中学和大学，又在于中国的资源不仅是有限的，而且是分配不平等的。

事实上，只要高等教育资源是稀缺的和等级分配的，并且高等院校的基本入学标准体现的是应试能力，那么，就必然会存在进入高等院校尤其是名牌大学的激烈竞争。同时，只要中等教育资源是稀缺的和等级分配的，并且中学的基本入学标准体现的也是应试能力，那么，也就必然会存在进入中学尤其是重点中学的激烈竞争。以此类推，初中、小学乃至幼儿园都存在激烈的竞争现象，因为在应试教育的压力下，每个父母都希望自己的孩子能够升入更高一级或更好的小学、中学以及大学，从而也就会迫使孩子承受越来越多的学习负担。正因如此，尽管"减负"的呼声不断，但实际情况却没有得到根本改善，相反有日益恶化的趋势。其实，如果通过竞争能够丰富学生的知识，那么，这种竞争式学习非但没有坏处，反而可以促进整个民族和社会的进步。问题就在于，目前的学习主要是为了应试的需要，以致这种灌输式教育磨灭了学生的创造性，这已为绝大多数人认识到。只要应试教育的大环境没有改观，每位家长的收益结构没有发生变化，那么就无法真正实现学生的课程"减负"。这是一个囚徒困境，我们用如图 3-4 所示的博弈矩阵表示，其纳什均衡是（参加，参加）。

社会潮流		家长甲	
		参加	不参加
	参加	-5，-5	10，-10
	不参加	-10，10	5，5

图 3-4　应试教育下的奥数培训博弈

因此，当前中国社会中小学教育所存在的主要问题不是减负，不是取消奥数培训，而是教育内容以及与此相适应的入学机制和资源分配。这些问题不解决，引起广泛抱怨的奥数悖论也就不可能消失。事实上，美国大学的自主招生在录取时往往看平时成绩、个人陈述、老师推荐等多方面材料和个人表现，奥数得奖的学生申请大学时有一定优势，但远不像中国这样绝对，因此，一些对奥数不感兴趣的学生，更愿意发展其他方面的才能来赢得入学资格。可见，在优质教育资源稀缺的背景下，如何才能较为公平地分配资源、形成合理的人才评价机制，才是解决"奥数热"的现实之道。

骑虎难下与协和谬误

1. 缘起：协和谬误

20 世纪 60 年代，英国和法国政府联合投资开发大型超音速客机，即机身大、设计豪华并且速度快的协和飞机。但不久，英法政府就发现，继续投资开发这样的机型，花费会急剧增加，而这样的设计定位能否适应市场却不知道。停止研制将使以前的投资付诸东流，而且，随着研制工作的深入，他们更是无法做出停止研制工作的决定。最终，协和飞机研制成功了，但因飞机的缺陷（如耗油大、噪声大、污染严重等）而不适合市场，最终被市场淘汰，英法政府为此蒙受了巨大损失。在这个研制过程中，如果英法政府能及早放弃飞机的开发工作，损失将会大大减少，但他们没能做到。这个过程可用如图 3-5 所示的博弈树表示，随着投入的继续，项目中止造成的损失将不断增大，但成功却遥遥无期。因此，人们常常把这种骑虎难下的博弈称为"协和谬误"。

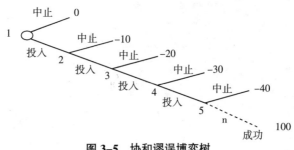

图 3-5 协和谬误博弈树

"协和谬误"实际上反映了一个普遍现象,它不仅经常出现在国家之间,也经常出现在企业或其他组织之间,出现在人们日常生活的个体互动上。例如,美国介入越南战争、阿富汗战争、伊拉克战争以及以巴冲突等都是骑虎难下的典型例子;同样,赌徒追加赌注、老虎资金对东南亚各国货币的攻击以及东南亚各国政府的保卫货币等行为,也都曾陷入骑虎难下的状态。就战争而言,战争不是一个一劳永逸的过程,任何落败都是暂时的,暂时落败方可以通过发展新武器和积蓄力量在新的战争中获得优势,而暂时胜利方则努力阻止落败方的实力恢复,从而就导致战争的不断升级;就赌徒而言,赌红了眼的赌徒输了钱往往要继续赌下去,希望返本,实际上,从赌徒进入赌场开始赌博时已经进入了骑虎难下的状态,因为赌场从概率上讲是肯定赢的。

2. 骑虎难下的博弈分析

事实上,在前文介绍的马丁·舒比克教授所设计的"一元面钞博弈"中,首先,博弈方 A 以 0.1 元购买一元面钞是合理的,但当博弈方 B 愿意付出 0.2 元来购买一元面钞时,博弈方 A 追加到 0.3 元购买一元面钞也是合理的;此时,博弈方 B 愿意付出 0.4 元来购买一元面钞,相应地,博弈方 A 追加到 0.5 元购买一元面钞也是合理的……当博弈方 B 愿意付出 0.8 元来购买一元面钞时,博弈方 A 追加到 0.9 元购买一元面钞也是合理的;此时,博弈方 B 愿意付出 1 元来购买一元面钞,而博弈方 A 追加到 1.1 元来购买一元面钞也是合理的……这样,每一次的合理行为,最终就陷入"一元面钞悖论"的陷阱。

显然,"一元面钞悖论"反映出,受有限理性的支配,我们一旦做出了某项行动或选择,这种行动或选择将会制约我们今后的行动或选择,使我们不断为初始行动或选择添注加码,付出的成本或代价也越来越大。例如,当一个父母为孩子购买了钢琴时,即使孩子后来对学钢琴没有兴趣,父母仍然会重金聘请钢琴老师,不断地投入时间和金钱,尽管最终没有任何收益。之所以如此,就在于非合作的纳什博弈思维,它着眼考虑的是一次性行为或策略转换所带来的收益变动,因而这种短视行为往往就导致行动者陷入"骑虎难下"的境地:进也不是,退也不是。

譬如,超级大国之间为了微小的利益往往就会展开不断升级的军备竞赛。在冷战期间,美苏为争夺霸权拼命发展武器,无论是如原子弹、氢弹等核武器的研制，还是如隐形战斗机这样的常规武器的研制，双方均不甘落后。20世纪80年代，里根在位时准备启动"星球大战"计划，此举意味着两个超级大国的武器竞赛将进一步升级。美苏之间的武器竞赛就相当于拍卖中轮番出价，双方均不断出更高的价。事实上，如果一方没有出最高的价钱，退了下来，即没有继续竞赛下去，那么意味着其在军备上的投入没有取得成效，而对方将赢得整个局面，但是，如果继续竞赛下去，一旦支撑不住，损失也就越大。在很大程度上，1991年苏联的垮台就是军备竞赛的结果。究其原因，苏联将整个力量放在军备竞赛上，而民用建设无法跟上，国力不济，最终退下阵来。里根的"星球大战"计划的目的就是要拖垮苏联。

3. 生活中普遍的骑虎难下

在日常生活中，我们往往会遇到非常多的此类事例。普林斯顿大学教授迪克西特（A.K.Dixit）和耶鲁大学教授奈尔伯夫（B.J.Nalebuff）写道："一旦你在某个城市找到一份工作，那么，换一个地方重新安置下来的代价就会变得很高；一旦你买了一台电脑，学会了怎样使用其操作系统，那么，学会另一种操作系统，改写你的全部程序，其代价就会变得很高。同样，参加了一家航空公司的里程积分计划的旅行者若想搭乘另一家航空公司的飞机，付出的代价也会更高。还有，从婚姻围城中逃脱出来的代价也很高。"事实上，"一旦你做出了类似的承诺，比如接受了工作或结了婚，你的讨价还价地位就会被削弱。公司大可以利用其职员预期的搬家成本高，向他们支付较低薪水或降低加薪幅度。电脑公司可以给新出的可兼容的外围设备标出更高的价码，因为它们知道，它们的消费者不会轻易转向同样是新出的却不兼容的技术。至于航空公司，一旦找到数目庞大的里程积分计划参加者，就不大愿意参与价格战了。夫妻签订的平均分担家务的协议一旦遇到小孩出生，就不得不重新谈判一番"[①]。

如果你将大好的大学时光用于谈恋爱，而一旦确定了恋人关系，你的路径锁定也就开始了，它至少会减少了其他异性对你兴趣的培养。同样，毕业后找到的第一份工作或者恋爱结婚，对我们今后的人生也将产生更大的锁定

---

① 迪克西特，奈尔伯夫：《策略思维》，王尔山译，中国人民大学出版社2002年版，第18~19页。

效应，这或许是我们常常以"围城"相称的原因。例如，笔者所在学院的学生在本科三年级可以重新选择专业，常常只有很少学生选择经济学专业，而大多数学生选择金融专业。选择经济学专业的学生往往也倾向于选择金融、贸易、财会等实务性课程，甚至在上课时还在看此类书籍。但是，一个学生一旦选择了经济学专业，就应该在基础理论、思维逻辑、分析工具和思想等方面投入越来越大的精力，从而提高知识广度、思维深度、理论扎实程度以及研究能力等，相反，如果将主要精力用于金融、贸易、财务或者管理学等实务课程上，不仅会丧失在科研领域的理论优势，而且也没有在社会实务领域的求职优势。究其原因，目前非常功利而短视的商业界往往希望聘用能迅速上手的新员工而不愿培养员工的潜力，而他们判断新员工上手快慢的主要标志就是专业。显然，如果他们希望招聘金融、贸易或管理类人才的话，那些专业的学生就必定具有优势。如果该学生确实不喜欢理论，那么，由于他开始错误地选择了经济学专业，后面的理论训练就成了一个骑虎难下的投入，往往只有通过研究生的学习才有机会重新转换领域。

4. 如何避免陷入骑虎难下

显然，一旦进入"骑虎难下"博弈，及早退出是明智之举。例如，在类似"一元面钞博弈"的拍卖中，理性者最好不要参与叫价，因为这种规则对于竞争者是个陷阱，即使你给出了理性出价（$E_i-0.9n$），也不能保证别人可以认识到你的可信威慑；或者设立一个止损点，然后实验给出一个较低的叫价，如果发现有人激烈竞争且叫价超过了止损点就立刻退出竞争，这样可以在遇到不理性的竞争者时将风险和损失控制在可承受范围之内。在现实生活中，我们时常遇到类似的博弈情境，例如，在招投标活动中，参与竞标需要大量的前期费用和其他成本，这实际上等同于"一元面钞博弈"中次高价支付者所支付的价格，因而参与招投标活动时就必须非常谨慎。同样，当前中国的课题申请也是如此，课题申报的填表等工作要花费大量的时间和精力，如果课题得不到批复就等同投入大量的无用成本，因而一个热衷学术并珍惜宝贵时间的学者是不愿意参与课题申报的，结果导致这些学者的学术日深却得不到承认和传播，因为中国学术的评价标准往往依然是课题等量化指标。

不幸的是，当事人往往存在侥幸心理。正因如此，人类社会需要设立一系列能够有效防止战争升级导致毁灭性灾难的机制。

谢林就指出，更小规模和更小杀伤力的核武器不断涌现，并被装备适中的地面部队应用到有限战争中，深水炸弹和适用于空战的核导弹也不断发展，衡量核武器的传统标准已经失去了现实意义，有人甚至将高度精准的小型核武器视为火炮武器中的一种，完全可以被应用到有限战争之中。但是，国际公约和国际组织还是禁止这些小型核武器在常规战争中的使用。究其原因：①长期以来人们并没有使用核武器的传统，从而不认同核武器的现实使用，即使自己已经具备了使用核武器的能力，甚至使用核武器对自己有利；②有限战争中的任何有限条件是国际共同承认的，其权威依赖于无法找到其他合适的替代条件，而核武器的使用导致国际上有限条件失去原有价值甚至荡然无存，并使国际"权威"受到严重挑战；③随着核武器的不断发展和改进，定义有限使用而非禁止使用核武器的有限条件的可能性日益受到人们的质疑，实际上，从纯粹技术的角度，我们可以随心所欲地界定核武器的使用规模、运载方式、使用条件以及打击目标的有效性，这会导致有限界限不断被突破，替代条件不断被修改，从而就没有一个稳定的界限和条件；④核武器的使用破坏了依赖集体制裁的现有规则，规则的破坏导致不断升级的核武器会被应用到有限战争中，最终导致有限战争变成毁灭性的无限战争。因此，一旦有限战争一方率先使用核武器，则禁止使用核武器的相关规定将荡然无存，从而进入了"骑虎难下"的博弈困境。

卑梁之衅、血流吴楚

1. 缘起：一个玩笑引起的国家战争

《吕氏春秋·先识·察微》中记载：楚之边邑曰卑梁，其处女与吴之边邑处女桑于境上，戏而伤卑梁之处女，卑梁人操其子以让吴人，吴人应之不恭，怒杀而去之。吴人往报之，尽屠其家。卑梁公怒，曰："吴人焉敢攻吾邑？"举兵返攻之，老弱尽杀之矣。吴王夷昧闻之怒，使人举兵侵楚之边邑，克矣而后去之。吴楚以此大隆。吴公子光又率师与楚人战于鸡父，大败楚人，获其帅潘子臣、小惟之、陈夏啮。又反伐郢，得荆平王之夫人以归，实为鸡父之战。

在这个故事中，从开玩笑而导致误伤，一直到两国爆发大规模的战争，乃至一国的灭亡，中间一系列的演变过程都是由一种短视的冲动所推动的。《吕氏春秋·察微》评论说：凡持国，太上知始，其次知终，其次知中。三者不能，国必危，身必穷。《孝经》曰："高而不危，所以长守贵也；满而不溢，所以长守富也。富贵不离其身，然后能保其社稷，而和其民人。"楚不能之也。为此，后人把这场因争抢桑叶而引起的大规模的征战，称为"卑梁之衅"，借以讽喻因无谓的小事而引起的争端和杀戮。显然，以史为镜，以事为镜，"卑梁之衅、血流吴楚"的悲剧应为后人所警戒。

2. 蝴蝶效应的分析

实际上，这个例子揭示出了初始行动或选择所带来的连锁反应，人类社会中的很多严重事态往往都是由微小的行为或事件引发的。而且，在这类情形中，博弈方的每一次选择或行为都是基于个体理性原则，往往是建立在对上一次其他博弈方的选择或行动的预测基础上，但同时，这种预测又是一个非线性的过程，其未来发展对初始条件具有强烈的敏感性。这样，只要初始敏感性条件有少数的变动，便就会造成截然不同的后果，只要开始的行为或选择稍有差错，最终的事态将朝错误的方向迈进或升级。这就是人们常说的"蝴蝶效应"。

蝴蝶效应最初是指在一个动力系统中，初始条件下微小的变化能带动整个系统长期而巨大的连锁反应，后引申为"不起眼的一个小动作能引起一连串的巨大反应"。这个效应常见的形象描述是：一只南美洲亚马孙河流域热带雨林中的蝴蝶，偶尔煽动几下翅膀，可以在两周以后引起美国得克萨斯州的一场龙卷风。其原因就是蝴蝶扇动翅膀的运动，导致其身边的空气系统发生变化，并产生微弱的气流，而微弱的气流的产生又会引起四周空气或其他系统产生相应的变化，由此引起一个连锁反应，最终导致其他系统的极大变化。蝴蝶效应说明，事物发展的结果，对初始条件具有极为敏感的依赖性，初始条件的极小偏差，将会引起结果的极大差异，如果这个差异越来越大，那这个差距就会形成很大的破坏力。所以，《礼记·经解》写道："《易》曰：'君子慎始，差若毫厘，谬以千里。'"

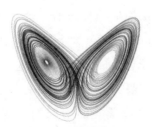

图 3-6 蝴蝶效应

然而，尽管初始小事件往往导致灾难性的后果，但由于博弈论往往关注的是一次性行为，从而很难考虑到行为的最终后果。有个法国童谣就道出了这一机理：池塘角落最初只有一片荷叶，荷叶的数目每天增加 1 倍，30 天后整个池塘就会布满荷叶。不过，在前 28 天根本没人理会池塘中的变化，而一直到第 29 天人们才注意到池塘的一半突然充满了荷叶才开始关心起来。但是，此时他们已无能为力，次日他们所害怕的最坏情形出现了：整个池塘布满了荷叶。

3. 中外历史中的蝴蝶效应

中国古代典籍中有很多与此相类的例子，这里再举几例。

例 1　鲁酒围邯郸

该典故出自《庄子·胠箧》中的"鲁酒薄而邯郸围"，唐代陆德明的《经典释文》也有："楚宣王朝诸侯，鲁恭公后至而酒薄。宣王怒，欲辱之。恭公不受命，乃曰：'我，周公之胤，长于诸侯……我送酒已失礼，方责其薄，无乃太甚！'遂不辞而还。宣王怒，乃发兵与齐攻鲁。梁惠王常欲击赵而畏楚救。楚以鲁为事，故梁得围邯郸。"在这个典故中，鲁酒味淡薄与赵国本不相干，但由于楚国攻打鲁国而无暇帮助赵国，因而齐国就可以放心大胆地进攻赵国，结果，赵国的邯郸就因为鲁国的酒薄而不明不白地做了牺牲品。因此，后人用"鲁酒围邯郸"比喻无端蒙祸，或莫名其妙受到牵扯株连。这实际上也就是通常所说的"城门失火，殃及池鱼"。

例 2　恶搞引起的鞍之战

《史记·齐太公世家》记载：（顷公）六年春，晋使郤克於齐，齐使夫人帷中而观之。郤克上，夫人笑之。郤克曰："不是报，不复涉河！"归，请伐齐，晋侯弗许。齐使至晋，郤克执齐使者四人河内，杀之。八年。晋伐齐，齐以公子彊质晋，晋兵去。十年春，齐伐鲁、卫。鲁、卫大夫如晋请师，皆因郤克。晋使郤克以车八百乘为中军将，士燮将上军，栾书将下军，以救鲁、卫，伐齐。……晋军追齐至马陵。齐侯请以宝器谢，不听；必得笑克者萧桐叔子，令齐东亩。对曰："叔子，齐君母。齐君母亦犹晋君母，子安置之？且子以义伐而以暴为後，其可乎？"於是乃许，令反鲁、卫之侵地。当时，晋国中军参谋长郤克出使齐国，路上遇见了鲁国大夫季孙行父、卫国大夫孙良夫、曹国大夫公子首，他们同时拜见齐顷公，有趣的是这四个人都是残疾，郤克是瘸子，季孙行父是秃子，孙良夫是独眼龙，公子首是罗锅。为了使接见的场面更具娱乐氛围，齐顷公的母亲萧同叔子故意找了四位与使者一样的接待人员，跛脚的引导瘸子郤克，光头的接待秃子季孙行父，瞎了一只眼的陪在独眼龙孙良夫左右，驼背的带领着罗锅子公子首。结果，因恶搞残疾人而引发了一场国际大战。

类似的故事在《东周列国记》《战国策》等书中有大量记载。同样，西方社会和现代社会也有不少类似例子。

例1　17世纪中期因一把小扇子引发的殖民战争

一次，法国领事拜会阿尔及利亚总督，总督要该领事转告法国政府尽快偿还以前欠阿尔及利亚的大批债务，但这个领事千方百计搜寻各种借口进行狡辩，试图彻底否定债务和法国现政府的关系；为此，暴躁的总督顺手拿起一把扇子朝领事脸上打去，致使这次会见不欢而散。三年后，做好了战争准备的法国政府旧话重提，以法国的国家代表受到了不能容忍的侮辱为借口对阿尔及利亚发动大规模军事入侵。

例2　20世纪中期因踢球而引发的足球战争

1969年6月，萨尔瓦多和洪都拉斯为了进军墨西哥参加第九届世界杯而在三战两胜的比赛中大出风头：6月8日洪都拉斯队凭借主场之利以1:0先胜一场，洪都拉斯举国庆贺，萨尔瓦多队的队员则在一片羞辱声中灰溜溜地回国；6月15日萨尔瓦多队在主场以3:0重创洪都拉斯队，并同样以羞辱的方式回敬洪都拉斯的球员。两国马上卷入一场口诛笔伐之中，球迷互相指责谩骂，甚至连新闻媒体也是骂声不断，最后两国首脑也开始义愤填膺。1969年6月24日，民愤实在难平的两国终于爆发了一场战争，结果两败俱伤，共有2000多人死在这场由足球比赛引发的战争中。

在漫长的诉讼中破产

1. 缘起：影星莉莉的破产

《绯闻女孩》中 S 母亲莉莉（Lily）的扮演者凯莉·卢瑟福和前夫为争夺孩子抚养权打起旷日持久的官司，凯莉不仅将拍《绯闻女孩》的全部片酬搭了进去，而且还负债累累，现在已经正式申请破产。据悉，她已花费了近 100 万美元的诉讼费，其中包括支付给一位出庭接受咨询的心理学家的 21000 美元、起诉费用 46792 美元、首席律师的报酬 202829 美元以及另一位临床儿童心理学家的报酬 67856 美元。媒体得到的法庭文件显示，凯莉现有的个人资产只有 24000 美元，而她的负债却高达 200 万美元。与此同时，凯莉现在每个月只挣得 1200 美元，只能寄居在朋友的公寓。凯莉称其已经"花掉了每一个子儿。所有《绯闻女孩》的片酬、养老金、股票都被用于这场为了孩子的战争"。

这个故事说明了什么呢？它揭示了博弈过程中存在收益消耗。实际上，打官司的过程也就是一个讨价还价的博弈过程，而博弈往往是要付出成本的：博弈的时间越长、规模越大，付出的成本就越高。这样，一个零和或正和博弈往往就会转变为一个负和博弈，从而导致博弈双方的共同损失。狄更斯在《荒凉山庄》中就描述了这样的极端情形：围绕贾恩迪斯山庄展开的争执变得没完没了，最后整笔遗产正好全数支付有关的法律诉讼费用，而争执双方由于互不相让什么也没有得到。现实生活中也有大量的类似现象，劳资双方因纠纷而发生的罢工，拖得时间越长，对双方的损害就越大；国家间的贸易诉讼中，漫长的谈判也会丧失自由贸易和产业分工的好处。

2. 消耗战博弈的分析

上述现象也对应着一个重要的博弈类型：消耗战博弈（War of Attrition）。消耗战博弈是一种加入了时间因素的博弈：两个博弈方为了一定利益而斗争，其中最先放弃者将会一无所有，坚持到最后的则会获得战利品。随着时间的推移，双方都得为继续斗争而付出额外的代价。显然，在这种博弈结构中，每增加一次博弈都将耗费时间、精力、金钱等成本，为此，博弈各方都希望尽早达成协议。比如一个热天，两个人抢一块冰。如果其中一人先放手，这块冰就归另一个人；如果两个人同时放手，那么两个人平分这块冰。同时，这块冰每分钟融化五分之一，五分钟后这块冰就不存在了。那么，这两个人会如何行动呢？我们假设博弈可以分五个阶段进行，每个阶段一分钟，因而该博弈的扩展型博弈树如图3-7所示：

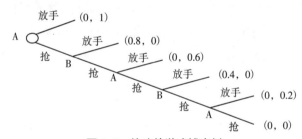

图3-7　抢冰块游戏博弈树

当然，在大多数博弈情境中，金钱、时间和精力对不同博弈方具有不同的意义，这反映了博弈方的行动成本是不同的。例如，当两个人通过排队购买紧缺商品（球票、纪念币、紧缺物资或其他免费商品）时，就需要考虑两人的机会成本，这种机会成本主要体现在时间工资收入上。一般来说，时间工资收入越高，通过排队获取同一价值物品的成本也越高，越不会去争夺这种商品。正因如此，我们常常看到，大量的农民工在火车站通宵排队买票，体育馆或演唱会门后通过排队买票的往往是没有收入来源的学生。那么，行动成本的差异会对博弈结局和收益分配产生何种影响呢？

关于收益在博弈中耗损的例子非常多。《吕氏春秋·当务》中就记载了这样的故事：齐国有好勇者，其中一人住城东，另一人住城西。突然相遇在路上，说："一起喝酒吧？"喝过几巡，又说："吃肉吧？"一人说："你是肉，我也是肉，还找什么肉呢？只要有豉酱就行了。"于是抽刀而互相割肉吃，至死而止。为此《吕氏春秋》评论说，这样的勇还不如无勇。

3. 因诉讼而破产的其他案例

当今社会，美国的法制非常发达，并造就了大批法学天才，美国占世界5%的人口，却拥有70%的律师。然而，正因如此，一个非常小的摩擦就要上法庭，结果漫长的诉讼损害了双方利益。受欧美文化的影响，诉讼造成的财产损失在中国社会也逐渐凸显，这里举几例加以说明。

例 1 曼龙公司是浙江东阳的一家年产值近亿元的企业，丈夫阿龙是董事长，妻子阿芳是财务总监，儿子小龙是公司副总经理，分别持有公司40%、30%、30%的股权。2002年10月，阿龙提起离婚诉讼，不但要求与阿芳离婚，而且要求对曼龙公司的资产按夫妻共同财产进行分配。同时，阿龙还申请对曼龙公司的全部财产进行查封的财产保全，同时限制了所有债务人向公司清偿债务，并查封了公司财务账册。结果，由于离婚诉讼漫长，公司资产账户被查封不能解冻，造成公司无法正常运作，一家昔日的明星企业已变得破败不堪。目前，联通公司欠公司的近3000万元货款也不能收回，而公司本身所欠的债务已达2000余万元，80%的债权人均已起诉曼龙公司索要欠款，现在企业信誉尽失，濒临倒闭！

例 2 香港商人陈振聪为了争取龚如心近千亿港元的遗产，不惜与华懋慈善基金对簿公堂，花了近四年时间却于2011年终极败诉，遭律政司、华懋慈善基金及遗产管理人三方追近3亿元诉讼费，连同陈振聪本身所花的逾1亿元的官司费，这桩争产案已"烧去"4亿元。同时，陈振聪先后把名下楠桦居地皮、威豪阁等四个物业出售套现5.2亿元用来还债，尚欠华懋慈善基金、遗产管理人及税款尾数共1.65亿元，更惹来税务局追讨3.4亿元利得税及物业税。在争产案终结后，陈振聪还须面对华懋慈善基金入禀讨回逾20亿元"风水费"的官司，这宗官司仍在香港高院排期审理。同样，龚如心与家翁王廷歆争夺亡夫王德辉遗产案从2001年8月6日持续到2005年9月16日，香港终审法院五名法官裁定王德辉于1990年3月12日所立的遗嘱为王德辉生前的最后遗嘱，龚如心可保留王德辉逾400亿港元的遗产，这桩官司的律师费高达 2 亿港元。

例 3 2003 年 12 月 30 日梅艳芳因子宫颈癌辞世，留下了总价值 6800 万港元的遗产，其中包括六处物业和 300 多万港元的现金。但在 2003 年 12 月 3 日签署的一份遗嘱中，梅艳芳只在遗产内给母亲覃美金每月 7 万港元以确保其优质生活，给兄长梅德明及已故胞姐梅爱芳的四名子女共 170 万港元以作为大学学费，而将大部分财产留给好友刘培基和妙境佛学会。2004 年 3 月 1 日，79 岁的梅母覃美金正式控告梅艳芳的遗产托管人，要求法院宣布梅艳芳生前所立遗嘱无效，由直系亲属继承全部遗产。但 2008 年 6 月 16 日，香港高等法院判决梅艳芳 2003 年 12 月订立的遗嘱完全有效，梅母以败诉收场，并因付不出数百万元的律师费而宣告破产。梅母的争产官司让她与遗产基金会两败俱伤，基金会 2008 年起就开始捉襟见肘、付不出钱，2012 年 7 月至 2013 年 5 月，让梅妈"断粮"10 个月没钱拿，使得她积欠租金数十万元。

低效的商业布局困境

1. 缘起：竞争厂商的无效凑集

在日常生活中有一些大多数人熟视无睹的社会经济现象。例如，大大小小的城市往往都存在一些繁荣的商业中心区，市中心街道上往往是楼宇密集、商店毗邻，而其他地段往往比较冷僻，人们购买物品要辗转到市中心。在这些繁华地区，同类型而又相互竞争的商家往往会聚集在比较近的地方，比如麦当劳与肯德基、百事可乐与可口可乐、华联超市与联华超市、国美和苏宁等总是开在一起。事实上，如果这些相似品牌的厂家将地址分散开来，无疑会更加方便消费者，从而也可以增进社会福利。那么，这些竞争厂商为什么要凑集在一起呢？在很大程度上，这是相互竞争的厂商为争取更多消费者进行竞争互动所产生的必然结果。

2. 厂商凑集的博弈分析

为了说明这一点，现假设在一条大街上流动着均匀分布的消费者，麦当劳和肯德基两家快餐公司计划在该大街上开设店面，同时假设，消费者对这两种快餐的口味是无差异的，他们对就餐公司的选择取决于交通成本，而交通成本与到达公司的路程成比例。那么，这两家快餐公司究竟该如何选址呢？

我们将大街简化成图 3-8。显然，如果两家快餐公司分别设在大街 1/4 的 A 处和 3/4 的 B 处，这样的布局是最合理的，此时两家快餐公司各分享一半的消费者，而消费者剩余达到最大（所花成本最小）。但是，两家快餐公司遵循主流博弈思维，都只关心自己的生意最大化并基于个人理性原则行为，而不关心消费者福利，那么，这种分散布局就不是最好的。事实上，此时，麦当劳只要从 1/4 处稍微向右移动一下，譬如从 A 到 A′，那么它招徕到的消费者就会增加。究其原因，其左边的消费者并没有丧失，而来自右边的消费者增加了，因为是 A′B 的中间点 O′ 而不是点 O 右侧的消费者都成了麦当劳的客户，其中 O′O 这部分生意是从肯德基中夺取的。

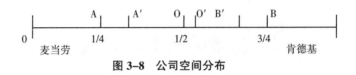

图 3-8　公司空间分布

进一步地，如果肯德基不动的话，麦当劳可以向右移动一直到靠近 3/4 的 B 处，此时，B 处左侧的消费者就都成了麦当劳的客户，此时麦当劳的收益最大化。当然，肯德基是不会坐视利益受侵蚀而不管的，如果麦当劳开到了靠近 3/4 的 B 处，那么，肯德基就会将店开在麦当劳的左边，从而 B 处左侧的消费者就都成了肯德基的客户。相应地，麦当劳又会开设在肯德基的左侧，如此往复，就会造成两者的选址又开始向左移动。这样的移动一直到中间点 O 处，此时，无论麦当劳还是肯德基都无法通过改变店址来获得更多的客户，从而就形成了稳定的均衡。麦当劳和肯德基集中到中间点的现象也就是基于个人理性原则进行互动的必然结果，这也被称为"最小差别原则"。

3. 普遍存在的趋同现象

这种趋同现象非常普遍。例如，中国各大学都在搞大而全，有学者就说："我国大学具有一样的发展目标、一样的价值取向、一样的管理体制、一样的培养目标和模式、一样的科研导向。"同样，经济学各专业都在搞数理模型和计量实证，都在使用新古典经济学的分析框架，都将精力放在"三高"（高级微观经济学、高级宏观经济学、高级计量经济学）课程上。在日常生活中，我们也可以看到，为了吸引客户，菜商基于个人理性原则往往会努力地抢占其他菜商的前面位置，互动的结果就是摊主最后都集中到条件允许的最前位置。表现为：摊位往往会抢占菜市场门口的位置，甚至离开原先规定的固定位置而挪到马路边、大门口，从而形成了菜市场里拥挤或堵塞的现状，这种拥堵现象严重损害了社会福利。

在很大程度上，这种凑集现象都是基于个人理性原则进行互动的结果，但最终却毁掉了该行业、该领域的长期发展。例如，多元化的专业设计显然对中国大学的成长和公民素质的培育更有利，多元化的课程设计显然更有助于推动经济学科的发展。同样，上述菜摊向门口和路边的迁移也并不利于菜贩，因为上述的分析是高度简化的，主要以蔬菜同质和人们的效用取决于交通成本（挤菜场的成本）为假设前提。但在实际生活中，多少顾客会不假思索地购买第一位菜商的蔬菜呢？事实上，由于蔬菜的品质差异以及价格信息的不完全性，人们去菜市场买菜往往会从前向后地多询问几家菜商的蔬菜种类及价格，如果发现位置靠后菜商中有的价格更低，那么，他显然就不可能回头买前面菜商的物品。而且，即使后面菜商的价格与前面菜商差不多甚至还要高一些，人们往往还是不会回头到前面菜商那儿购买。这里涉及人的心理成本：因为刚才询问了而没有购买，现在再"吃回头草"就多了一种心理负效用。此外，即使商品是同质的以及信息是确定的，人们往往也不会购买最前一位摊商的高价产品，因为公平心往往使人们愿意付出额外交通成本来惩罚那些投机取巧者。

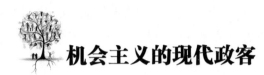

机会主义的现代政客

1. 缘起：政党政纲的趋同

与经济领域中的商业选址布局凑集现象相对应，政治领域也存在政党政纲趋同现象，即左右两翼政党采取向中间靠拢的政策和路线，从而使政党之间的政策分歧减小，趋向同一化。

例如，在美国，1992 年上台的民主党总统克林顿继续了 1980 年共和党总统里根政府推行的新保守主义经济政策，2000 年共和党总统布什执政初期也在政治经济外交方面继承克林顿。事实上，过去共和党的票仓主要来自金融利益集团等上层社会，民主党的票仓则主要来自中产阶级和贫民等下层社会，但现在，这种界限的划分已经越来越模糊，越来越多的金融巨头开始加盟民主党，同样，共和党也开始争取工人和农民的支持。

在英国，1979 年上台的保守党领袖撒切尔夫人继续并在其后长达 18 年的执政时期坚持执行 20 世纪 50 年代工党建立起来的国家福利制度，1997 年以"新工党，新英国"为口号上台的布莱尔则接受了保守党提倡的自由经济原则，将其与公平、社会同情、社会意识等传统价值观念结合，走"第三条道路"。

2. 政治空间和投票理论

其实，同业凑集现象最早是斯坦福大学教授霍特林（H.Hotelling）在政治领域的研究中提出的，他用政治空间理论来阐述选举中的中间选民而导致的政党政纲趋同现象。其解释机理在于：如果把政党或候选人的行为等同于公司的行为：政党的目的是吸引最大多数的选票，把投票者的行为等同于消费者行为：投票者将选择那些在重大问题上与其个人立场最为接近的政党。那么，将这种分析用到政治选举当中，这时的大街就成了政治空间，地理的凑集成了政纲的中间化。为此，霍特林（H.Hotelling）写道："民主党与共和党争取选票的竞争并未造成两党在议题主张上，亦即在选民可能选择的两种明显对立的主张中间形成清晰的分野。实际上，每一政党都尽可能地使本党竞选纲领与对方的相似。民主党曾经反对保护关税，现在逐渐改变了立场，其主张不是完全但也几乎与共和党一致了。对狂热的自由贸易主义者也不必担心，因为他们宁愿支持民主党而不是共和党，而长期坚持高额关税政策的共和党则将从一些贸易集团那里获得资金和选票。"[1]

后来，史密西斯又进一步发展了霍特林的思想，并将之用于政治行为分析。史密西斯认为，选民从自身利益最大化出发，总是倾向于给与自己立场接近的政党投票。如果政党的立场偏离自己的立场越大，他不投这个政党票的可能性越大，这也被称作疏远效应；如果两个政党的立场越接近，选民的选择余地越小，投票的积极性越低，这又被称作无差别效应。因此，政治空间概念在投票人行为理论中居核心地位，相应地，投票人行为理论也被称为"投票空间理论"（Spatial Voting Theory），这里作一阐述。

我们把所有可能的政策偏好用从左到右的一维连续变化图形表示，这就是政治空间；并假设，每个人都能在该政治空间内找到自己的政策偏好。如图 3-9 所示，支持平等的被称为左派，主张等级制的则被称为右派。图 3-9 的政治空间就涵盖了从极端左派到极端右派的整个范围，而 A、B、C 三点就分别显示了三种对平等程度分别为 25%、50%、75% 的个人政策偏好。当然，

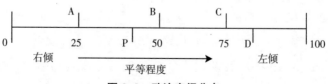

图 3-9　政治空间分布

---

[1] Hotelling H., 1929, Stability in Competition. Economic Journal, 39: 41-57.

单个确定点往往难以说明人的左、右倾向，只有通过比较才能显示，如图 3-9 所示中 A 比 B 更右些。

在选举中，选民就依据各党派在政治空间中的位置进行评估。在图 3-9 中，如果共和党 P 倡导 40% 的平等度，而民主党 D 倡导 80% 的平等度，那么，选民就会比较他们与所有政党的政策偏好，并最终决定把选票投给政策偏好与他们最相近的政党。如图 3-9 所示，A 将投票给政党 P，而 C 将投票给政党 D。如果每个选民的最优政策周围的偏好是对称的话，那么他们就会投票给与其政策偏好距离最近的政党。

在两党制下，选民会投票给与其政策偏好最相近的政党，因而多数通过规则有利于中间选民。当然，也可能出现一些复杂的情况，因为最左或最右的选民可能放弃，甚至支持第三党。同时，很多选票也确实都分布在两边，而极少分布在中间。例如，小布什时期的美国就存在喜欢布什和憎恨布什两派，中国台湾地区也长期存在党派对立。而在多党制下，选民也会积极促使最偏好的政党上台，而且，一旦他最偏好的政党不可能赢得大选，他就会考虑投票给另一个政党而阻止他最不偏好的政党上台。

3. 中间选民定理和政策收敛

霍特林首先把中位数定理与两党代议民主制结果联系起来，后来唐斯（A.Downs）作了发展，形成了霍特林—唐斯模型。该模型把政治观点描述为只处于一维状态，仅仅考虑 X，并假设，选民存在一个最偏好的政策 X^*，并且偏好是单峰的，也就是说，在选民最偏好的政策和实际执行的政策的距离之间，选民的效用是单调递减的。

首先，考虑选民的偏好频度分布对称的情况。在中间位置上，也就是在 X^* 上，一半选民的政策偏好在其左边，一半选民的偏好在其右边，具有个人偏好的选民数量是可以按照一定的频率分配来进行加总的，而且假设这种分配是由所有的候选人来分配的，并且所有的选民都进行投票。

例如，在图 3-10 中，假设有两个候选人（或政党）的位置分别为 L（左倾）、R（右倾），而 X 是 L 和 R 中间位置上的一点，也就是说，这一点到它们的距离是等距的。那么，在上述有关偏好和所有选民都参加选举的假设条件下，位置为 L 的政党 P_L 获得 X 点左边所有选民的支持，位置为 R 的政党

P_R获得 X 点右边所有选民的支持。显然，由于相对于是 L 和 R 而言的中间点 X 位于中位点 M 的左边，因而政党 P_R 赢得选举。不过，如果政党可以随时调整它们的政策，这就不是一个均衡。

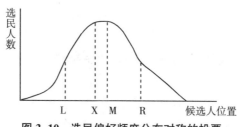

图 3-10　选民偏好频度分布对称的投票

　　事实上，如果政党仅仅关注是否能够赢得选举，那么，左翼政党 P_L 就会把它们的位置 L 向右移动（这就是说，"入侵对手的领地"），这样移动中间点 X 靠近中位点 M，从而就可以赢得选举。这意味着，通过机会主义政党对选举的竞争，它们的位置将越来越靠近中心位置，更准确地说是中位点 M，即中间选民偏好的位置。达到均衡时，将可以获得 L 和 R 对中位点 M 的收敛，这就是两党竞争下的中间选民结果，符合最小差别原则。所谓中间选民，就是那些既不坚持左倾观点也不坚持右倾观点的人。因此，向中间投票者靠拢，可以使政党或候选人在竞争中最大限度地得到投票者的支持。

　　其次，考虑选民的偏好频度分布不对称的情况。事实上，只要选民的偏好频度分布不对称，中位数选民定理就会被推翻。只要选民的偏好是单峰的，且选民投票存在疏远效应，这种情况下，候选人的政策将会收敛到新的均衡——众数。

　　例如，在图 3-11 中，如果两个候选人开始处于中位数 M 处，那么，当候选人 L 向左移动到点 X 时，就会降低处于 M 右侧阴影区的选民给他投票的概率，却同等程度地提高了处于 X 左侧的选民给他投票的概率，同时，由于 X 左侧区域的选民人数比 M 右侧区域的选民更多，那么选民的疏远效应将导致向众数 X 移动的净效果提高候选人的预期票数。

　　事实上，政治人物往往可分为两种：①持有不同于其他党派或候选人的政治目标，这被称为派系主义者；②主要目标是为了掌权执政而追求选票最大化，这通常被称为机会主义者或谋求职权者。派系主义者与机会主义者之

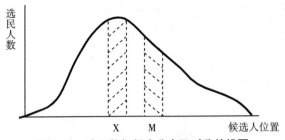

图 3-11　选民偏好频度分布不对称的投票

间的差异主要表现为：①事前异质性，意味各自政策偏好的差异；②事后异质性，意味着政治利益分肥的冲突。当然，政策的贯彻也以获得政权为前提，在中间选民定理的影响下，派系主义者就逐渐转化为机会主义者，并倾向于提出一些为中间选民所接受的政策。因此，中间选民定理最终导致政党政策的收敛和政治人物的机会主义化。

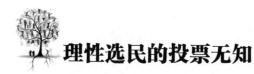 **理性选民的投票无知**

1. 缘起：逐年下降的投票率

尽管现代民主制度赋予了公民几年一次改变政治的选举权利，每个人一生也只有十几次的投票机会，但是，在如今的西方民主国家中，选民的投票积极性非常低，投票率更是在逐年下降。例如，在美国，凡年满18周岁的美国公民都有投票资格。根据2010年的美国人口普查结果，美国总人口为3.08亿，其中，年满18周岁的占76%，大约拥有2.3亿的合法选民。但是，2008年美国总统大选的"登记选民"总数却只有大约1.3亿人。也就是说，至少有35%或者说7千万符合选民资格的美国人，根本就不去登记为选民，根本不去参加各类政治选举。

同时，在美国的政治选举中，美国总统选举的投票率是最高的，国会选举的投票率低于总统选举，国会中期改选的投票率更低，但是，美国总统选举的投票率一直维持在50%~60%，而每次选举中两党候选人的支持率也是非常接近的。也就是说，每次总统选举，在全体符合选民条件的美国人之中，至少有35%是从来不会参加选举的，而在这65%的参加选举的"登记选民"中，至少又有40%的选民不去投票。在西方国家中，美国的投票率已经排到20名之外了。

那么，西方社会的投票率为何如此之低而且还呈现出越来越低的趋势？在很大程度上，就在于选民对政治失望及其功利主义观，这是选民基于个人理性原则而行动的必然结果。

2. 理性选民的投票无知假说

唐斯提出一个理性选民假说：选民在候选人之间做出选择时，面临着的是源自每个候选人政策承诺的"效用流"，投票只不过是一种纯粹的工具性行为，目的是通过参与政治获得预期效用最大化。

一般认为，选民是否会选择投票将会考虑以下几个因素：①P＝选民投票对竞选结果产生重大影响的可能性，如两个候选人势均力敌时更倾向于投票；显然，0≤P≤1，它与选民数目大小成负相关关系，同时，竞选越重视每个选民的观点，P 就越大。②B＝选民由于他所偏好的政党击败他厌恶的政党所获得的福利增进，如果两个政党是无差异的，就可能造成投票率不高。③D＝选民因参与竞选而得到的个人满足，例如，对民主权利的珍惜，对公共事务的关怀等。④C＝投票的成本，主要是指收集候选人信息、政党政纲等方面的信息所耗费的时间、精力和费用支出。因此，选民进行投票的预期效用函数就可表示为：R＝P×B＋D－C。相应地，只有在 P×B＋D－C＞0 时，选民才会投票。

当然，上述数据资料是很难估算的：①选民对大选产生的可能影响 P 与大选结果的相近程度相关，并且选民还以另一对立政党中选对结果的影响来衡量 P；②选民最中意的政党上台能给他带来多大福利改进 B，主要看选民认为什么事项重要及他赋予各事项的重要性有多大以及在这些事项上他对哪个政党期望最高；③选民得自投票过程的个人满足 D 往往可通过对选民对于竞选能维护民主的信任度而得到，这与一个社会对民主的认识有关；④选民的个人成本 C 的数据往往非常难以获得。因此，上述公式也只是一个形象化的反映。

在现实生活中，选民很有可能会选择弃权，这取决于如下几方面的原因：

首先，就 B 而言，可能会产生投票的无差异性。一方面，如果两个政党的政纲非常接近的话，这意味着 B＝0，选民就会对投票漠不关心（这是积极的冷淡），不过，如果 D 足够大，也会选择投票。另一方面，如果选民偏好的位置离共同的政纲太远的话，选民会感到比较疏远，从而会选择不投票。此外，选民的偏好十分强烈时，即使各个政党的政策不同，也会对民主制度失去信心，因为在 $D=0$ 的情况下，只有当 $P \times B - C > 0$，才可能投票，而在一个大的集体中 P 总是很小的（这是消极的冷淡）。

其次，就 P 而言，也可能打消投票的积极性。假设选民投票的利益是从两个候选人的政策中产生的预期效用差额 B，那么，只有当所有其他选民的选票平均地分给两个候选人，或者，如果一个人不投票，一个人所偏爱的候选人将因一票而失败时，一个人的选票才会对选举结果产生影响。我们分别将两种事件的概率定为 P_1、P_2。如果一个人偏爱的候选人有 50% 的最终获胜机会，那么单个选民的选票将有助于产生他所偏爱的候选人胜利的概率为 $P = P_1 + 1/2 \times P_2$。因此，来自投票的预期收益为 PB。

P 是一个主观概率，取决于选民预期选举怎样势均力敌。令 π 为选民预期他所偏爱的候选人将得到的选票数的百分比，即任何选民把选票投向这个候选人的概率，那么，就有：$P = \dfrac{3e^{-2(N-1)(\pi - \frac{1}{2})^2}}{2\sqrt{2\pi(N-1)}}$。显然，随着 N 增加和 π 对 1/2 偏离，P 将下降。即使 $\pi = 1/2$，当有 1 亿个选民时，单一票决定选举的概率也只有 0.00006。如果投票具有某种成本，那么预期从选民所偏爱的候选人获胜得到的利益必须大到足以使选民的计算产生某种预期收益，即 $PB - C > 0$，选民才去投票。实际上，即使仅仅考虑选民到投票站返回可能被汽车轧伤的概率以及轧伤比所偏爱的候选人失败更为糟糕，也足以打消选民投票的念头。

3. 投票率逐年下降的原因

西方社会中投票率的下降，主要原因不在于选民对投票的成本更加关注，而在于选举的实质已经发生了改变：选举并不代表政策的真正转变，而是一个政客的选举游戏，即使新的领导人上台，他也很难兑现其选举时的承诺。例如，1958 年被调查的 73% 的美国人认为他们"大多数时候"或"差不多总是"相信联邦政府是尽职的，而到 1994 年这一数字降到了 15%。相应地，那些"从未"或"仅仅有时候"信任政府的人从 1958 年的 23% 上升到了 1995 年的 71%~85%。表 3-1 就反映了美国公民对政府的信任度状况。

表 3-1 公众对美国政府的信任度指数

年份	1958	1964	1966	1968	1970	1972	1974	1976	1978
PDI[a]	50	55	34	25	9	8	−26	−30	−39

　　显然，正是由于选民对政党、政客乃至政府的信任度都在下降，从而加剧了现代社会中的不投票现象。事实上，出席投票的比率从 1960 年占注册选民的 63%下降到 20 世纪 80 年代的 53%。这意味着，在至少两亿符合选民资格的美国人之中，那些投票支持共和党候选人或民主党候选人的选民只占了20%左右，而其余 60%符合选民条件的美国人，或者压根儿就不去登记为选民，或者成为了"登记选民"也不投票。这也意味着，历届美国政府实际上都是少数政府，其政策都只是体现了少数人的利益诉求。

如此乏味的现代生活

1. 缘起：扎堆的综艺节目

当前中国电视的综艺节目扎堆，而且推出的节目类型往往雷同。前几年的综艺节目大多是全民娱乐性的，包括《快乐大本营》《天天向上》《非常了得》《一站到底》《年代秀》《男生女生向前冲》《男左女右》《今晚80后脱口秀》《饭没了秀》《郭的秀》《壹周立波秀》《今夜有戏》等，后来交友类节目开始大量出现，如《我们约会吧》《非诚勿扰》《相约星期六》《爱情连连看》《转身遇到TA》《幸福晚点名》《幸福来敲门》《百里挑一》《时刻准备着》，同时，求职类节目也不少，如《职来职往》《非你莫属》《脱颖而出》《步步为赢》《超级面试》《天生我才》《就等你来》《花落谁家》《中国职场好榜样》《这会儿不上班》《上班这点事儿》《老板是怎样炼成的》等。

这些节目之所以大肆泛滥，就在于商业主义社会中要获得收益，节目就必须迎合平庸的社会多数人。美国学者波兹曼（N. Postman）在《娱乐至死》一书中指出，后现代社会的文化是一个娱乐化的时代，电视和电脑正在代替印刷机，文化的严谨、思想性和深刻性正让位于娱乐和简单快感。于是，在中国，芙蓉姐姐、流氓燕以及凤姐们就成为各电视节目的嘉宾，并通过电视而成为社会大众的谈资。同时，随着这类娱乐类、速配类真人秀等节目的层出不穷，这些节目呈现出明显的"同质化"趋势，从而竞争开始加剧，于是，为想尽办法吸引受众眼球，一些节目也日益"低俗化"，包括各种性暗示、人身攻击以及物欲主义的导向。

随着"禁播令"的出台，一些综艺节目被迫进行转型，于是新型的选秀类节目开始遍地开花，如《我要上春晚》《百变大咖秀》《中国梦想秀》《中国达人秀》《舞出我人生》《奇舞飞扬》《舞林争霸》《势不可挡》《芒果训练营》《中国星跳跃》《星跳水立方》《舞林大会》《舞动奇迹》等。其中，这类选秀节目大多又集中在歌唱方面，如《中国好声音》《我是歌手》《我为歌狂》《声动亚洲》《中国梦之声》《我爱记歌词》《快乐女声》《快乐男声》《中国新声代》《天下无双》《我的中国星》《妈妈咪呀》《女人如歌》《歌声传奇》《天下无双》。同时，这些节目基本上都是引进国际上的流行模式，如《中国好声音》《我是歌手》《中国最强音》《中国梦之声》等都是引入海外综艺节目模式。由于这些节目的成功，2013年被业内人士形容为"海外综艺节目模式引进井喷年"，据估计，有近30档国外购买版权季播综艺节目。

2. 节目同质化的原因

事实上，在当代商业社会中，不仅电视节目如此，其他领域都存在类似现象。例如，同一城市的两家航空公司开辟同一航线的航班时，往往将起飞时刻安排在一起。再如，中国城市呈现出明显的同质化倾向，几乎是千篇一律的钢筋混凝土筒子楼、四方玻璃楼、宽阔的马路和超级购物广场。同样，在当前中国的经济学教育中，大多数财经院校几乎只教授新古典经济学的理论，基于新古典经济学框架的微观经济学、宏观经济学和计量经济学几乎成为当前经济学子所能得到的主要乃至唯一课程。究其原因，在商业社会中，企业追求的是最大限度的利益，相应地，它的目标客户群是那些具有相似偏好的多数人。显然，这一社会现象体现了市场竞争的无效性，同时也解释了现代生活的平淡化。霍特林就感叹，"我们的城市大得毫无经济效益，其中的商业区也太集中。卫理公会和基督教长老的教堂剪纸一模一样；苹果酒也是一个味道。"

那么，为何会出现这种节目扎堆现象呢？根本上就在于商业社会中电视台短视的功利行为，为了争夺遥控器的控制权，为了占领现实市场，就努力挖掘能够吸引眼球的捷径。英国当代思想家伊格尔顿（T.Eagleton）就写道：在商业社会中，大多数媒体都尽可能回避那些艰巨、具有争议或是创造性的工作，因为这些会妨碍媒体盈利，而是满足于推出各种陈词滥调和哗众取宠的节目。正是当媒体试图以最小的成本在最短时间内劫掠最大一片市场的时候，流行就变成了粗俗的代名词，而这种企图背后的主要动机就是商业利益。显然，在国外已经相对成熟的节目或模式往往更容易获得认可，更缺少不确定性。尤其是《中国好声音》的成功，更是让各家卫视看到了引进带来的前景。因此，随后新开播的综艺节目如《我是歌手》《妈妈咪呀》等几乎全是引自国外，同时为了吸引眼球，这些新节目往往还加一个前缀形容词"引进自国外版权"。例如，浙江卫视的交友节目《转身遇到 TA》是美国 *The Choice* 的原版再现，男生坐转椅，盲选女生。导演俞杭英在开播的新闻发布会上就一再表示，只有《转身遇到 TA》才是同类节目的正牌，引进了美国原版版权，就连节目中的四把椅子都是从美国空运而来，是 *The Choice* 中用过的，光运费就接近百万元。

不可否定，近期歌唱类综艺节目比以前那些日益庸俗和低俗化的综艺节目有了不少的改进，有一些也具有某种励志效应。但是，这类节目的"井喷"还是呈现出明显的同质化和媚俗化的倾向，缺乏多样化和创造性。显然，同类东西一多，很快就会造成观众的审美疲劳，各节目也开始制造各种噱头以吸引观众。2013 年 6 月《中国青年报》社会调查中心发起的一项题为"你喜欢看歌唱类节目吗"的调查就显示，58.3% 的受访者表示喜欢看现在的歌唱类节目，但也有不少受访者意识到了问题的存在：64.7% 的认为歌唱类节目数量太多，44.0% 的认为存在"节目形式同质化严重"，38.7% 的认为"创意以模仿为主，原创节目太少"，31.6% 的认为"广告植入泛滥"等。而相似节目通常都是放在周末的黄金时段，如《中国最强音》与《中国梦之声》《中国星跳跃》与《星跳水立方》等，从而进一步造成同质竞争。

3. 同质化引发的恶性竞争

由于产品的同质化，为了凸显特色吸引顾客，往往就会导致竞争过度。事实上，任何两个同类产品的广告都是如影随形，如可口可乐和百事可乐、加多宝和王老吉、蒙牛和伊利、国美和苏宁、康师傅和统一。究其原因，两者广告是互相影响：如果其中一个企业的广告较被顾客接受则会夺取对方的部分收入，但如果两者同时期发出质量类似的广告，收入增加很少但成本增加。而且，在现实中，两个互相竞争的公司达成合作协议也是极为困难的，因为都会担心如果对方突然背叛而使自己损失惨重，因而双方就会大量投放广告，从而造成资源的极大浪费。

例如，加多宝一年的广告费就超过 10 亿元，先是以 6000 万元的独家冠名费押宝《中国好声音》第一季，在取得了巨大的品牌效果和业内反响后又以 2 亿元的天价再次摘走了《中国好声音》第二季的独家冠名权。王老吉也将开展一系列大手笔的广告营销投入，这其中包括准备独家冠名央视三套王小丫主持的《开门大吉》，同时还锁定湖南卫视年底的三台重磅压轴大戏：明星跨年演唱会、元宵喜乐会、春节联欢晚会。显然，这种竞争也是一个"囚徒困境"，如图 3-12 所示的博弈矩阵，（增加广告，增加广告）就是唯一的纳什均衡。

王老吉	加多宝		
		减少广告	增加广告
	减少广告	10, 10	0, 20
	增加广告	20, 0	5, 5

图 3-12　王老吉—加多宝的广告战

沉默螺旋和单向度社会

1. 缘起：日益遭受忽视的少数

德国女传播学家伊丽莎白·诺尔–纽曼（Elisabeth Noelle-Neumann）提出一个"沉默的螺旋"理论：如果一个人感到他的意见是少数的，他往往就会保持沉默，以免表达出来后受到多数人的报复和孤立。这在政治领域就表现为：要么成为同流合污的政客，要么成为"退而独善其身"的隐士；在学术界则表现为：热衷于所谓的主流学术，否则就成为学术的边缘者。尤其是在现代社会，人们往往只能借助于媒体来观察社会大众的观点和偏好，因而媒体在政治倾向和学术偏好上就起到很大作用，它决定了社会主流思潮。相应地，无论是政客还是"伪学者"都倾向于加强与媒体的联系，通过媒体来传播自

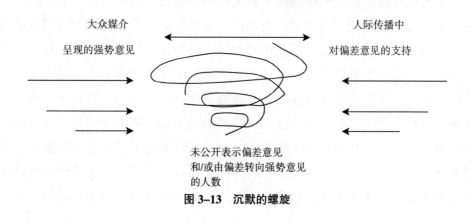

图 3–13　沉默的螺旋

己的观点和展示自己的影响力。同时，当一个人感到自己的观点正在为大众所接受时，他就更善于和勇于表达自己的观点，从而导致大众化的主流意见占据媒体；相反，那些持少数意见的人则更难以表达自己的意见，也更不愿意表达自己的观点，从而导致少数意见越来越被忽视。

在很大程度上，正是这种沉默的螺旋导致了学术的单一化和主流化，导致学术缺乏反思和批判，从而使现代学术具有强烈的单向度性。事实上，前文分析的现代社会生活的平淡化取向就主要源于文化的庸俗化，而这又根植于现代市场经济中，是社会商业化和庸俗化民主体制造成的。

2. 单向度的人和社会

法兰克福学派左翼主要代表马尔库塞（Herbert Marcuse）在《单向度人》中就指出，现代文化是一种肯定文化，文化与现实之间的距离消失了，文化成了现存社会秩序和社会观念的复制品，它认可现存制度和现存秩序，使个体灵魂顺从普遍的价值和普遍的存在。现代社会的商品意识和交换原则渗入文化中，充斥于各个角落的电影、电视、报纸、杂志、流行音乐、时髦小说，还有广告、摄影等传播媒介，构成一个庞大的大众文化网络体系。事实上，当年为躲避法西斯而初到美国的法兰克福思想家们就惊异地发现，美洲大陆虽然没有法西斯，却存在一个功能强大的流行文化网络，它对人的控制比法西斯还惨烈，其手段更高明，效果更显著。大众文化充分发挥其无所不在的威力，按照现存秩序的要求，塑造和操纵人们的思想和心理，不停地制造着千人一面的社会主体。

在现代商业社会，平庸的娱乐和无聊的消遣极为惨烈地噬咬着人们的心灵，它以文化的形式告诉人们，现存社会是最好的、最合理的，认同这个社会并接受它的观念就可以得到快乐和幸福。这样，人们的自由意识和批判精神就在不知不觉之中被不断增长的"虚假需求"、不断更新的商品以及维护现实的"肯定文化"所窒息和消除了。伊格尔顿（T.Eagleton）就指出，从前的政治激进分子之所以在 20 世纪七八十年代改变心意，抛弃了原来的主张，并不是因为马克思所批判的那个资本主义现象已经不见了，而是他们强烈地感受到，自己对抗的是一个难以摧毁的体制，最终证明最具有决定性的，并非是资本主义制度带来的美好幻景，而是改变资本主义制度理想的破灭。从根本上说，正是普遍的政治无力感，导致了左翼政治团体的退缩不前，并使马克思主义最终在西方社会失去大众的信任，导致了西方马克思主义的被边缘化。

为此，马尔库塞强调指出，在现代发达工业社会中，整个社会无一例外地只存在单一的价值取向，单一的判断标准，单向度性就是现代社会的内在特性。在马尔库塞那里，"单向度"一词既用来批判发达工业社会，也用来分析现代人。其中心含义是，工具理性、技术控制的发展，使发达工业社会成为现代版本的"普洛克路斯忒斯之床"，在社会的各个方面（无论是经济、政治、思想、文化甚至生活等方面）都只剩下一个向度，即肯定与维护的一个单向度。加尔布雷思（J.K. Galbraith）写道："在我们这个时代，即使是稍有批判精神的任何个人，也有可能被视为一头愤怒的狮子，与周遭的整体心境格格不入。在这个时代，具有各种社会信条和政治信仰的人都在寻求安逸的生活和既定的观点，有争议的人会被看作一种不安定的因素，创新会被当作不稳定的标志。"

与此同时，生活在发达工业社会中的人，也被现代社会这个"普洛克路斯忒斯之床"所标准化、范式化了，丧失了批判与否定的能力，在"舒舒服服、平平稳稳、合理而又民主的不自由"中，成为维护这个社会的工具和奴隶。也就是说，现代发达工业社会使人成为单向度的人，成为缺乏批判和反省的人，对自身和他人的未来漠不关心，对周遭现实毫无批判地接受。之所以如此，就在于发达工业社会能够以自己丰裕的物质条件成功地容纳、化解社会中一切可能存在的否定力量，社会文化也成为"单向度"的，它为适应社会的需要而日益商业化、世俗化、物质化、标准化、大众化。文化一反前工业时代精英文化的那种个性的、理想的、与现实保持距离的以及保持否定限度的特性，而是在技术理性的冲击下，与它曾努力批判的社会同化，由批判的、否定的文化变成肯定的文化。经过商品经济与社会达尔文主义的竞争观念的多番轰炸，发达工业社会的民众几乎丧失了政治革新的热情，而只是被动地接受了这个社会，大多数人对政治的参与主要地见于对生活需要的满足。

最后，"单向度"的人与"单向度"的社会相融合而造成整个社会的一体化，他们接受同样的价值观念，丧失了批判与否定的能力，从思想到行为完全与社会同化。相应地，发达工业社会获得了前所未有的一致性，排除了一切异己，解除了一切反抗，甚至消弭了一切批判与否定的因素。因此，马尔库塞认为，发达资本主义社会实际上是一个极权主义的社会，它压制不同意见和声音，压制人们对现状的否定和批判。发达资本主义社会的极权主义又不同于以往的极权主义，以往的极权主义是采用恐怖和暴力手段，不服从政府和当权者会被投进监狱，遭受迫害，甚至被杀害；现代的极权主义社会则有对立派别和对立意见的存在，但这种对立只不过是表面的对立，如美国的共和党和民主党都不反对资本主义制度，群众的游行示威所反对的也只是政府的一些具体措施而不是社会制度。事实上，在现代发达工业国家，物质财富的丰富使劳工阶层不必为了生存而改变现存制度，从而也就由资本主义的掘墓人变成丧失批判能力和反抗要求的驯民，为现存制度所容纳和同化。

3. 单向度社会的跟随博弈分析

在很大程度上，当前社会的单向度性可以用跟随博弈加以刻画。我们以目前大学中日益盛行的研究生报考和招生为例来说明。随着近年来大学的扩招导致本科生的人数急剧增加，而市场竞争的加剧又使得本科毕业生面临着巨大的就业压力，因而许多学生都试图通过攻读研究生来缓解就业压力和提高就业竞争力，这导致研究生人数逐年上升。其实，研究生顾名思义就要提高研究能力以及未来从事研究行业的，因而并不是所有学生都适合和需要读研究生。而且，一些学生也知道自己并不适合念研究生，未来也不想从事研究工作。但是，由于越来越多的人选择了攻读研究生，就业时也遭到来自研究生学历的越来越大的竞争，因此，为了不使自己显得落伍于主流思潮，他们也会"随大溜"选择去攻读研究生。问题是，当越来越多的人选择攻读研究生的时候，研究生也开始过剩，研究生学历很难为就业增加竞争力。而且，随着研究生规模的增加，研究生教育也逐渐管理粗放化。结果，许多研究生只是在学校里又多待了两年或三年，并没有拓展理论知识和提高科研能力，以致研究生在找工作时遇到更多的困境：年龄已经偏大，没有工作经验，甚至在理论上也没有优势。其博弈如图 3-14 所示矩阵，其中（读研究生，读研究生）就是唯一纳什均衡，从而也是一种单向度的社会状态。

正是由于个人越来越无力，社会越来越单向度化，从而导致现代犬儒主义的勃兴。现代犬儒主义是一种"以不相信来获得合理性"的社会文化形态：

社会潮流		学生 A 选择	
		读研究生	本科工作
	读研究生	1, 1	10, 0
	本科工作	0, 10	5, 5

图 3-14　单向度的升学潮流

不相信都是常态，相信才是病态；相信是因为头脑简单，特容易上当。这种彻底不相信表现在它甚至不相信还能有什么办法改变它所不相信的那个世界，从而就将对现有秩序的不满转化为一种不拒绝的理解，一种不反抗的清醒和一种不认同的接受，这就是人们平时常说的"难得糊涂"。

主流化凸显的现代学术

1. 缘起：吴冠中对中国美术的批判

被国际艺坛认定的 20 世纪现代中国画的代表画家、学贯中西的艺术大师吴冠中老先生 89 岁时还对美术的现状提出批判：①学美术等于殉道，将来的前途、生活都没有保障，只有学画的冲动就像往草上浇开水都浇不死的人才可以学。但是，教育产业化政策下的大学扩招却导致学艺术的学生大量增加，学校多收学生多赚钱而不关心学生的文化素养，当然也就只能培养出工匠而培养不出艺术家。②每个大学都搞综合化，理工科学校都在搞美术学院、艺术学院，结果，老师要评职称，学生要拿文凭，都掏钱在刊物上买版面发作品。③美协和画院机构很庞大，就是一个衙门，养了许多官僚，很多人都跟美术没关系，他们靠国家的钱生存，再拿着这个牌子去抓钱，一些画家则千方百计地与美协官员拉关系，进入美协后努力获得一个头衔，结果，艺术活动就跟妓院一样，以致中国当代美术水准要落后于非洲。

这里，尽管吴冠中针对的对象是美术，却也道出了当前中国学术的普遍困境。

2. 学术的主流化和单向度化

单向度性不仅体现在社会生活领域，也渗透到学术研究之中，表现为现代学术日益丧失了追求理想的学术理念，学术思想越来越同质化。这样，知识分子就逐渐融入社会现实当中，成为芸芸众生中的一员，甚至越来越成为世俗力量的同路人，也就越来越偏离了知识分子的本质，越来越丧失了矫正社会偏颇和防止社会异化的职能，甚至成为社会问题的制造者和帮腔者。结果，中国学者的声誉也开始不断下降，"公知"成了一个贬义词，往往成为到处乱喷、水平不高、道德至上、居高临下的代名词。为此，曾有学者写道："现在，知识分子被迫害的事件少见了，这并非知识分子受重视的佐证，恰恰相反，这是对知识分子的一种漠视。我想起法国思想家雷蒙·阿隆说过的一句话：就知识分子而言，迫害比漠视更好受些。"

显然，这种单向度倾向在现代经济学的研究中尤其明显：现代主流经济学热衷于阐发所谓的传统智慧，热衷于在既定范式下进行抽象的数理建模和计量实证，从而导致了现代经济学日益形式化和黑板化。加尔布雷思很早就指出，"在我们这个时代，即使是稍有批判精神的任何个人，也有可能被视为一头愤怒的狮子，与周遭的整体心境格格不入。在这个时代，具有各种社会信条和政治信仰的人都在寻求安逸的生活和既定的观点，有争议的人会被看作一种不安定的因素，创新会被当作不稳定的标志，在这个时代，对被奉为金科玉律的教条稍加修正，又会导致无穷无尽的陈词滥调。"

传统智慧的基本特点就是它具有可接受性，也就是说，需要为大多数人所认同，或者与流行的保持一致，或者可以得到更著名人物的支持。正因如此，人们的思想本质上具有保守性，这种保守主义往往会受到传统观念的影响，去坚持那些已经熟悉和定型的东西。相反，那些对传统智慧构成挑战的思维往往很难被人接受，往往会被批评为没有掌握传统智慧的复杂性。究其原因，在这些人看来，传统智慧的精微之处只有那些始终如一、中规中矩、耐心细致的人才能理解，也就是说，只有与传统智慧有密切关系的人才能理解它。就如加尔布雷思所说，"传统智慧或多或少地被当成高深的学问，其地位实际上不容动摇。质疑者一味地想弃旧从新，他们会因此丧失发言权。如果他是一位地道的学者，他就会和传统智慧保持一致。"正因如此，绝大多数学者都乐于求助于传统，把自己的理论包装为与其他特别是历史上的著名人物相一致，当这种理念与自身利益存在密切相连时，就更有动机去坚持和宣传它。

3. 中国学术界的单向度化

就当前中国经济学人而言，他们为了使自己的理论为读者或大众所接受，往往努力从两方面寻求传统智慧的支持。一方面，他们往往攀附于主流学术，把自己的理论包装成是在那些广为大众赞同和接受的基本原理和理论之基础上的发展和完善；另一方面，他们又努力求助于国外学术，把自己的理论包装成是与国外一些著名学者相一致或者得到他们理论的支持。

比如，如图3-15所示的博弈矩阵中：在一个盛行主流圈子的学术界，一个学者如果采取研究和传播传统智慧的学术路向，它就可以分享现有学术资源；相反，他如果研究边缘学说，就会受到排挤。与此不同，在一个自由开放的学术界，一个学者如果追随研究和传播传统智慧的学术路向，反而会导致学术的封闭和僵化，形成不了有效的学术分工和学术互补，而他如果致力于边缘学说的探索，则不仅自己可以得到学识的拓展，而且整个学术也会由此获益。如图3-15所示的博弈矩阵，它有（主流圈子，传统智慧）和（自由开放，边缘学说）两个纳什均衡，但在出现主流圈子的学术风气中，学者也只有追求传统智慧了。

学术风气		学者A追求	
		传统智慧	边缘学说
	主流圈子	8, 8	15, 0
	自由开放	5, 5	10, 15

图3-15 学术的主流化博弈

正是受西方社会文化和行为的影响，单向度性就充盈于当前整个中国社会之中，社会各界和学术界都日益呈现出单向度的特征：社会大众和教师们的批判的、否定的、超越性的和创造性的内心向度已经大大沦丧了，甚至已经根本不会再提出或想要提出什么抗议了。在这种学风下，人文性越强的学科，受到的摧残就越严重。究其原因，它缺乏统一的标准，从而更容易受到世俗和商业的影响。这正如吴冠中老先生所抨击的，经济学界也是如此。问题是，任何科学理论的生命力根本上都在于其解释和解决问题的能力，理论不能脱离实际；当传统智慧越来越脱离现实之时，它离被抛弃或被改造的命运也就不远了。加尔布雷思写道："传统智慧的敌人不是理念本身，而是事件的发展。传统智慧与它所要解释的世界并不相容，但会与听众对这个世界的看法保持一致。……当传统理念明显不能处理偶然事件的时候，过时使它们不再具有实用性，这就成为对传统智慧的致命打击。这种打击迟早会到来，这必定是那些理念失去与现实世界关联的结局。"① 显然，无论是当前中国所面临的现实情形还是新自由主义在全球的碰壁都显示出，来自新古典经济学的传统智慧已经式微了，问题仅仅在于，它是以渐进的方式被加以扬弃还是激进的方式被全然抛弃。

4. 如何突破当前的学术困境

解决当前学术困境的长远之计就在于，如何逐渐消除目前这种世俗化和商业化的倾向。显然，在这种庸俗化的学术界，最有希望进行反思和批判的是那些青年学生以及坚持思想独立而被边缘化的学者。他们最少受到主流化和一体化趋势的影响，也最少分享制度的好处，因而还保有一定的批判性和否定性的向度。不过，由于目前中国经济学人大多深受新古典经济学的思维熏陶，因而对它的扬弃往往不可能一蹴而就。加尔布雷思写道："信念的解放，是改革任务中最艰巨的一项，也是完成其他所有改革任务的基础。它之所以是艰巨的，是因为建立在信念基础上的权力有着独一无二的权威性，当信念的力量站稳脚跟时，它不会接纳任何有可能削弱其控制力的思想和观念。……我们目前的任务，就是要从传统的理论教育中解脱出来，因为这种教育并不是让人们为自己的利益服务……我们屈从于这种理论教育换来的后果，使我们承受的痛苦越来越大。"②

先哲孔子很早就告诫说："乡原，德之贼也。"（《论语·阳货》）。所谓乡原，也就是那种八面玲珑、四处迎合、趋炎附势、随波逐流，看起来和别人关系融洽、一片和谐却实际上缺乏一贯原则的行为。问题是，这些"原人"并没有敢作奸犯科的勾当，甚至还大受世人的欢迎，为什么孔老夫子如此贬低乡原呢？关键就在于，尽管这种行为貌似中庸，但实质上与中庸的精神背道而驰，这种以假乱真的行为会造成人们对中庸的错误理解，从而会恶化社

---

① 加尔布雷斯：《富裕社会》，赵勇等译，江苏人民出版社 2009 年版，第 11 页。
② 加尔布雷斯：《经济学与公共目标》，于海生译，华夏出版社 2010 年版，第 253 页。

会风气，败坏社会道德，而且，这种人往往极力嘲讽那些志气高大的狂放之人，认为他们"言不顾行，行不顾言，则曰：古之人，古之人"，又极力挖苦那些落落寡合的狷介之士，主张"生斯世也，为斯世也，善斯可矣"（《孟子·尽心下》）。在乡原的影响下，整个社会必然盛行媚俗之风，出现一种没批判和否定精神的单向度社会，最终阻碍社会的发展，所谓"阉然媚于世也者，是乡原也"。因此，孔子说："恶似而非者：恶莠，恐其乱苗也；恶佞，恐其乱义也；恶利口，恐其乱信也；恶郑声，恐其乱乐也；恶紫，恐其乱朱也；恶乡原，恐其乱德也。"（《孟子·尽心下》）

贡献博弈与小悦悦事件

1. 缘起：小悦悦事件

2011 年 10 月 13 日，在佛山南海黄岐广佛五金城，2 岁的小悦悦走在巷子里，被一辆面包车两次碾轧，几分钟后又被一小货柜车碾过，随后的 7 分钟内有 18 名路人路过，但都视而不见而漠然离去，最后一名拾荒阿姨陈贤妹把小悦悦抱到路边并找到她的妈妈。2011 年 10 月 21 日小悦悦在医院全力抢救无效离世，2011 年 10 月 23 日，280 名来自佛山各地的人聚集在事发地点以"拒绝冷漠、传递温暖"抱抱团的名义，在悼念小悦悦之际宣誓"不做冷漠佛山人"，同时宣读了"拒绝冷漠、传递温暖"倡议书："如果那一天是你，是我，我们一定要停下自己匆匆的脚步，拉她离开街心；我们一定要伸出各自的援手，将她抱离险境。这是本分，更是底线。"

2. 小悦悦事件的普遍性

其实，类似的事件在现代社会中并不罕见。2011 年 10 月 1 日国庆节当天，河南省商丘市柘城县维多利亚小区的 78 岁谢老太和 70 岁的郑老太结伴穿过未来大道前往维多利亚小区正门时，一辆由西向东行驶、时速超过 100 码的无牌白色宝马汽车正面将郑老太直接撞飞 20 余米远倒在路边，侧面将谢老太挂倒，撞人后宝马车没有任何刹车痕迹，跑了 200 米左右后停下一男一女回头看了一下，然后上车迅速开车离去。当时，路北一家人结婚摆戏台唱戏刚刚散戏，路上行人、车辆很多，但无论是行人还是车辆，没有一人施救或者拨打报警电话。10 分钟后，一辆由西向东行驶的雷克萨斯轿车直接从正在招手并以微弱声音呼救的谢老太身上碾轧了过去，碾轧后雷克萨斯轿车司机下车报警，交警及 120 急救车赶到现场后，二位老人均已停止了呼吸。

这类事件不仅在中国社会，在当前西方国家也屡见不鲜，这里举美国的几个例子。

2010 年 4 月，纽约皇后区一名女子凌晨在街上被袭击，一名流浪汉上前救她也被凶徒连刺数刀后倒地，之后的一个半小时内有 20 多名行人路过却无一人施以援手，其中有一名行人推开伤者看到血后却若无其事地离开，直到早上 7 点才有人报警，而伤者已死亡。

2010 年 1 月 28 日，在西雅图的巴士总站，一名 15 岁的女孩被一群少年暴徒殴打至昏迷，整个事件中有三名身穿黄色制服的保安在旁，却以公司规章中有遇到暴力事件只报警不直接加入的规定而袖手旁观。

2008 年 5 月 30 日，在康涅狄格州的哈德福特市，一名 78 岁的行人在穿越马路时被迎面而来的车辆撞倒，肇事司机当场驾车逃逸，事发之后有 10 辆车从伤者身边驶过而没有停留，警车在事发 1 分钟后接到报警，伤者被送到医院后伤重不治，数日去世。

2003 年 2 月 15 日，在华盛顿特区的加油站中，一人被枪击，而旁边加油的人若无其事地加完油后各自离去，3 分钟后，加油站工作人员出来查看时伤者已死亡。

3. 吉蒂谋杀案的博弈分析

在美国引起类似小悦悦事件那样震动和讨论的事件是 1964 年发生在纽约的吉蒂谋杀案。年轻妇女吉蒂下夜班后在回家的路上遇到歹徒的袭击，她大声呼救。当即周围居民楼的一些房间的灯亮了，有人打开窗户，并有一位男士大声喊道："放开她！"歹徒放开她，溜进汽车开走。然后，楼窗里的灯光熄灭了，此时歹徒返回来，再次袭击吉蒂。她再次呼救，灯光再次亮起，窗户再次打开，歹徒再次逃走，然后灯光再次熄灭。当吉蒂到达住处大门口时，歹徒第三次袭来，她被杀了。这场谋杀持续了 35 分钟，警察在接到报警后只用了 2 分钟就赶到现场，但此时吉蒂已经死了。事后了解到，当时有 38 个目击者，然而在半个多小时的时间里竟无人报警。为什么呢？

社会心理学家给出了一个旁观者效应（Bystander Effect）：在紧急情况下，个体在有其他人在场时，出手帮助的可能性降低，援助的概率与旁观者人数成反比。换句话说，旁观者数量越多，他们当中任何一人进行援助的可能性越低。事实上，如图 3-16 所示博弈情形中，如果从个人收益最大化出发，每个人都希望有人报警来制止这一恶性事件，而自己却不愿去报警，因为自己报警将会失去 3 单位收益。

看客 1		看客 2	
		袖手旁观	报警
	袖手旁观	0, 0	10, 7
	报警	7, 10	7, 7

图 3-16　市民责任博弈

我们分析运用混合策略的情形。如果所有看客都以同样的概率 p 来选择袖手旁观，那么除史密斯以外其他 N-1 个参与人都选择旁观的概率为 p 的 N-1 次方，因此他们之中有人报警的概率为 1 减去 p 的 N-1 次方。在两人情况下，当处于纳什均衡的时候，如果看客选择袖手旁观的概率是 0.3，那么，无人报警的概率为 0.09。然而，随着看客人数 N 的增加，每个人选择袖手旁观的概率和无人报警的概率也随之增加，因为每个人都越来越指望别人去报警。例如，在 38 人目睹的情况下，每个人都不报警的概率大约为 0.97，而无人报警的概率达到了 0.29，从而也就出现了开头那一幕。

事实上，在图 3-16 所示的博弈情形中：R（报警）= 7；R（袖手旁观）= $(1 - p^{N-1}) \times 10$

纳什均衡时有：$7 = (1 - p^{N-1}) \times 10$

也即，$p^{N-1} = 0.3$，$P = 0.3^{1/(N-1)}$

4. 贡献博弈与志愿者困境

在深层次上，这些事件也体现了自发秩序的困境。博弈论称为志愿者困境：有 N 个参与者，每人都面临要么牺牲自己的小部分的利益，要么选择"搭便车"。例如，有一个社区都停电了，社区里所有居民都知道，只要有一个人花钱给电力公司打电话，电力公司就会解决这个问题。但是如果没有人主动打电话，所有人都要面临一直没电的情况。如果有一个人决定做志愿者，其他人都会因为没有做而获益。

显然，要避免这些事件的发生，就需要有见义勇为者挺身而出，能够独自承担成本。拉斯缪森（E.Rasmusen）将此类博弈命名为"贡献博弈"：每个人都希望由别人来承担提供公共品的成本，但在不得已的情况下都会独自承担成本。问题是，该类博弈需要有人独自承担成本，而这又是与现代主流经济学的理性经济人假设相悖的。那么，如何才能获得最佳的结果呢？这就需要对责任进行分割，使某一类型的当事者肩负起报警的责任。例如，具有公职身份尤其是公检法系统中的人员应该首先承担起社会责任，否则就是失职者，并且会受到社会舆论的诟病。

同样，要解决志愿者困境，也可以借助再分配机制。例如，社会设立"见义勇为奖"，一方面对这些承担成本的人提供补助，另一方面对那些冷漠者处以一定的惩罚，这就是很多西方国家已经实施的好撒玛利亚人法（Good Samaritan Law）。事实上，目前美国和加拿大等国都制定了好撒玛利亚人法，它是给伤者、病人的自愿救助者免除责任的法律，目的在于使人做好事时没有后顾之忧，不用担心因过失造成伤亡而遭到追究，从而鼓励旁观者对伤病人士施以帮助。而在其他国家和地区，如意大利、日本、法国、西班牙以及加拿大的魁北克，好撒玛利亚人法要求公民有义务帮助遭遇困难的人（如联络有关部门），除非这样做会伤害到自身。

例如，美国州法律规定，发现陌生人受伤时，如果不打"911"电话，可能构成轻微疏忽罪。德国有法律规定"无视提供协助的责任"是违法的，在必要情况下，公民有义务提供急救，如果善意救助造成损害，则提供救助者可以免责。法国1994年修订的《法国刑法典》就有"怠于给予救助罪"，具体条文是："任何人对处于危险中的他人，能够个人采取行动，或者能唤起救助行动，且对其本人或第三人均无危险，而故意放弃给予救助的，处5年监禁并扣50万法郎罚金。"英国戴安娜王妃发生死亡车祸后，当时跟踪她的记者就曾被调查是否违反了好撒玛利亚人法。

公地悲剧与环境污染

1. 缘起：资源的耗竭和环境的破坏

随着工业经济和商业社会的发展，大量的自然资源已经快速枯竭。就不可再生的鱼类资源而言，直到 19 世纪后期，生物学界还在宣称，世界上的鱼类是无穷无尽的，对捕鱼加以监管纯属浪费时间，但渔猎技术的进步证明这种乐观的评估是完全错误的。事实上，仅在 20 世纪，全世界鱼的捕捞量就增加了 20 倍。过度的捕捞造成了许多危害：自从 1988 年以来，全世界的鱼产量就没有任何增加，许多著名渔场的鱼产量则在大幅度下降，从而导致大量渔业的倒闭。根据联合国粮农组织的资料，世界上每 15 个海洋渔场就有一个渔场的捕捞已经达到或超过其可持续发展的限度，15 个渔场中有 13 个渔场鱼的产量在下降，而且 2/3 的鱼种由于大量捕捞而面临绝种。大西洋蓝色金枪鱼的总量减少了 94%。在北海，每年大量的鳕鱼或黑线鳕被捕捞，其中 3/4 还没长大成熟。加拿大纽芬兰的外海是极丰富的渔区，现在由于产卵雌鱼的急剧减少造成了鱼类数量灾难性的锐减，以致 1992 年纽芬兰岛约有 3.5 万人因为渔业的倒闭而失业。

资源日益耗竭的同时环境也遭到极大破坏。例如，工业生产的废气造成了越来越严重的酸雨现象，不仅毁掉了大片森林，还给原始山野的植被和草原造成了极为严重的危害，也污染了众多的湖泊和河流，人类的饮用水水质也越来越差。事实上，1950 年到 1990 年间，地球上有一半的森林消失了，其中美国（不包括阿拉斯加）失去了 1/3 的森林和 85% 的原始森林，欧洲基本上已经没有原始森林而只剩下一些被管理起来的商业树种植园，中国 3/4 的森林已经消失了。联合国开发计划署 1996 年发布的《人类发展报告》估计，酸雨正在影响欧洲 60% 的经济林，每年造成大约 350 亿美元的经济损失。特别是工业废气中的二氧化碳以及甲烷等对大气层的破坏导致了全球变暖，这小小的敏感性条件产生了"蝴蝶效应"，改变地球的生态系统，导致海洋潮流不稳定、冰山融解。20 世纪 80 年代到 90 年代，奥登冰山的融解就极大地减少了大西洋北部深海的范围。

2. "公地悲剧"的博弈解释

之所以出现目前这种资源枯竭和环境恶化的困境，一个重要原因就在于它们属于公共资源，行为者基于个人利益最大化，在采取行动时往往将公共资源当成一种免费的投入品。事实上，美国生物学教授哈丁（Garrett Hardin）1968 年在《科学》杂志上发表的《公地的悲剧》（The tragedy of the commons）指出，当资源或财产有许多所有者时，每个个体基于利益最大化而使用资源将会导致资源被过度使用，最终损害所有人的利益。如过度砍伐的森林、过度捕捞的渔业资源及污染严重的河流和空气等，都是"公地悲剧"的典型例子。称之"悲剧"还隐含着，每个当事人都知道资源将由于过度使用而枯竭，但每个人对阻止事态的继续恶化却感到无能为力。究其原因，每个个体都是行为功利主义的，只关注短期的个人利益，从而无法形成有效的协调合作。哈丁所讲的"公地悲剧"也就是博弈论中的囚徒困境，它表明，基于纯粹个体理性原则的互动会陷入"理性的自负"之中。同样，正是每个人基于个体理性而不断增加对那些免费公共品的使用，人类有限的自然资源就遭到掠夺性开发，导致这些公共资源迅速枯竭，也就必然无法维持可持续发展以实现人类社会的共同利益。

我们可以对环境污染作一分析。事实上，当一个企业主采用污染严重的生产方式时，其产品的价格往往要比采用较少污染的生产方式所需的成本更低。也就是说，污染并不反映在市场上，其真正的价格也无从计算。同时，由于污染造成的损失往往也不是落在污染的制造者和顾客身上，因而他们也没有积极性去抵制污染企业。这意味着，自由市场并没有为减少污染提供一个激励机制。伟大的女性经济学家琼·罗宾逊（J. Robbinson）就问道：在怎样的行业里，在哪种经济链中，人类活动的真正成本会被注册进账？显然是没有的。例如，伟大的福利经济学家庇古（A. Pigon）就指出，驾驶汽车在公路上跑就会磨损路面，其他人就不得不分摊修复道路的成本。其他的成本还有，释放有毒污染物、温室气体排放、导致道路拥挤、增加交通事故发生率，进而又提高其他人的保险成本等。有关分析显示，2006 年，在加利福尼亚，每增加一辆行驶车辆，每年增加的国家范围保险的额外成本在 2000 美元到 3000 美元之间，而这些额外增加的成本则由所有驾驶者分摊。

此外，人本主义经济学者卢兹（M. Lutz）和勒克斯（K. Lux）等指出，人类可利用的资本（财富）有两种：自然赋予的资本和人类创造的资本。但是，在个体理性的驱动下，这些资源所提供的服务存量的消耗却仅仅被看成是一种收入，而忽视了这个存量本身也在被损耗。①由于资源开发中的利益主要为现世人所享有，而环境恶化的成本则主要由子孙后代所承担，因此，基于私利的考虑，现世人就会把自然赐予的资源以及业已存在的社会资源当成免费的投入品，而不会考虑环境恶化造成的长期后果。②基于个体理性的市场竞争，每个国家、企业乃至个体为了私人利益也会对公共资源进行掠夺性开发，而将资源枯竭和环境恶化的后果让其他国家、企业乃至个体去承担或者共同承担。

显然，正是在利润最大化的驱使下，每个国家和企业通常所采取的生产方式都具有高度的污染性，而不会主动进行排污治理。即使存在某些法律要求，逐利的企业主也会千方百计地规避治污的义务，这包括与职能部门的勾结，工厂搬迁到法规较松和执法不严的地区等。结果，追求利润的成本竞争就导致了资源不断被掠夺、环境日益遭受破坏。这可以用如图 3-17 所示的博弈困境表示，（污染式生产，污染式生产）就是唯一纳什均衡。

厂商 A		厂商 B	
		排污治理	污染式生产
	排污治理	10, 10	0, 20
	污染式生产	20, 0	1, 1

图 3-17 排污博弈

3. 公地悲剧凸显的市场缺陷

在很大程度上，当前的资源枯竭和环境恶化正是私人之间恶性竞争的结果，是忽视社会外部性的必然后果。因此，要解决这一问题，就必须通过社会规范来进行限制。1988年欧共体制定了《大内燃机工厂指南》，规定了减少二氧化硫和氧化氮溢出的目标来减少酸雨现象； 1987年国际社会达成了《蒙特利尔协议》，以减少含氯氟烃来防止臭氧层的恶化。1992年5月，在纽约联合国总部通过了《联合国气候变化框架公约》，并于1992年6月4日在巴西里约热内卢举行的联合国环发大会（地球首脑会议）期间开放签署，1994年3月21日公约生效。它是世界上第一个为全面控制二氧化碳等温室气体排放，以应对全球气候变暖给人类经济和社会带来不利影响的国际公约，也是国际社会在对付全球气候变化问题上进行国际合作的一个基本框架。《联合国气候变化框架公约》缔约方自1995年起每年召开缔约方会议以评估应对气候变化的进展，并于1997年在日本京都通过了《京都议定书》，它使温室气体减排成为发达国家的法律义务。

然而，越是坚持市场经济的国家，越是坚守自由市场的团体，往往就越不愿接受国际社会的限制。事实上，日本、瑞士和法国的人均收入都比美国高，但这些国家燃料的使用效率更高，所以人均的废弃排放量还不到美国的一半，并且，这些国家都希望达成国际性协议来减少环境污染，但温室气体排放量占全球排放量25%的美国却最不愿意接受减少碳化物排放的强制性限制。而且，克林顿政府于1998年11月签署了该议定书，承诺在2008~2012年间将其温室气体排放量在1990年水平上削减7%。此后，克林顿总统每年都通过"行政命令"拨款10亿美元，采取一系列措施鼓励使用清洁能源、提高能源利用率、减排温室气体。然而，在2001年3月，布什政府却以"美国经济优先，美国人民优先"的名义宣布退出《京都协议书》，并于2002年2月14日提出《京都协议书》的替代方案——《晴空与气候变化行动》。其退出《京都协议书》的一个根本性理由竟是，如果美国实现《京都协议书》减排目标，将会给美国造成4000亿美元的经济损失，减少490万个就业岗位。

因此，2007年12月第13次缔约方大会在印度尼西亚巴厘岛举行，会议着重讨论"后京都"问题，即《京都议定书》第一承诺期在2012年到期后如何进一步降低温室气体的排放。联合国气候变化大会还通过了"巴厘岛路线图",启动了加强《公约》和《京都议定书》全面实施的谈判进程,致力于在2009年年底前完成《京都议定书》第一承诺期2012年到期后全球应对气候变化新安排的谈判并签署有关协议。2009年12月在丹麦首都哥本哈根召开的缔约方会议第15次会议将诞生一份新的《哥本哈根议定书》,以取代2012年到期的《京都议定书》。但是,由于发达国家和新兴国家在何者承担更多减排义务的问题上产生对立,导致谈判以决裂告终。2012年11月第18次缔约方会议暨《京都议定书》第8次缔约方会议在卡塔尔首都多哈举行,谈判各方尤其是发达国家与发展中国家在"共同但有区别的责任"上存在原则性分歧,部分主要碳排放国家如日本、新西兰、加拿大和俄罗斯等明确拒绝参加《京都议定书》第二承诺期,一些发达国家不愿率先大幅度减排,如并非《京都议定书》缔约方的美国,仅允诺减排4%,澳大利亚的减排目标是0.5%。在很大程度上,节能减排的气候谈判也是一个"囚徒困境"博弈,本国减排不仅会被别国"搭便车",还会因增加成本而减缓本国经济的发展速度。

位置竞争与炫耀性消费

1. 缘起：两个行为实验

有经济学家曾对哈佛大学的学生做过一个简单调查，被调查者要求在两种方案中做出选择：在 A 方案中，你赚 5 万美元，其他人赚 2.5 万美元；在 B 方案中，你赚 10 万美元，其他人赚 25 万美元。结果，多数人选择了 A，即少赚钱但比身边人赚得多。

同样，行为经济学家也做了这样的实验，有两种选择：在 A 方案中，其他同事一年挣 6 万元的情况下，你的年收入为 7 万元；在 B 方案中，其他同事年收入为 9 万元的情况下，你一年有 8 万元进账。调查结果：大部分受试者也是选择了前者。

那么，人们为何有这种选择行为？它又反映了什么道理呢？这就是消费中的外部性。

2. 我们的需求都受到诱导

这两个例子反映出，人们并不是如新古典经济学所宣讲的那种不关注他人的冷淡经济人；相反，他对自身物质境遇的评价往往受特定情境的影响，往往取决于其他人所拥有的物质水平，并且倾向于追求相对于他人更高（经济的、社会的或政治的）的地位。古典经济学的集大成者穆勒很早就指出，现实世界中的"人们不渴望成为富人，却想比别人更富"。相应地，社会个体的消费也具有强烈的诱导效应。如果你周边的人很少有私家车，那么，你就不会感到有什么缺憾，这和人人都有而自己没有的感受很不相同；同样，如果你周边的人都拥有私家车，那么，你拥有也没有特别的感受，这和别人都没有而你独有的感受很不一样。为此，人们往往为追求比他人更高的经济地位并避免落入较差的经济地位而展开竞争。

相应地，厂商也利用这一点，投入大量的资源来诱导人们的需求。例如，锐步的一句广告词就写道："我有 Traxtar，你没有。"加尔布雷思在《富裕社会》一书中指出，多数商品已经是满足公众心理需要的商品，因而大公司能够引导、左右甚至创造消费需求，对顾客施加"需求管理"。结果，一些人在连基本需求还难以得到满足的情况下，却将大量金钱花费在一些相对来说并非紧要的次一级需求上。加尔布雷思说："所以竞争的力量就集中在劝说消费者购买产品、人员销售和广告上。香烟生产商吸引客户，不是靠这种不利己的危险的降价政策，而是借助广告代理商，借助电台、广告牌、电视、杂志和出版社的帮助。这也是一种竞争，但不是自由主义者捍卫的那种竞争。相反，这种用更低价格、更高的效率回报大众的手段，现在通过押韵的广告和肥皂剧不停地轰炸人们的耳朵，并且人们已经开始讨厌这种商业艺术了，竞争变成一种非常招摇的浪费。"

3. 炫耀性消费与位置争夺博弈

在博弈论中，我们把为获得相对效用而展开的竞争称为位置争夺博弈。位置博弈的研究滥觞于亚当·斯密，而美国制度经济学之父凡勃伦（Thorstein B Veblen）则是其集大成者。凡勃伦先驱性地把从消费中获得的物质满足称为第一级效用，而把从争名、显示财富以及炫耀性消费中获得的满足称为第二级效用。而且，凡勃伦将进行位置博弈而实施的手段归结为两种：①破坏他人的财产，如偷、抢、骗、砸等，以降低他人的财产、收入和消费量来相对提高自己的经济地位，这就是所谓的内耗；②通过竞争，如加班加点、各国通过掠夺性开发资源来提高 GDP 等，从而使自己的收入和财富增加来达到相对地位提高的目的，这就是所谓的外耗。

显然，对产生第二等级效用的炫耀性消费的追求将导致社会的极大浪费，因为一个人从炫耀性消费上得到效用必然是另一个人第二等级的效用的丧失，他们是相互抵消的，即对第二等级效用的追求是个零和博弈。因此，在相对效用的追求过程中，斯密倡导的"无形的手"就失去了它的魅力，因为个人追求自身利益往往对他人或共同的利益造成损害，而且，还可能因为拥挤及为保持地位优势而使防御性开支增加。

事实上，由于第二等级的社会总效用是不变的，当大量的资源和精力从物质领域转移到第二等级领域时，也就降低了第一等级的社会总效用，从而造成社会总体福利的下降，这实质上就是一个"抢瓷器"的过程。社会本来就存在着等级差距，这样一轮接一轮的恶性的竞争，将促使社会进入一个"低水平福利的恶性争夺陷阱"。

如图3-18所示的博弈矩阵表明：在一个和谐的社会中，追名逐利的风气比较淡薄，社会以有序的方式发展，这时处于社会上层的甲得到10单位相对效用，而处于社会下层的乙得到5单位相对效用，此时整个社会的总效用是15单位。一般来说，如果处于一个攀比功利的社会，我们首先假定乙安于现状，而上层的甲则追求更多效用差距，他就可能努力消耗更多的社会资源，致使乙的相对效用大大下降，而社会总效用也下降到13单位。相反，如果甲逍遥自在，而乙则由于对甲充满嫉妒而进行攀比，他就会不惜耗费更多的社会资源甚至是破坏性行为，以缩小与甲的差距，这样导致整个社会的效用下降得更大，为12单位。进一步地，如果这种相互的攀比、破坏进一步升级，则对整个社会造成的损失更大，整个社会的效用只有11单位了。

领先者甲	落后者乙	
	争	不争
争	8, 3	11, 2
不争	6, 6	10, 5

图3-18 位置争夺博弈

正是基于对相对效用的分析，福利经济学和消费经济学领域发展出一个前沿理论——位置消费理论（Positional Consumption Theory），也称争名经济学。位置消费理论主要是指人们在社会中的竞争已不再局限于满足物质需求本身，而是努力获得因社会地位和竞争的胜利而产生的被承认感。因此，为了达到这一点，就只能进行更为激烈的竞争，从而使人们变得更加好斗，更不安分，也更不满足。显然，在现代自由市场支配的社会中，人们不再追求简单的物质和生理的满足，而是追求相对经济地位，包括相对收入、相对效用、炫耀性消费等。欲望永远不能满足，而且，新欲望产生的速度几乎与旧欲望得到满足的速度一样快，甚至更快。这样，人类就永远处于不满足状态，永远处于焦虑和紧张状态，幸福水平也就无法提升。

反公地悲剧与"钉子户"

1. 缘起：杨箕村的拆迁抗争

杨箕村位于广州最繁华的中心商务区，1999 年撤销了村委会而改由股份合作经济联社管理村民的经济事务。2010 年 4 月，由联社主导进行旧城改造，没有货币补偿，拆一补一，违章建筑的面积折算材料费补偿，谁先搬谁先挑房。前期村民搬得很积极，因而开发商在大半年后通过招标拍得这块地皮时，95%以上的村民已经搬出。但此时，这场看似自主的拆迁却搬不动了，一些留守户开始要求按市场价来计算自己房子的价值，自己加盖的违章建筑也应当有更高的赔偿。但是，法院明确判决，此地是旧城改造，涉及公共利益，宅基地的产权为全体村民所有，少数服从多数，留守户的房子应被强制拆迁。但是，2012 年 5 月 9 日强拆开始后，被征收户李洁娥从五楼跳下身亡，拆迁停止。2013 年 1 月 16 日，广州市中级人民法院作出终审判决维持原判，但终审判决之后，法院表示，暂不强制执行，将继续"力争通过调解去化解矛盾和纠纷"。杨箕村 4000 多人，99%以上的人已搬走两年，只因几户留守不拆而导致无法建房回迁。其间，有 100 多位老人在等待中死去，孩子上学困难，在外租住贵而远，为此，已经搬走的村民批评留守户绑架所有人，漫天要价，两者的对峙日渐升级，直到发生肢体冲突和流血事件。1000 多位迁出村民在留守户门前集会，老人小孩子拉着横幅站在楼下，支持进行强拆。直到 2013 年 8 月初，广州杨箕村的"钉子户"才被拆除。

这就是发生在当前中国社会的典型的"钉子户"现象。所谓"钉子户"，是指某些由于种种原因没有拆迁而又身处闹市或开发区域的房屋。"钉子户"之所以成为"钉子户"，主要是在城市建设征用土地时，由于拆迁补偿没有满足自己的诉求，或者试图通过讨价还价从开发商那里获取更大利益。如何理解这种现象呢？它对社会发展带来何种影响呢？这就涉及"反公地悲剧"现象。

2. 资源闲置与"反公地悲剧"

前面的公地悲剧反映了公共资源被滥用的现象，但与此同时，也出现大量的资源闲置。例如，有段时期莫斯科街道上就曾出现这样的怪现象：一方面沿街店铺大量空置，另一方面街道旁却涌现出许多金属做成的箱型销售摊；在高峰期的 1993 年，莫斯科街道上有 1.7 万只这样的金属箱子，一眼望去就像是置身于金属森林之中。为什么在莫斯科寒冬里沿街叫卖的商贩不搬到温暖的店铺里去？为什么沿街店铺的拥有者要放弃可观的租金收入？

密歇根大学教授赫勒（Michael.A.Heller）研究后指出，这就像在一间房子的大门上安装需要十几把钥匙同时使用才能开启的锁，这十几把钥匙又分别归十几个不同的人保管，而这些人又往往无法在同一时间到齐，因此，打开房门的机会非常小，房子的使用率非常低。相应地，莫斯科沿街店铺遭闲置的原因也差不多如此：支离破碎的产权结构，所有者之间相互制约、抗衡，造成资源运行成本过高，使用率低下。

再如，几年前一家美国制药公司的科学家们发现了一种能有效治疗老年痴呆症的新药，却不能上市发售，除非公司能买下几十种专利的使用权。但每一位专利持有人都认为自己的专利特别重要，要么信口索价，要么干脆不答应这笔交易。

为此，赫勒 1998 年在《哈佛法学评论》上发表了题为《反公地悲剧》的文章，文章指出，哈丁的"公地悲剧"仅仅说明了公共资源被过度利用的恶果，却忽视了资源未被充分利用的可能性。为此，赫勒提出了"反公地悲剧"理论，其主要含义是：当公共资源有许多拥有者，每个人都有否决权以决定它的用途，结果就会由于达不成一致同意的结果而使得资源闲置。例如，烦琐的知识产权保护阻碍技术的应用和新的发明，道路运营权私有化导致收费关卡重重，政府部门的多头管理导致公共效率低下等，就是"反公地悲剧"

的典型例子。

称之"悲剧"还在于：每个当事人都知道资源或财产的使用安排能给每个人带来收益，但由于相互阻挠而眼睁睁地看着收益减少或资源浪费。究其原因，每个个体都试图最大化自身利益，从而尽可能地利用一切机会来增强自己的要价能力，从而造成内生交易成本的高涨。正因如此，公共资源要摆脱"反公地悲剧"的命运，就要重新对过度细化的私有产权进行整合。这显然与公地悲剧的政策主张相反，公地悲剧表明，公共资源要摆脱被滥用的命运，只有重新界定产权并实行产权私有化这一条道路。

显然，"反公地悲剧"现象在人类社会中非常普遍，尤其是在当前中国社会，因政府行政审批项目过多过滥而导致效率低下的例子比比皆是。例如，2003 年 8 月 27 日中央电视台《今日说法》报道：2000 年，青海省西宁市民营企业家马显云为筹建小商品批发市场，在三年多的时间里，跑了 80 多个部门，盖了 112 个公章，共花费 70 多万元，直到 2003 年才正式营业。再如，郑州市出现了一个"馒头办风波"：由于郑州人喜欢吃馒头，所以郑州市的馒头消费量很大，该市也有几个在全国叫得响的馒头品牌，为了规范馒头生产秩序，或者说为了分享馒头生产的利润，郑州市设立了全国仅有的"馒头生产管理办公室"（包括一个"市级馒头办"、四个"区级馒头办"）。2001 年 6 月，管理办公室得到一馒头生产商正在无照生产的消息，于是"区级馒头办"工作人员迅速赶到现场实施处罚，随后"市级馒头办"闻风而至也开具了罚单。但是，生产商拒绝双份罚单，于是"区级馒头办"和"市级馒头办"为争夺监管权和处罚权发生了冲突。

3. "钉子户"的斗鸡博弈分析

"反公地悲剧"现象在当前中国社会中的典型体现就是到处丛生的"钉子户"，这严重影响了城市的建设和周边居民的生活。这里举几个著名的"钉子户"案例。

广西桂林黄金旅游线路——漓江边上，有两栋被拆成框架的楼房里面住着 20 余个老人，该楼房在 14 年前就已被列入拆迁范围。

西安高新区丈八西路上横着一间半塌的瓦房和一幢破旧的小二楼，将电视塔直通西三环的道路一阻就是八年。

浙江台州殿后陶村陶普神的两间"钉子户"楼房拦路长达 10 年，导致椒江区体育场路建设停工数年。

重庆九龙坡区杨家坪鹤兴路 17 号的房屋产权人拒绝拆迁，尽管该房是 20 世纪四五十年代修建的旧危房，并且周围都已拆除，导致该房四周被挖下 10 多米的深坑而成了"孤岛"。

广州海珠区龙田龙南六巷 6 号一栋独立的三层红砖楼，因谈不拢拆迁补偿条件，屋主一家在这栋房子里孤守了近五年。

浙江温岭火车站前未开通的大道中间巍然矗立着四间楼房，其中两间还住着居民，车辆经过时都得绕着房子。

在某种程度上，地方政府或开发商与"钉子户"之间形成了某种斗鸡博弈：一方面，地方政府为了发展经济，需要对城市发展进行规划，开发商为了利润也要开发新的项目；另一方面，"钉子户"则希望凭借其垄断性牟取尽可能大的利益，尤其是在其他住户已经达成协议的情况下，"钉子户"所拥有的垄断资源就更为强大。因此，在协调破裂之后，每一方都试图展示自己的力量：政府或开发商依靠拆迁令赋予的法理性以及人力和财力优势，通过种种措施来诱使或迫使"钉子户"搬迁，甚至动用推土机等强行拆迁；"钉子户"则依靠舆论的力量以及玉石俱焚的决心进行反抗，包括长期留守危房。显然，这种对峙导致有时限的开发规划受阻，因而冲突随着开发期限的一天天临近而逐步升级，政府或开发商与"钉子户"之间的强制拆迁和反强制拆迁冲突就愈演愈烈，以致出现了有民众被推土车轧死、上吊自尽等事件。如图 3–19 所示的博弈矩阵中，当"钉子户"坚持其高额赔偿诉求时，相关部门就不得不进行妥协。

开发部门		"钉子户"诉求	
		同等赔偿	高额赔偿
	强硬	0，0	–10，–10
	妥协	0，0	–5，10

图 3–19 "钉子户"博弈

发明冲动和产品召回事件

1. 缘起：丰田的产品召回

2009 年 8 月 24 日，日本丰田在华的两家合资企业——广汽丰田、天津一汽丰田宣布召回部分凯美瑞、雅力士、威驰及卡罗拉轿车共计 688314 辆，包括丰田在中国市场的所有主力车型，其原因是同一供应商供应给两家企业的零部件出现缺陷，并承诺将对召回范围内的车辆免费更换电动车窗主控开关缺陷的零部件。事实上，自 2004 年 7 月至 2009 年 8 月，丰田在中国共有 24 次召回，涉及车辆近 120 万辆，而同期丰田在中国市场售出的汽车也不过是 130 多万辆。不久，丰田又宣布从 2010 年 2 月 28 日开始在华召回天津工厂生产的城市多功能车 RAV4 共 75552 辆，其原因是，车辆由于油门踏板的踏板臂和摩擦杆的滑动面经过长时间使用，使用油门踏板时有阻滞，可能影响车辆的加减速，甚至油门踏板松开时会发生卡滞而使车辆不能及时减速。

丰田近期的其他召回事件还有：2010 年 4 月 20 日，丰田宣布在国外市场召回 LEXUS 雷克萨斯品牌 GX460 及 TOYOTA 丰田品牌 PRADO 的部分车型约 3.4 万辆，原因是存在汽车稳定控制系统（VSC）程序设定不当的问题。2010 年 10 月 21 日，丰田宣布在全球范围内召回 153 万辆问题汽车，原因是刹车总泵油封存在缺陷可能会影响行驶安全。2010 年 11 月 4 日，丰田宣布在日本和欧洲召回 Compact iQ 与 Passo 两款小型汽车约 13.58 万辆，原因是震动会使动力转向感应器失灵而导致汽车转向困难。2011 年 1 月 26 日，丰田宣布将在日本国内召回 2000 年 5 月至 2008 年 10 月期间生产的 170 万辆汽车，其中包括日本国内市场的 120 万辆以及海外市场的 42.1 万辆，原因是存在漏油隐患。2011 年 2 月 24 日，丰田宣布在美国市场召回 217 万辆汽车以解决油门踏板存在的问题，原因是相关汽车的踏板可能陷入车底垫中或卡入驾驶员一侧的脚垫。2011 年 3 月 23 日，丰田宣布召回部分进口 2003~2006 年款雷克萨斯（Lexus）RX300/350 汽车约 5202 辆，原因是进行驾驶员侧地毯压板作业时有可能会造成地毯压板向加速踏板方向倾斜，并接触到踏板臂，可能造成加速踏板无法回位。2012 年 10 月 10 日，丰田宣布召回小型车威姿（VITZ）等六款车型共约 46 万辆，原因是电动车窗的开关存在缺陷。

召回事件不仅发生在丰田汽车公司中，也发生在几乎所有的汽车公司中，不仅发生在汽车产品上，也发生在大多数现代科技产品上。那么，召回事件在科技发达的现代社会为何会频频出现呢？很大程度上，这是由现代社会的竞争形态决定的：市场竞争主要取决于对口味不断变动的市场的占有，这就要求不断推出新的产品来吸引消费者，这就是主流化优势。

2. 发明冲动和短视行为

现代社会的市场竞争存在这样一个明显特点：它越来越取决于新产品推出的速度而不是产品的质量提高。为此，大多数公司都努力加快自身技术的革新，并为了取得主流化优势而不惜推出有缺陷的产品，从而就呈现出强烈的短视效应。很大程度上，厂商的这种短视行为又是由商业竞争的报酬体系以及个人利润最大化原则决定的，运用博弈思维可以很好地进行解释。事实上，当前世界各国都在通过各种途径激励知识的创造和发明，如实行锦标赛报酬机制。正是在这种锦标赛制的报酬激励下，各企业为了使自己的投资不会白费，往往存在着发明冲动，从而引起知识研究投入的拥挤造成资源的浪费。知识是可重复使用的，相同知识的重复制造并不能给整个社会带来额外的价值。

在图 3-20 中，一般来说，发明的总成本 C 和总收益 R 的当前折现价值都随发明期待时间而递减：对收入来说，发明日期的延迟减少了从发明使用中（或特许他人使用中）得到的收益的现在价值；对成本来说，发明时期越短，需要投入的成本就越高（显然，如果 t 为 0 的话，发明的成本将无穷大）。

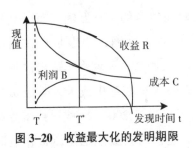

图 3-20　收益最大化的发明期限

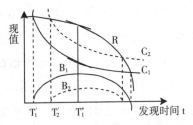

图 3-21　竞争威胁下的发明期限

如果该知识是独家投资，那么该投资者将会在 T^* 时产出知识，此时他获得的利润最大。但在现实中，往往面临着众多的投资者，而在正常情况下，只有一个竞争者能够实际完成投资，而其他投资者先前的投资都将成为泡影。这样，竞争性威胁就很可能影响成功发明者选定的时间。在图 3-21 中，我们假设，原先有投资者 1，他根据利润最大化原则应该选择在 T_1^* 时完成发明，但是，现在有一个具有更高的发明成本的新进入投资者 2，他为了获得利润一般不会选择自己最大利润的时期完成发明，而是会抢在 T_1^* 期前推出发明。相应地，投资者 1 为了防止可能的投资浪费，就不会等到 T_1^* 时才推出发明，而力争在投资者 2 推出发明前率先推出；这样博弈的最终结果是，投资者 1 将在投资者 2 的利润点 T_2^* 期时就完成发明，从而保证自己的利润。进而，如果有更多的竞争者参与，发明的期限就可能一再提前；显然，这会降低发明的收益，促成浪费性的过早发明。

上述发明博弈也可以转化为占优策略的静态博弈，如图 3-22 所示，（T_1'，T_2'）是该博弈的纳什均衡。

		发明者 2	
发明者 1		T_2^*	$T_2'(<T_1^*)$
	T_1^*	100, 0	0, 50
	$T_1'(<T_2')$	50, 0	30, 0

图 3-22　发明的占优博弈

上面的分析表明，冲动性的发明与先入优势的强化效应一起会加速发明的掠夺性开发，造成知识研究投入的拥挤和资源的浪费，促成浪费性的过早发明。这在目前的 IT 产业中得到了充分的验证，也是新经济的主流化特征。比如，英特尔公司的微处理器并不总是性能最好、速度最快的，但总是新一代产品中最早的；曾有一次例外，IBM、Motorola 和苹果三家公司联手先于英特尔公司推出了 PowerPC 微处理器，对英特尔造成了巨大的冲击，迫使英特尔公司缩短了当时极其成功的 486 处理器的技术生命，而推出了 586，这也就是名噪一时的新闻"英特尔牺牲 486，支撑奔腾 586"。同样，微软公司也深知，与其成为最佳产品，不如成为首家产品。正因为如此，软件业曾经预测微软公司要经过三个版本的改进才能使其产品完善，而事实上微软公司也从未使其产品达到完善状态。事实上，一旦其产品完善了，用户也就没有必要购买该软件的下一个版本的，而没有版本升级，微软公司的销量就会暴跌。

3. 不断重演的产品召回事件

与"反公地悲剧"造成的知识产权和专利限制和浪费相对应，现实社会还存在一种知识产权和专利因过于保护而出现粗放式开发并致使资源浪费现象。尤其是由发明冲动导致有缺陷的产品被推向市场，对消费者造成了严重损害，以致近年来产品召回事件不断重演。

轮胎胎面导致的悲剧。2000 年，普林斯通/费尔斯通公司召回了 650 万只费尔斯通轮胎，它们存在着汽车史上最危险的产品故障，这种轮胎的品质不良导致了将近 175 人死亡、大约 700 人受伤。在某些费尔斯通轮胎模型上脱落了胎面，轮胎就会爆炸，而发生在特定的汽车和像福特的 Explorer 那样的 SUV 车上就会造成翻车。在这起召回一年以后，费尔斯通的竞争对手固特异（Goodyear）也出现了轮胎问题：某些轻型卡车的胎面脱离，因此造成 120 人受伤，15 人死亡。

泰诺酿成的悲剧。1982 年秋季，芝加哥地区的 7 位居民在服用了含有氰化钾成分的强效泰诺后身亡，从而引发了全城恐慌。芝加哥警方在数日里派遣巡警用扩音器提醒市民丢弃此类产品。但很快就出现了大量类似事件。在接下来的一个月中，官方统计到 270 例不同的产品篡改事件，纽约长岛地区发现万圣节糖果中出现钉子，罗拉多州出现含有氯化汞的止痛药 Excedrin。强生公司为此耗费数百万美元召回全美国所有药店出售的泰诺。为避免此类状况再次发生，美国食品管理局对非处方药的非干扰密封做出了新的规定。

福特平托的沉重撞击。福特的平托是一款糟糕得出名的汽车，而更糟糕的可能还是福特公司对这款 20 世纪 70 年代次紧凑型汽车的安全隐患所做的处理。在平托投放市场以前就有人担心，如果发生两车头尾相撞的事故就可能会让被撞的平托爆炸，因为它的油箱位置不合理，所以碰撞会使油箱被穿透，进而导致着火或者爆炸。而福特公司并没有改进平托的设计，在有些不合常理地权衡后，它认为解决所有平托缺陷问题引发的法律诉讼比改善汽车更划算。经过无数控诉和有罪指控（福特最终被判无罪），这家汽车制造商还是在 1978 年召回了 150 万辆平托，对油罐组装做以改进，在其中添加了保护措施以防止出现着火毁损等问题。

集体行动困境与强制民主制

1. 缘起：流产的游说办公室

有四家汽车公司 A、B、C 和 D 的年产量分别是 400 万辆、200 万辆、100 万辆、50 万辆，现环保署准备发布新的燃料油经济标准，将使每辆汽车的平均生产成本提高 1 美元，因此，四家公司准备独立地考虑在华盛顿设立一个游说办公室，游说环保署延缓实施新标准一年。成立一个游说办公室的成本为每年 25 万美元，而汽车工业游说成功的概率随开设的游说办公室数量而提高，一个办公室为 0.25，两个为 0.4，三个为 0.5，四个为 0.55。显然，就汽车公司 A 而言，独立开设游说办公室带来的期望收益（100 万美元）超过开设成本（25 万美元），因而会开设游说办公室。在给定汽车公司 A 开设游说办公室的情况下，汽车公司 B 开设游说办公室增加的期望收益（30 万美元）超过开设成本（25 万美元），因而也会开设游说办公室。但是，给定汽车公司 A 和 B 开设游说办公室的情况下，汽车公司 C 开设游说办公室增加的期望收益（10 万美元）低于开设成本（25 万美元），从而就不会开设游说办公室。同样，汽车公司 D 也不会开设游说办公室。这样，汽车公司 C 和 D 就会搭汽车公司 A 和 B 的便车，而分别获利 40 万美元和 20 万美元。

其实，从整个汽车工业的利益来说，汽车公司 C 和 D 分别开设第三个和第四个游说办公室可以继续为整个工业带来 75 万美元和 37.5 万美元，这显然要大于开设游说办公室的成本。那么，为什么这种利益无法实现呢？关于这一点，伟大的苏格兰哲学家、经验主义开创者休谟（David Hume）早在《人性论》中就观察到：两个邻人可以同意排除他们所共有的一片草地中的积水，因为他们容易相互了解对方的心思，而且，每个人必然看到，他不执行自己任务的直接后果就是把整个计划抛弃了。但是，要使 1000 个人同意那样一种行动是很困难的，而且的确是不可能的。他们对于那样一个复杂的计划难以同心一致，至于执行那个计划就更加困难了，因为每个人都在寻找借口，想使自己省却麻烦和开支，而把全部负担加在他人身上。这就是马里兰大学教授奥尔森（Mancur Lloyd Olson）提出的"集体行动困境"，它是囚徒困境的另一种形态。

2. 奥尔森的"集体行动困境"

一般来说，在成员分享相同利益的集团中，集团的成员拥有相同的利益，集团的目的往往也是为了增进成员的共同目的，从而使成员可以在自愿和无须承担责任的基础上通过合作来达到整个集团的最优状态。但是，集团的成员也拥有不同于组织或集团中其他人的纯粹个人利益，当他需要为行动支付成本时，就可能不会参与集体行动，从而产生不利于集体利益的行为。因此，奥尔森提出了这样一个问题：人们参与集体行动需要怎样的条件？奥尔森的分析基于的思路是：个人是根据自己的成本—收益状况作主观理性的判断，当个人预期收益大于成本时才会参与行动。例如，集团行动的结果可能对个人有重大价值，集体采取选择性激励以对参与者的收益—成本产生影响。

在大集体中，个人往往会认为自己的参与对推动集体行动的效果是微不足道的。一方面，如果集体无法采取共同行动，那么多一个人也几乎没有区别。因此，个人倾向于把自己参与所带来的边际收益视为零。与此同时，个人的参与行动却要花费时间、精力和钱财。这样，综合比较而言，不参与将是个人更好的选择。另一方面，如果某成员意识到其他人无论如何也会实现合意的政策时，他也会放弃参与以节省时间和金钱；而当预期他人不成功时，个人单独行动或是参与他人行动又是没有意义的，因而也不会参与。

相反，在小集团中，由于成员数目很小，每个成员可以得到总收益中相当大的比重，因此，只要这些小集团中的每个成员或至少其中的一个成员发现他从集体物品中获得的个人收益超过了提供一定量的集体物品的总成本，即使这些成员必须承担提供集体物品的所有成本，集体物品也可以通过集体成员自发、自利的行为提供。当然，即使在最小的集团里，集体物品的提供一般也不会达到最优水平，这是因为集体物品具有外部性：一个成员只能获得他支出成本而带来的部分收益，因而必然在达到对集团整体来说是最优数量之前就停止支付了，而其从他人那里免费得到的集体物品则会进一步降低他自己支付成本来提供该物品的动力。一般而言，集团越大，它提供的集体物品的数量就会越低于最优数量。

因此，在没有强制或外界诱因的条件下，一个集团能否为自己提供集体物品在很大程度上取决于集团中个体的数目：小集团比大集团更容易组织起集体行动。一般来说，影响大集团集体行动的主要因素有三方面：①集团越大，增进集团利益的成员获得集团总收益的份额就越小，有利于集团的行动得到的报酬就越少，这样即使集团能够获得一定量的集体物品，其数量也远远低于最优水平；②集团越大，任一成员能获得的总收益的份额就越小，他们从集体物品中获得的收益就不足以抵消他们提供哪怕很小数量的集体物品所支出的成本；③集团越大，组织成本就越高，就越不可能提供最优水平的集体物品。

奥尔森将非市场的集团分为三种类型：①特权集团，其每个成员或至少其中的某个成员受到激励提供集体物品，即使他得承担全部成本，因而该集团也不需任何组织或协调；②中间集团，即没有一个成员获得的收益份额足以使他有动力单独提供集体物品，但成员数量也没有大到成员间彼此注意不到其他人是否在帮助提供集体物品，在这种集体中就需要组织和协调；③对应市场完全竞争的原子式的潜在集团，其特点是，如果其成员不会受到其他成员帮助或不帮助的影响，潜在集团中的某一个体不能为任何集团努力做多少贡献，而且他也没有激励去做贡献。一般来说，人员众多的大集团也被称为"潜在集团"，此时个体的积极行为对于整个集体来说其作用和影响力是微不足道的，从而就会产生严重的"搭便车"行为。

在大集团或"潜在"集团中成员不会受到激励为获取集体物品而采取行动，此时就需要建立一种独立的和"选择性"的激励来驱使集团中的理性个体采取有利于集团的行动。所谓选择性激励，就是选择性地实行对集团个体的激励，或者奖励那些对集体行动做出贡献的人，或者处罚那些阻碍集体行动的人，从而促使集团行动的实现。之所以说激励必须是"选择性"的，就是要区别对待对集团利益做出不同贡献的成员，从而减少"搭便车"的可能性。

一般来说，"选择性"激励有两种类型：积极的和消极的。其中，"积极的选择性激励"是指奖励那些为集团行动做出贡献的人，并由此为示范来诱导其他人采取相同的行为。事实上，参与集体行动的收益包括集体行为的固有利益以及"交往行为产生的报酬"，如友谊和归属感等。"消极的选择性激励"则是指惩罚那些没有承担集团行动成本的成员和不行动者，并对其他人起到警示作用。例如，工会的意识形态把破坏罢工的人称为"恶棍"和"工奸"，并将联合抵制与非成员交谈或共同工作这一行为合法化。

当然，社会压力和社会激励往往只有在较小的集团中才起作用，其原因有二：①在潜在大集团中，每个成员的社会行为都不产生什么影响，不服从者的行动对集团而言也不是决定性的；②在大集团中，成员不可能彼此相识，因而即使一个成员没有为集体的目标做出牺牲，其社会地位也不会受到影响。因此，社会激励一般也难以引导潜在集团的成员去获取一件物品，这也是为什么小集团中更加富有私人密切关系的原因。奥尔森认为，社会激励要在潜在集团中发挥作用，就要实行"联邦制"，即将一个集团分成几个小集团，而每个小集团再出于某种理由与别的集团一起组成一个大集团的联邦。而运用选择性的社会激励来动员潜在集团获得集体物品的组织必须是较小集团的联邦，社会激励只有当大集团是较小集团的联邦时，才在大集团中起作用。

奥尔森的集体行动理论有两大内容：①小集团比大集团更容易采取集体行动；②具有选择性激励的集团比没有这种激励机制的集团更容易组织起集体行动，选择性激励能够动员起大的"潜在集团"。前一个内容实际上反映了小集团更具有协调性，或者说，具有较低的协调成本，这是因为小集团的认同性更强（"缘关系"更明显），相互之间的监督更加容易。后一种内容则引入选择性机制，实际上就是加强集团的认同感，从而降低协调成本，有利于集体的行动；而强制性的选择性激励则是限制了退出的自由。从某种意义上说，企业实质上就是协调集体行动的一种团队组织，它使短期契约的机会主义行为受到了一定的制约，从而提高了集体行动的效率。

3. 选择性激励与强制性民主

选择性激励的存在表明，不管利益集团形式上的组织结构图表明它是多么的民主，但实质上利益集团内部是不可能民主的。同时，如何实行选择性激励本身需要特殊的技巧，因而团体领袖往往被公共选择理论视为政治企业家，其作用在于将集体物品与选择性激励联系起来，从而解决大规模团体中的"搭便车"行为。通过选择性激励，使团体成员达到了一定的规模数量，从而获得足够的政治影响力，并由此向集团成员提供额外的集体收益，这又导致了成员对集体以及集团领袖的依赖。同时，集团领袖的收入、特权、影响力、任命权和社会声望等也都随着团体规模和有效性的增加而增加，因而团体领袖也努力强化自己的自主性，强化自己的自由处置权，增加或维持团体成员对他们的依赖。因此，他们就努力将组织集权化，从这个意义上说，利益集团内部组织更像商业公司的科层制而不是多元主义描述的民主模式。

同时，在利益集团的运作过程中，还实行一种强制的民主接受制度。事实上，尽管选择性激励首先出现在小集团中，并且往往是互动的人之间自发形成的。但是，如果没有一个明确的制约，相互之间不断增强的机会主义最终对谁都没有利处，因而大多数人往往赞同强制性的积极的选择性激励措施。例如，大工会的形成就是强制性的，包括提出"限期入会""只雇用工会成员"以及为工会成员提供诸如保险等非集体的收益等。所以，奥尔森认为，强制成员和纠察线是工会主义的精华。当然，一些集体的活动往往出席率较低，如自愿参加的师生大会等。但这并不表明，集体的成员不希望对成员的行动有所强制。事实上，在美国，超过90%的工人不出席会议或者不参加工会活动，但是超过90%的工人投票赞成强迫自己属于工会并承担相应的费用。究其原因，人并不是完全具有道德自律性，同时还具有惰性，人的行为动机是由意识引导的。奥尔森认为，这种行为并不是矛盾的，因为每个人都希望其他人出席会议而自己不出席，因而这种行为和态度是理性的。也就是说，为了使大集体能够有效运作，在保障基本的自由的同时，往往需要一定的强制。因此，强制的选择性激励方式也称为"强制的民主接受"方式，即集团成员通过民主的方式（如多数表决）来实现供给。

最后，需要指出的是，奥尔森对集体行动困境的分析主要是基于分立的个体理性和个体利益角度，它反映基于个体理性的行为产生了集体非理性的结果。但是，无论是集体行动的困境还是公地悲剧都是建立在被还原的原子个体之上，这种没有社会性的原子个体仅仅是一种自在存在，其行为仅仅是对低层次本能需求的自发反应，基于行为功利原则；相反，现实生活中的人本质上都是自为存在的社会人，他们能够认识到自身的长期利益，从而展开一系列的自觉作为，并成为实现个体的自为存在。事实上，人类的理性根本上就是体现为能够从更长远的视野审视现在的困境，能够看到自身利益与他人利益和社会利益之间的共存性；因此，理性的人类个体往往会自觉地结合起来而采取集体行动，在很大程度上，社会制度的改进往往就是人们基于力量联合而进行有意识的抗争之结果。为此，马克思就提出自在阶级和自为阶级理论，其中，自为阶级是指阶级觉悟提高，认识到自己阶级的根本利益，以及意识到自己的历史使命，并有了自己的政党组织和革命理论的指导，从而开始自觉地为追求本阶级的利益而集体行动；相反，自在阶级则是自为阶级的对称，是指阶级觉悟不高，没有意识到自己是一个阶级和独立的政治力量，也不了解自己的历史使命，尤其是未建立起自己的政党组织，对利益的追求还主要停留在个别的局部的自发的经济层面。在马克思看来，只有当自在阶级转化成自为阶级，个体力量才可以通过联合或公共选择而形成真正的集体力量并推动社会制度的改进。

猎鹿博弈与合作社的解体

1. 缘起：卢梭的猎鹿寓言

法国伟大的启蒙思想家卢梭（Jean-Jacques Rousseau）在《论人类不平等的起源》一书中描写了一个有关猎鹿的寓言故事：如果大家在捕捉一只鹿，每人都明白应该忠实地守着自己的岗位，但是如果有一只兔子从其中一人的眼前跑过，这个人一定会毫不迟疑地追捕这只兔子，当他捕到了兔子之后，往往并不太在意他的同伴们因此而没有捕到他们的猎物。根据这个故事，后人就发展了一类博弈——猎鹿博弈（Stag Hunt Game）。

现假设：有两个猎人分别堵住藏有一只鹿的前后两个洞口，如果两人都坚守自己的阵地，则必然可以获得洞中的鹿，这洞中的鹿为两人所共有；但此时恰好两只兔子分别从他们面前经过，其中，一只鹿的价值为 40，而一只兔子的价值为 10，此时两人就出现了可选择策略。假设：①如果有一个人去追逐兔子，那么，鹿就可能趁机从其守护的洞口逃脱，而追逐兔子者将独自获得一只兔子；此时，追逐兔子者的收益为 10，而守护洞口者的收益为 0。②如果两个猎人都去追逐兔子，那么，洞中之鹿将趁机逃脱；此时，两人各获得一只兔子，两人的收益都为 10。该博弈矩阵可表示为如图 3-23 所示。

显然，该博弈均衡是：两人都去追逐兔子并获得（10，10）的收益，但这小于两人都守护岗位可以获得的收益：（20，20）。不过，如果两人都坚守洞口，那么就可以获得收益（20，20），这对两人都是支付占优或帕累托占优

猎人 A		猎人 B	
		守护洞口	追逐兔子
	守护洞口	20, 20	0, 10
	追逐兔子	10, 0	10, 10

图 3-23　猎鹿博弈

的。如果两人都去追逐兔子，尽管收益只有（10，10），却更为"保险"，符合最大最小原则。

2. 猎鹿博弈的衍生寓意

猎鹿博弈表明，只有通过合作才能获得更大收益，但同时也存在风险，而单兵作战的收益虽低，但风险也低。在该博弈中，博弈方只有在确信其他人也会选择守护洞口时才会选择守护洞口，因而猎鹿博弈又属于"确信博弈"。同时，由于（追逐兔子，追逐兔子）是一个风险占优均衡，符合最大最小原则，因而这个博弈往往会得到（追逐兔子，追逐兔子）结果，有学者又将它称为"狼的困境"。

事实上，猎鹿博弈是顺序统计量博弈（Order-statistic Games）中的一个著名类型，顺序统计量博弈的含义是：博弈方选择号码，他们的收益取决于他们自己的选择和一个所有号码的顺序统计量（如最小值或中位数）。同时，顺序统计量博弈又是不对称支付的协调博弈中的一个重要类型，在具有不对称支付的协调博弈中，博弈方的收益在均衡时是相等的，但不同均衡状态下的收益却存在不同。显然，在这种博弈中，只有行动协调或通过集体行动才可以实现更优的均衡，但是，由于集体成员往往有自己的个人利益，而每个人追逐私利却陷入了低水平的均衡，这不仅损害集体利益，最终也会损害自己的长远利益。

私人繁荣与公共贫困悖论

1. 缘起：贫困的马奇根加部落

秘鲁亚马孙河流域的马奇根加（Machiguenga）部落是一个以家庭为经济单位的社会，家庭成员进行狩猎活动并以火耕方式来种植木薯，而居民之间的社会性联系非常少，不熟识的人之间进行交易的现象更是罕见，他们甚至不知道除了具有亲戚关系之外的其他马奇根加人的确切名字。因此，在他们的社会中绝对不会出现这样的场景：人们坐在酒吧里，围在电视机旁举杯欢呼。在这个社会和经济单位具有极强独立性的社会中就没有多少公平分配的概念，从而也就往往形成不了大规模和长时期的分工与合作。例如，文化心理学家亨利奇对马奇根加部落的农夫所做的实地最后通牒博弈实验发现，当地农夫的出价比其他地方所观察到的实验对象的出价要低得多：平均值为26%，众数为15%，而且，回应方几乎接受了任何出价。此外，亨利奇等的实验还表明，基于自私行为的市场交换并不一定会达到有效率的结果，只有具有更多合作行为和更强一体化的文化中才更容易形成公平分配的原则。

显然，这个事例反映出，一个社会的发达和进步程度往往与其道德水平和社会规范有关。一般来说，一个社会的伦理道德发展越不健全，就越缺乏人文关怀，缺乏合作精神；在很大程度上，这些社会中的个体行为也越接近经济人行为，个体理性与集体理性之间的背离也越凸显。班菲尔德（E. Banfield）在《落后社会的道德基础》中指出，意大利南部的麦山村之所以落后，就在于"他们没有'自我'，而只有'家长'的身份。在麦山村民的心目中，施任何恩惠给外人，就等于是牺牲了自己家人的利益，因此他们负担不起'奢侈'的慈善举动"①。事实上，亨利奇（J.Henrich）联合金迪斯（H.Gintis）、鲍尔斯（S.Bowles）、鲍厄德（R.Boyd）等建立了涵括心理学、人类学、经济学等学科重量级学者在内的跨文化研究小组，他们的实验研究和田野研究就发现，在非洲、亚马孙、巴布亚新几内亚、印度尼西亚和蒙古国的原始文明中，最后通牒博弈的提议方出价极少，而回应者几乎接受了每个出价。其原因就在于，这些社会的交易非常少，还没有建立起基本的合作规范。

2. 私人繁荣与公共贫困的共存现象

在根基于个人主义和功利主义的现代社会中则呈现出私人繁荣与公共贫困的共存局面，这也是源于社会道德的缺失以及政府职能的缺位。

一般来说，私人消费品的增加将带动人们对环境、卫生、教育等公共品的需求的提升。加尔布雷思写道："一种产品使用量的增加不可避免地创造了对其他产品的需求。如果我们要消费更多的汽车，我们必须有更多的汽油；要想开汽车，必须有更多的汽车保险，也需要有更多使用汽车的空间；超过一定的限度之后，更多、更好的食物似乎意味着对医疗服务的更多需求；研究消费量的增加也必然造成这种结果；更多的假期需要更多的旅馆和更多的钓鱼池。如此等等。"尤其是，随着人类社会的进步，人类的社会性需求日益提升，占人类需求的比例也越来越大。比如，著名华裔经济学家黄有光就指出，在温饱过后，私人消费已不能增加快乐，而对环保、安全、教育等方面的需求则越来越大，这些方面构成了影响人们快乐的愈加重要的因素。因此，富裕社会越来越需要一些基本的公共事业，如道路、学校、博物馆、低价住房等。

然而，在由力量博弈决定的市场经济体系中，这些实质性的公共需求往往却得不到满足。①尽管这些公共品需求具有很高的社会效用，但由于这种产品的消费具有强烈的外部性，因此，追求效益最大化的私人往往就不愿提供这类产品；同时，医院、公园之类公共品所需的庞大资金，又使个人无力

---

① Banfield E., 1958, *The Moral Basis of a Backward Society*, New York：Free Press, 1967, Reprinted.

独自提供，从而就导致这些公共品的缺失。②在市场意识形态主导的社会，政府往往只是疲于向观众解释这些问题，却缺乏实际的资金来提供；同时，有些政府虽然富裕，但由于社会制度的不健全，权力往往为那些追求私利最大化的代理人所掌控，从而也没有将社会资金用于公共品的供给上。

尤其是基于个人理性和私利最大化原则，厂商主要供应那些能够给它带来最大利益而非为社会带来最大效用的产品，主要满足于那些反映私人目标的需求，尤其是富人所追求的奢华和攀比欲求得到极大凸显，而反映社会目标的基本需求则往往遭到忽视，这导致公共品供给的严重缺失。例如，如图3-24所示的博弈矩阵中，（私人品，私人品）就是唯一的纳什均衡。

A 投资	B 投资	
	私人品	公共品
私人品	10, 10	20, 0
公共品	0, 20	15, 15

图 3-24　私人繁荣与公共贫困悖论

事实上，长期以来，社会均衡状况却没有受到应有的重视，没有能够使公共服务与私人生产和商品消费保持起码的均衡关系；相反，如加尔布雷思所描述的，"私人部门的富有不但与公共部门的贫乏形成了令人震惊的反差，而且私人产品的丰富性显然是造成公共服务供给危机的原因"。显然，这就是私人富裕与公共贫困的共存现象，它最终造成了社会无序和经济绩效低下。半个世纪之前，加尔布雷思就写道："近年来，任何大城市的报纸——纽约的报纸是最好的例子——天天都在报道基本市政和都市服务短缺和不足。学校设施陈旧，学生人满为患；警力紧缺；公园和运动场所匮乏，街道和广场肮脏不堪；卫生设施落后，人员紧缺；在城里工作的人出行不便，苦不堪言，而且日益恶化；市内交通拥挤，卫生状况堪忧；空气混浊。街道两旁理应禁止停车，别处也没有泊车的地方。"半个世纪过去了，这一状况并没有得到多少改观，在那些收入差距悬殊的发展中国家更是如此。

3. 私人繁荣与公共贫困共存的原因

一般地，社会达尔文主义越盛行、纯粹市场机制越被强调的地方，私人产品和公共产品之间的失衡情形也就越明显：一方面是华贵豪华的别墅花园、昂贵奢侈的私人飞机和琳琅满目的金银绸缎；另一方面则是破烂不堪的公路、充满臭味的河流、拥塞肮脏的公共交通。这种反差不仅是早期资本主义乃至前资本主义社会的基本现象，而且在现在的墨西哥、印度、斯里兰卡等国也随处可见。究其原因，新古典经济学思维已经渗透到全球各地，那些自称奉行市场经济的国家都在努力贯彻自由放任的市场政策，从而导致具有明显外部性的公共设施无法建立。

事实上，我们往往可以看到，一些居民楼的楼道往往坏了好久都没有人修，尽管没有电灯晚上走楼梯容易摔倒，但人们往往会更加小心翼翼地摸黑前行而不是自动换上灯管。关于这一点，我们可以看两个例子。

一是 1986 年诺贝尔经济学奖得主布坎南（James Buchanan）和塔洛克（Gordon Tullock）给出的。一个农场主集体有三个成员 A、B、C，每个成员有一条自己通往集体外界的道路，而每条道路的维修费用 600 由农场主集团承担，再平均分配给三个成员，而每条道路的收益为 700。显然，如果每条道路都维修，那么每个农场主都可以获益 100。但是，在多数表决制下，A 和 B 可能结成联盟而决定只维修他们俩的道路，此时 A 和 B 就可以得到收益 300，而 C 的净损失是 400。显然，在个人自主交易和自主表决的情况下，就无法实现全体的帕累托改进和社会福利提高，其中有些个体通过策略获得超额的福利，而另一些则遭到了损害。

二是《新民晚报》1989 年 8 月 30 日的一则报道。上海市北京路上有栋房子，七个人家合用一个 6 平方米的厨房，每当夜幕降临家家烧饭的时候，七盏灯齐放光明，把个斗室照得通明，各家"画地为牢"围绕自家煤气灶爆炸煮烧，殊不知，多少度电在"空耗"中白白浪费掉了。在这个例子中，每一家既不想占人便宜也不想被别人占便宜，而只关心自己的照明，是一个典型的经济人，于是，都在自己煤气灶上方安装了电灯，而自己不烧时就关灯。显然，结果是造成严重的浪费。只要稍有合作精神，合起来装一两只电灯安装在厨房中间就行了。

好撒玛利亚人与"啃老族"

1. 缘起：日益凸显的"啃老族"现象

近年来，中国社会凸显出一个日益普遍的"啃老族"现象。"啃老族"又称"吃老族"或"傍老族"，他们的年龄都在 23~30 岁之间，并有谋生能力，他们不是找不到工作，而是主动放弃了就业的机会，赋闲在家，不仅衣食住行全靠父母，而且花消往往不菲。主要原因就在于，大多数"啃老族"们因为从小依赖父母习惯了，失去了在生活中和社会上独立自理的能力，而且也养成了懒惰和只接受别人的劳动果实的习惯，因而长大了还只会在父母的羽翼下生活。

"啃老族"是怎么产生的呢？如何化解呢？在很大程度上，这也是基于个人理性原则进行互动的必然结果，这里借一个好撒玛利亚人博弈加以解释。

2. 好撒玛利亚人的博弈分析

前面在分析公共贫困时实际上指出了现代社会中的政府失职，一个组织良好的政府应该积极承担起提供公共品的责任。事实上，尽管医院、公园之类公共品的需求具有很高的社会效用，但因其消费具有强烈的外部性而使那些追求效益最大化的私人不愿提供，或者因所需的资金庞大而使个人无力独自提供。但是，在市场意识形态主导的社会，政府往往只是疲于向观众解释这些问题，而很少将社会资金用于公共品的供给上。不过，即使在那些政府勇于承担公共服务的社会中，如果自利最大化是社会公民的一般价值观，那么，也会出现困局。这里，以政府的救济政策为例加以说明。

考虑一个福利水平决定的救济博弈：政府希望以高福利来帮助那些没有工作的流浪汉（包括物质补贴和教育培训），但前提是流浪汉必须积极寻找工作。这里面临的一个困境是：一方面，如果政府提供高水平的救济金，就会降低流浪汉寻找工作的积极性，因为闲暇是收入的替代；而如果没有政府的帮助，流浪汉因更加难以找到工作而寻找工作之心更加消极，因为即使积极寻找也找不到。另一方面，如果流浪汉积极寻找工作，却由于没有政府所提供的帮助而导致仍然找不到工作，政府的效用降低；如果流浪汉寻找工作是消极的，而政府却提供了高福利，那么政府的效用将更低。根据双方效用函数的分析，我们可以给出如图 3-25 所示的博弈矩阵。

政府救济		流浪汉寻找工作	
		积极	消极
	高	10, 10	-5, 15
	低	-5, 0	0, 5

图 3-25　福利水平博弈

我们先考察一个两阶段的重复博弈。根据后向归纳推理，可以找出第二阶段的纳什均衡（低，消极）；然后给定这个结果，再后推到第一阶段，从而也可以得出（低，消极）均衡。实际上，只要把第二阶段的盈利函数加到第一阶段，就可形成如图 3-26 所示的博弈矩阵（δ 是贴现因子）。

政府救济		流浪汉寻找工作	
		积极	消极
	高	$10+0\delta$, $10+5\delta$	$-5+0\delta$, $15+5\delta$
	低	$-5+0\delta$, $0+5\delta$	$0+0\delta$, $5+5\delta$

图 3-26　叠加的福利水平博弈

因此，两阶段重复博弈的唯一纳什均衡就是 {（低，消极），（低，消极）}。利用这个方法，我们很容易将博弈阶段扩展到更多的阶段，甚至是任意的有限次重复博弈。实际上，只要利用后向归纳法将每一阶段的纳什均衡盈利"糅合"到第一阶段博弈的盈利矩阵，就可以得到一个新的"一次性博弈",其纳什均衡解就是重复博弈的子博弈完美均衡解。

3. 好撒玛利亚人悖论与福利病

公共选择学派的重要代表塔洛克(Gordon Tullock)称为好撒玛利亚人悖论(Good Samaritan's Dilemma),或直接翻译为乐善好施悖论,并将之归功于1986年的诺贝尔经济学奖得主布坎南(James Buchanan)。它源于《圣经·路加福音》第十章第25~37节耶稣基督讲的寓言:一个犹太人被强盗打劫,受了重伤,躺在路边。曾经有犹太人的祭司和利未人路过,但不闻不问;唯有一个撒玛利亚人路过,他不顾隔阂而动了慈心照应他,在需要离开时自己出钱把犹太人送进旅店。因此,耶稣作了一个好撒玛利亚人的著名比喻。好撒玛利亚人悖论具有普遍性,不仅广泛体现在福利国家的困境上,也典型地体现在家庭中。

在福利国家集中表现为福利病。欧洲的社会福利水平普遍较高,如德国社会保障从出生到死亡几乎无所不包,而且还有诸如医疗康复、保健、家庭护理、教育补贴等层次更高的补助。结果,不少享受救济的人并没有丧失工作能力,但就是不愿意工作。事实上,20世纪70年代末福利国家出现的"福利病"引发了以下社会问题:①政府社会保障开支剧增,国家财政负担过重;②资本投资下降,经济增速放慢;③劳动成本上升,国际竞争力下降;④人们工作积极性下降。例如,原来德国享受社会救济的人有290万,150万个家庭。从2005年起,德国政府将失业救济金和社会救济金合并称为失业金,社会救济金尽可能只发给丧失劳动能力的人,而目前德国18岁至65岁之间丧失劳动能力者仅有20万人,其他原来领取社会救济的人员被归入失业行列,领取失业救济。失业者必须接受劳工局介绍的工作,否则每月减少100欧元的失业金。

过度寻租竞争和租金耗散

1. 缘起：郑筱萸受贿案

原中华人民共和国国家食品药品监督管理局局长郑筱萸在 1997 年至 2006 年期间，为八家制药企业在药品、医疗器械的审批等方面谋取利益，先后多次直接或者通过妻子和儿子收受上述单位负责人给予的款物 649 万多元人民币。从 2001 年到 2003 年，郑筱萸擅自降低审批药品标准，这种玩忽职守的行为导致包括部分药品生产企业使用虚假申报资料获得了药品生产文号的换发，其中六种药品竟然是假药。如 2006 年齐齐哈尔第二制药有限公司的亮菌甲素注射液事件、安徽华源生物药业有限公司的"欣弗"注射液事件，导致十人死亡，多名病人出现肾功能衰竭。郑筱萸收受贿赂和玩忽职守的过程也就是一个企业寻租的过程。例如，与郑筱萸关系最为紧密的浙江康力元集团，其执行董事陈丰标就长期在北京活动，正是通过陈丰标等的活动，康力元集团直接从国家药检局拿到批文，很多申报材料都是假的，甚至连仿制都不是。事实上，康力元在 2002 年获得 GMP 证书以后，以每年超过 100 个新药批文的速度让同行侧目，公司也开始进入史无前例的快车道。

这是广泛发生在现代社会尤其是当前中国社会中的"寻租"（Rent-seeking）现象的一个缩影。在现代社会中，基于短视的个人理性原则而追逐私利的行为并产生重要后果的就在这一寻租领域。

2. 寻租理论的分析

寻租理论是公共选择学派提出的，它是和寻利（Profit-seeking）相对应的概念，两类行为产生的结果往往迥然不同。一般来说，寻利是指当一个企业家成功地开发一项新技术或新产品，从而能享受超额利润，这个过程也可称作创租活动；相反，当人们不是创造出更大的"租"，而是从事维护既得利益或对既得利益进行再分配的非生产性活动时，就是寻租活动。

当然，如果赋予"租"以不同于"利"的特定含义，用来指涉及转移分配的特定利益，那么创租就具有截然不同的含义。在公共选择中，通常将创租（Rent Creation）视为人为增大租金额的活动。与之相对的是抽租（Rent Extraction），是指对固定租金的占有活动。如所谓的政治创租，就是指官僚体系中官僚阶层人为地设计竞争障碍，以吸引人们的寻租行为。显然，在这个意义上，创租的存在是寻租活动的根源，也是抽租的根源。与"寻租"相对应的另一个概念是避租，因为寻租是一些集团为获取收入转移的活动，这必然会对另一些集团的利益造成损失，为了避免这种损失，这些集团也需要展开一些活动来防止这种不利的结果。可见，避租是寻租活动引起的，都会造成社会资源的浪费。此外，当为了维持已经获得的垄断租金，防止因他人的加入而导致已获租金的侵蚀而寻求政府庇护的活动就称为"护租"。

公共选择学派认为，寻租的根本原因在于存在管制：人为的干预和管制，抑制了市场公平竞争，造成资源的稀缺，从而形成了额外利润。为此，公共选择学派泰斗布坎南、塔洛克等都把寻租活动产生的根本原因归结为政府对市场的过多干预。政府拥有各方面的特权、垄断权和优惠权，寻租活动的目的就是通过影响各种公共权力的运用来获取巨额租金。例如，前世界银行首席经济学家克鲁格（Anee.O.Krueger）在《寻租社会的政治经济学》一文中分析了发展中国家因限制进口而出现大量的寻租活动，根据粗略估算，1964年印度由于进口而形成的租金数约占国民收入的7.3%，1968年土耳其仅进口准许一项产生的租金占国民收入的15%。同样，罗斯（V.B.Ross）估计，肯尼亚与贸易相关的寻租占国内生产总值的38%。正因如此，在一个由于特权而形成的垄断中，众多的窥视者将投入大量的人力、物力和财力来争取这种资源，从而造成社会资源的浪费和整个社会经济效益的下降。

当然，仅仅因有管制而创设了租金，还不必然会产生寻租的现实，寻租的直接动机是存在基于个体理性的逐利行为。在很大程度上，正是那些希望抽租的政府或其代理者的逐利动机才产生这样的行为：一方面通过管制来创租，另一方面又通过鼓动人的自利行为来寻租。如图3-27所示的博弈矩阵也可以看出，在制度不完善而具有租金存在的情况下，基于个体理性的行为，每一方的最佳策略都是寻租，最终产生了负和博弈。

寻租者甲	寻租者乙	
	寻租	不寻租
寻租	−5，−5	5，−10
不寻租	−10，5	0，0

图 3-27　寻租博弈

3. 过度竞争和租金耗散

寻租本身只是资源的转移而不是浪费，那些贿赂本身也并不必然会造成社会浪费。例如，当一个寻租者能够无成本地贿赂授予其垄断权的政府官员，那么，这种贿赂并不造成社会资源浪费，而仅是一种再分配的转移支付。问题的关键在于，伴随着贿赂的是行贿的交易成本，如院外游说的酬金以及官僚们为被安置到能受贿的位子上进行竞争而耗费掉的时间和金钱，就产生了真正社会浪费。也就是说，只有那些为寻租而投入的大量人力、物力才构成真正的浪费，这也就是租金耗散问题。显然，随着对寻租的竞争越发激烈，这种租金耗散程度越高，从而浪费也就越严重。

因此，寻租竞争必然会导致寻租过度以及相应的租金耗散，最终浪费了大量的生产性社会资源。而且，竞争性寻租除了造成资源浪费外，更严重的还在于会造成社会协调的混乱，从而对经济发展产生严重的影响。具体表现为：①经济资源配置的扭曲，阻止更有效的生产方式的实施；②他们本身白白浪费了社会经济资源，使本来可以用于生产性活动的资源浪费在这些无益的社会活动上；③这些活动还会引起寻租的连锁反应，导致其他层次的寻租或避租活动。而且，正如寻租理论的开创者克鲁格指出的，寻租活动的蔓延具有恶性循环的趋势：因为寻租的存在，市场竞争的公平性被破坏，使人们

对市场机制的合理性和效率产生了根本性的怀疑，于是人们更多地要求政府
干预来弥补收入分配不均的现象，这样，反而提供了更多的寻租机会，产生
了更不公平的竞争。

租金耗散与学术的庸俗化

1. 缘起：寻租在重商主义后期的衰落

在重商主义时期，西方各国广泛存在着管制政策和寻租现象。例如，在英国，为了确保羊毛制品的利益，羊毛支配的替代品——一种被称为"印花布"的印制棉制品的进口是被禁止的，如 1721 年的法律禁止使用印花布，却允许生产和出口该种商品。再如，在法国，1686 年到 1759 年间生产、进口和使用印花布都是被禁止的，甚至政府对每英寸布所必需的线的数量都作了规定。显然，寻租首先是有利于那些掌握创租资源的国王和官僚，寻租的结果则有利于那些拥有最优惠垄断地位与特权的人，这些人往往与政府官员有着密切的联系，从而成为一群暴发户。例如，伊丽莎白女王就宣扬君主是如何用颁发垄断特许证书的办法来养活宠臣的。

不过，这种寻租现象随着议会力量的崛起就逐渐消失了。这究竟是源于法律对寻租行为的外在限制还是源于某种内在机制呢？要知道，院外游说在当前的美国社会依然是合法的。

2. 租金耗散理论的解释

从根本上说，寻租现象的消逝源于寻租成本的改变。就重商主义时期的大量管制政策以及寻租行为而言，它的广泛流行主要就在于那些管制权掌握在君主或王室成员手中，寻租者只要游说了君主或其宠臣一人就可以获得成功，这极大地降低了租金耗散。也就是说，君主代表了低成本的寻租环境。但是，随着西方社会结构的变革和民主运动的兴起，供给管制法律的权力就逐渐分散在政府各部门之间，此时，成功的寻租者必须游说一系列部门，从而导致寻租成本大大上升，乃至租金完全被耗散掉。正因如此，随着议会供给管制法律权力的增长及其最终完全接管了王室的权力，改变了垄断权利买卖双方的成本和收益，垄断公司从特别许可制中能够获得的利益越来越少，从而对管制的不满也就越来越大，最终导致了重商主义的衰落。

因此，市场经济中寻租现象的变化根本上可以用租金耗散理论来说明。一般来说，在寻租领域，随着对寻租的竞争日趋激烈，租金耗散程度也日趋升高，效应的浪费也就越严重。假设：寻租者中性风险，其初始收入为 Y，潜在租金为 R，寻租者人数为 N，同时，寻租行列的出入完全自由，并且每个人选择相同的投资额，赢得该租金的概率相同。因此，代表性寻租者的寻租投入 I 将持续到这样一点，寻租的预期收入等于非寻租的预期收入，即：$E(Y) = \frac{1}{N}(Y - I + R) + \frac{N-1}{N}(Y-1) = Y$。有：$R = NI$。显然，均衡时，寻租者投入的租金总额将完全耗尽可得到的租金；此时，寻租者人数等也确定了。相应地，如果管制者人数的增加，寻租的投入成本 I 将增加，而能够进行寻租的人数 R 就会减少，最终也将导致寻租市场的解体。这意味着，市场竞争的发展将会瓦解寻租现象。

3. 现代学术精英的困境

基于寻租竞争理论和租金耗散逻辑，我们就可以对现代学术的发展的困境作一分析：学术研究越来越主流化，学术队伍越来越同质化，学者越来越缺乏思想，而那些特立独行者越来越难以生存。实际上，以前的学者非常少，能够在大学获得固定教职的学者更少，同时，以前的社会也比现代更专制，但是，以前却出现了不少具有洞见的学者，那些特立独行者也时不时地获得重要教职岗位，从而有效地推动了学术的发展。为什么会出现这种差异呢？

在精英学术年代，尽管那些特立独行的非主流学者往往因其不合时宜的道德、立场和观点而受到非难和排斥，但是，由于当时推崇精英的评价体系有助于人们从知识渊博程度来判断一个学者的水平，因而其中很多学者也可以争取到本来很少甚至唯一的教席。究其原因，在盛行精英治理的学术界，学界乃至政商界的人士相互之间都是知根知底的，他们清楚各自的学识和观点，因此，尽管精英们之间的观点可能不一致，但"风水轮流转"的现象却也会使得那些原先的异端者后来得到受用。然而，在大众学术时期，由于庸俗民主制的实行往往导致众多的平庸之徒控制了学术委员会，结果，那些具有前沿性的学术思想和理论反而不能得到大多数平庸者的理解，甚至会遭受学术"多数暴政"的压制，从而存在着普遍的滥竽充数的现象。

这意味着，随着物欲主义的泛滥以及社会单向度的发展，多数"民主"下对学术的压制甚至要比学术独裁下的压制更为严重和坚固，关于这点可以借鉴寻租的思想来加以说明。一方面，在精英学术年代，一个特立独行者只要说服一两个当权者（学术的或者主管单位的）就可以了，但在平民化时代，必须说服众多的深受主流影响或拥有强大既得利益的人士。在这种情况下，"学术范式更换"的寻租成本要高得多。另一方面，不但那些具有高水平的特立独行的精英可以展开游说，而一般的甚至不学无术的人也可以进行游说，由于这些不学无术的人更愿意也更善于花时间和精力在人际关系上，因而在导致了租金的极度耗散的同时也产生了学术寻租领域的"劣币驱逐良币"现象。

事实上，这两种导向也使得那些学术精英面临着不同的生活处境：纯粹从学术的发展来说，以前那些先驱者的学术处境虽然艰辛，但比现代那些真正有志于探索学问的学者所面临的环境还是要好些。①在精英学术的时代，那些知识渊博的学术精英，即使其观点可能暂时不被认可，但也可以为社会所认知；同时，他往往也可以吸收一些追求认知的弟子，从而使其思想逐渐得到传播，并最终为社会大众所接受。②在大众学术时代，学术看似是"民主"的，但由于本来非常专业的学术发展却由太多的"外行"来决定，这实际上导致学术陷入了"多数暴政"统治之中，结果，那些思想先驱更难吸收到一批敏锐而具有学术理念的弟子，从而使思想更难得到传播。

同时，尽管以前的学术界也存在压制"异端思想"的学霸，而且，这些学霸之所以成为学霸，主要是因为受到一些实权人物的青睐和资助，但是，这些学霸往往也具有一定的真才实学，因为任何有教养和有追求的贵族或当政者往往都不情愿资助一个不学无术的人，除非有强烈的孤注一掷的政治目的。因此，以前那些学识渊博的特立独行者往往可以获得一些有识之士的青睐而享受殊荣。即使是马克思,在生活非常困难时期也曾得到《纽约每日论坛报》的支持,这家报纸的编辑德纳称马克思为该报最受尊敬、报酬最高的通讯记者,而稿酬则成了马克思在 19 世纪 50 年代唯一的固定收入来源。同时,一些异端者即使因失意而不为世所重、所用,却也可以像一般的平庸之士那样过安稳的生活,因为以前的教授席位本身就极少,在这些异端者之上的也只是少数。一个明显的事实是,西斯蒙第、屠能、戈森、霍布森以及维克塞尔等人都因学术主张而饱受冷漠和歧视,但他们生活的处境要远远好于今日经济学界中那些致力于新思想和异端经济学的学人。

此外,早期的资助者所看重的主要是学者的学术成就,学术以外的才能在学术职位的获得中起不到显著作用,学术之外的缺点也同样很少遭到这些资助者的挑剔。学说史就表明,人类社会中那些伟大的工作往往都是由一些性格上或生活上有缺陷的人完成的。然而,当前学术界却流行着"赢者通吃"规则,一个在某领域具有某种专长的人往往把在该领域获得的权威性拓展到其他领域。于是,那些善于搞各种关系而在政、商、学各界八面玲珑的"能人"逐渐占据了学术职位,并在庸俗民主制的决策机制中逐渐成为学霸。相应地,那些掌握资源的当权者们更愿意与这些平庸的学霸相勾结,从而到处呈现出政客、大贾与学霸相互勾结的现象。其原因有二:①由于高校以及国家资源已经不再属于个人所有,因而那些明智的当权者在资助那些特立独行的学者时就要受到很大的制约,往往只能按既定的"规则"办事;②大量的当权者本身就相当缺乏素养,根本不能也不愿去鉴别那些学霸的真实水平,从而形成一种共生关系。

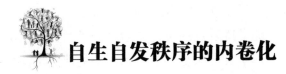

自生自发秩序的内卷化

1. 缘起：儒学成了"吃人"礼教

中国文明具有极强的连续性，它根本上源于对社会生活的关注，强调对个人欲求的抑制以及对社会的责任，在此基础上形成了灵活而开放的责任文化和礼治精神。但不幸的是，在漫长的演化过程中竟然蜕变为"吃人"的礼教。梁漱溟指出，"中国文化一无锢蔽之宗教，二无刚硬之法律，而极尽人情，蔚成礼俗，其社会的组织及秩序，原是极松软灵活的，然以日久慢慢机械化之故，其锢蔽之通竟不亚于宗教，其刚硬冷酷或有过于法律。民国七八年间新思潮起来，诅咒为'吃人的礼教'，正为此，举例言之，如一个为子要孝，一个为妇要贞，从原初亲切自发的行为而言，实为人类极高精神，谁亦不能非议，但后来社会上因其很合需要，就为人所奖励而传播发展，变为维护社会秩序的手段了。原初精神意义尽失，而落于机械化、形式化，枯无趣味。同时复变得顽固强硬，在社会上几乎不许商量，不许怀疑，不许稍微触犯"。

其实，早期的儒家不但关心人文，而且特别注重制度建设，但是，历史的演化却使得政治儒学式微而心性儒学偏盛，并最终导致了中国传统以不变中求变的"礼乐"精神中强调"变"的一方扩张动力的逐渐衰退。那么，从中国文明的发展路径中，我们可以看出什么问题呢？这个现象又是如何产生的呢？事实上，中国文明的发展明显呈现出一种内卷化态势，这也是囚徒困境的另一重要表现，其机理也在于自我反馈的路径依赖。

2. 社会发展的内卷化

一般来说，基于个体互动的自发秩序往往有三大发展途径或方向：建构（Revolution）、演进（Evolution）和内卷（Involution）。建构是指急剧的社会变迁，它一般是由人为主导的、供给式的和跳跃性的；演进一般是需求诱导的自下而上的渐进、连续性的变迁方式；内卷则可被理解为一个社会体系或制度在一定历史时期在同一层面上的自我维系、自我复制，主要是指一种社会或文化模式在某一发展阶段达到一种确定的形式后，便停止不前或无法转化为另一种高级模式的现象。

1993年的诺贝尔经济学奖得主诺思（Douglass.C.North）曾指出，制度变迁过程中存在着严重路径依赖，一不小心就可能陷入路径锁定之中，这也是为什么原来有效的制度变得无效的原因，或者某个社会普遍低效率的原因。这种长期的路径锁定现象也就是社会秩序变迁过程中的"内卷化"问题。内卷化是人类社会演化过程中出现的一个普遍现象，如中国社会长期就存在着这种内卷化倾向：自秦汉以降，中国封建专制制度统治下的农民从整体看来处于绝对贫困的趋势之中。

事实上，尽管社会组织是由社会个体组成的，本质上应该为社会个体服务，但是，它一旦形成就具有相对的独立性，具有独立的内聚力、秩序和结构，从而产生了独自的目标和利益，企业、国家、民族、政党无不如此。自由主义哲学家波普尔（Karl Popper）就指出，"社会群体大于其成员的单纯加总，也大于其任何成员任何时刻存在的诸多个人关系的简单总和……甚至可以相信，群体可能保持其许多原有特性，即使它的原先成员都被别的成员所取代。"

这意味着，尽管一种社会组织的基本成分在不断地新陈代谢，但组织的变迁也不完全是产生于个人的行为，而是具有相对独立的自生存能力，并反过来支配了个人的行为。比如，尽管隋唐以来的科举制使得官僚成员不断更替，但那些新的成员一旦进入官僚系统就成了官僚制的附属，从而使官僚制得以长期稳定。例如，白圭、桑弘羊、东郭咸阳、孔仅等原本都是商人，但一旦踏入官场，就成为官僚体制的维护者，成为"重农抑商"政策的推行者。因此，伟大的社会经济学家马克斯·韦伯也曾提醒说："当组织已毫无意义之后，它还将继续存在一段时间，因为有些官僚要靠它维生。"例如，代表马车夫的组织在马车消失之后变成了代表卡车司机的组织，为了帮助某次战争的退役军人所成立的组织会自动延长其寿命而代表以后各次战争的退役军人的利益。

3. 内卷化现象面面观

内卷化不仅体现在经济组织的演化中，更突出地表现在社会文化、政治体制等方方面面。例如，在政治体制上，内卷化主要表现为两个方面：一是政治体制的性质异化以及其功能失调的现象；二是政府部门的自我增生而导致机构臃肿的现象。

就政治体制的性质异化以及其功能失调而言。国家本身为个人权力转让的产物，根本上是作为一个协作系统而产生的，但是后来却蜕变为统治者牟取私利的工具或者本身成为利益主体，而且，基于协作系统的国家内部的各个政府部门本来是相互制约的，但后来成为听命于某一强势的独裁者。比如，基于孔子"为汉制法"，皇帝和政府是分开的：皇帝作为国家元首，象征国家的统一，而实际政权却在政府，宰相负责一切实际政治责任，而且，政府各个部门的权力是平衡的，三公九卿分别掌管政事、军事、监察以及祭祀、执法、外交、财政等权力。然而，正是由于中国古代一直采用不成文的习惯法，随着中国社会的演进，政治制度中对最高位者皇帝的制约却越来越松弛，结果，到了明清以后中国逐渐走上了真正的君主专制之路。实际上，自宋开始谏官台官不再由宰相推荐，也不再从属于宰相，从而谏官的职能从监督皇帝变成了与政府对立，明代以后索性把谏官废了，而只留下审核皇帝诏旨的给事中，到了清代，甚至连给事中的职权也废止了。

就政府部门的自我增生而导致机构臃肿而言。明显的表现就是，国家机构不是靠提高旧有或新增机构的效益，而是靠复制或扩大旧有的国家与社会关系来扩大其行政职能，这也就是帕金森规律的展现。也正因如此，尽管不断有将机构进行合并的呼吁，但结果却往往是越合并机构越臃肿、官僚越多。实际上，尽管中国很早就确立了具有形式理性的官僚体制，但迄今却依旧没有形成真正的权力制衡的政治体制，也没有一个真正高效的政治运行机制，而是挣扎在无数的相互扯皮和相互博弈之中。事实上，从政府管理人才的选拔上看，儒家历来强调圣贤治国，但实际发展的结果却导致了官、民分殊，进一步刺激了官本位的发展。我们可以对中国的官僚体制发展过程作一梳理。

首先，汉代的孝廉察举制本身是为国家物色人才，但是最后却造就了世族门第。国学大师钱穆写道："只要家庭里有人做到了二千石的官，他当一郡太守，便可有权察举。他若连做了几郡的太守，他便是足迹遍天下，各地方经他察举的，便是他的门生故吏，将来在政治上得意，至少对他原来的举主，要报些私恩，若有人来到他的郡里做太守，必然也会察举他的后人。因此察举过人的子孙，便有易于被人察举之可能。上面说过，汉代选举，是分郡限额的，每郡只有几个名额，于是却永远落在几个家庭里。如是则每一郡必有几个像样的家庭，这便造成了将来之所谓世族门第。"为此，曹魏时期的尚书陈群创立了九品中正制，希望以一套较为客观的标准并继承汉代乡举里选之遗风而选用人才，但是，后来演进的结果却是，为了获得大中正品题提拔，各地人才都纷纷集中到大中正所在地的中央，导致了地方无才，最终演变为拥护门第，把觅取人才的标准无形中限制在门第的小范围内。究其原因，陈群之时，中央和地方失去了联系，因而只好由中央官来兼任大中正，以便于他推选他的本乡人士之流亡在中央者备供中央之用，但是，后来施行的时空关系都改变了，却依旧原规，从而缺陷就暴露出来了。

其次，为了吸取汉代地方长官察举和魏晋中央九品中正评定之弊，自隋唐开始设立了自由竞选的科举制以保证这种官僚体制的流动性，这种制度设计的最初是为了制度秩序的自发扩展，但是，在中国1300多年施行的结果却是，官僚的成员虽然有新陈代谢而发生流动，而组织本身的实质内容、功能等却一成不变，这就陷入了"形式理性的陷阱"，甚至为社会流动发挥重要作用的科举制到后来却被人们作为有利可图的家族产业进行经营。究其原因，尽管中国古代的科举制原初的目的是通过圣人言语的教育，提高读书人的社会性，从而担负起服务社会的责任，但是，由于人才甄别的需要导致科举不断形式化和技术化，从而导致科举的内容和形式之间产生了巨大的分裂。

事实上，在科举制实行之初，社会上的门第势力正盛，应考的人中有许多都是门第弟子，这些门第弟子在家庭中就已经接受了儒家大义的熏陶，但是，到了晚唐以后，应考的多数是寒窗苦读的穷书生，他们本身没有受到儒家思想的熏陶，而只是留心于应考的科目，专心在文选诗赋以及经籍诵读上，从而对政治传统一无所知。在这种情况下，一般的读书人用焚膏继晷的方式熟读儒家经典，其目的不过是希望能够通过科学考试，在政府机关中谋取一官半职，在理论上取得"以道济世"的机会，在实际上却是为了光宗耀祖、光耀门楣，而且，这些读书人一旦考上科举，进入了官僚体系之后，他们首要的目的就是维护原先的"贵贱有等"的封建金字塔，从而进一步造成整个社会的层层压抑。所以，列文森（Joseph R. Levenson）指出，"儒家的需要导致了科举制度的形成，但科举制度形成后似乎又违背了儒家的需要，它甚至按照那些想成为官员之人的愿望把文化提升到了品质之上，因为毕竟学问是能够系统检验的，而品德不能"[①]。因此，精通儒学典章的那些儒生却往往干出伤天害理、尔虞我诈的事。

---

① 干春松：《制度化儒家及其解体》，中国人民大学出版社 2002 年版，第 172 页。

高度民主社会的选举悖象

1. 缘起：美国总统多"笨蛋"

一个名叫法艾尔的法国人曾嘲讽美国总统选举："我们法国人都明白，美国已经无药可救。他们的总统如果不是弱智，起码也是没文化的。从'密苏里的领带商'杜鲁门到'传了两代的政治骗子'小布什，中间还有卖橡胶的卡特和二流演员里根，白宫简直就是一座傻子展览馆。"尽管这个评论过于极端，不过，从社会美德和治国才能的角度看，美国近来选举出的当政者确实良莠不齐，例如，二流演员出身的总统里根、选美出身的州长施瓦辛格和佩林乃至五花八门的艳星和机会主义者都成了竞选中的胜利者。显然，这与民主选举的初衷是相违背的，那么，如何理解这种悖象呢？

其实，不仅美国如此，现代民主社会几乎都是如此：民主选择的结果往往导致迎合世俗趣味的庸人占据高位。马克斯·韦伯（Max Weber）就指出，一般来说，不是第一流的而是名列第二或第三的候选人当选已经成为通则，这无论是在枢机主教选举还是美国总统选举中都可以看到这一点。为此，米塞斯（Ludwig von Mises）就指出，尽管民主主义者声称国家应该由少数最优秀的人来治理，但民主以及民主推选的国家首脑往往四处被人嘲笑，从而导致了"各种不同的反民主流派的追随者的人数呈有增无减之势，民主推举的最高领导人表现得越拙劣，人们对他们的蔑视心理就越强烈，因此，反对民主的人数就越多"，而且，对究竟什么是最好的或最好的一批人并没有评判标准，例如，"波兰共和国的人民把一位钢琴演奏家推选为国家首脑，因为波兰人民认为他是当代最优秀的波兰人。实际上，国家领导人必须具备的素质无疑与一位音乐家必须具备的素质大为不同"。

2. 民主悖论与自由悖论

现代思想家普遍认为，民主选举是把政治权力的杠杆交到具有对现代国家有效的政治运作来说必不可少的智力和素质的少数人手中的政体。为此，西方社会的宪政主义者主张议会主权，通过选举制使优秀人才进入承担立法大任的议会，然后再通过民主议事来"为天地立心"，从而可以实现人尽其才。然而，这种美好的理想却很难在现实生活中得到印证，而且结果还往往相反，过分强调民主选择反而会导致人才的配置扭曲。钱穆就指出，在当前这种民主制度下，"则孔子出而竞选，未必能胜于阳货。战国诸子出而竞选，亦未必能胜于孟尝、信陵、平原、春申四公子及苏秦张仪之徒"。"在美国，曾有一位博学的大学教授与一个汽车夫竞选而失败了。"正因如此，钱穆感慨道："选举原意，在如何获取理想人才，俾可充分代表民意。（然而）单凭群众选举，未必果能尽得贤能。"在目前这种选举制度下，"既各怀其私，则惟有以法律制度为公道。果抱伊尹之志，亦无可舒展。效颜子之学，将断然无意于竞选"。显然，现代社会中拙劣的当政者往往都是在自由而开放的条件下出现的，波普尔将之称为"民主悖论"和"自由悖论"。

"民主悖论"和"自由悖论"现象如何解释呢？从根本上说，这源于对民主的曲解以及个人功利主义的作用。事实上，民主所决策的是事关公共领域的事务，要使这种决策合理化，就需要决策者能够更多地从公共利益而不是从私利的立场来进行考虑和评估。正是由于民主决策的公共性及其肩负的社会责任，民主制的有效性往往依赖于参与者所具有的社会责任或教育素养，相应地，民主本身也是教育普及，从而使社会成员社会性普遍提高的产物。但是，由于人类社会中社会成员的社会性还存在明显的差异，一人一票制的民主就无法体现个体之间的偏好强度以及能力方面的差异，从而导致了民主的扭曲。这样，如果决策参与者充斥了基于一己之私的素质低下者，那么就很难建立一个稳定成熟的体制，而只是会基于力量消长而不断更换规章。也正是基于这种素质要求，迄今为止的任何社会中，参与民主决策的人员范围都有这样或那样的限制，从来没有完全普及的民主选择。

事实上，随着民主选举权的普及，选举者的素质开始下降，以致选出来的领导者的素质也显得越来越低。一个明显的例子是，在美国选举权受到很大限制时，选举出的华盛顿、J.亚当斯、杰斐逊、麦迪逊、门罗以及 J.Q.亚当斯等都是具有高度才智、渊博知识以及高尚品质的人，但是，随着民主选举范围的扩大，如今的总统、州长以及市长等的素质就明显下降了。其原因有二：①多数民主的公共选择机制存在缺陷：基于多数票规则的公共选择本身存在悖论现象而没有确定的结果，而且，不同的投票形式和不同的投票程序所产生的结果也不同；②简单的民主选举并不能体现选举人的认知深度和偏好强度，从而会出现跟风和从众现象。1973 年的诺贝尔经济学奖得主哈耶克（Friedrich August von Hayek）就曾指出，"一般来说，各个人的教育和知识越高，他们的见解和趣味就越不相同，而他们赞同某种价值等级制度的可能性就越高"。在很大程度上，当人们的素养下降时，他们投票时所看重的就不是候选人的真实能力和人品，而是他所代表的利益以及当选的可能性，因为多数人都希望自己选择的人可以当选，而这种预期又受社会鼓动者的影响。

就公共领域的职位而言，它主要是协调性和服务性的，从而应该授予那些具有相应能力的人。也就是说，那些获得职位的人仅仅是把它作为自我实现的途径而不能从中牟取私利，人们也不会出于私利的目的而对此职位展开激烈的争斗。比如，近代的孙中山、黄兴等都强调"功成身退"，他们往往更愿意推举有助于社会长期稳定的其他贤人，如在民国后第一次选举中，孙中山之所以没有全票当选就正是缺了他自己的一票。现实社会往往注重选举过程中的规范而相对忽视对当选者的监督，正是由于缺乏有效的监督体系，那些占据公共领域职位的功利主义者往往可以依靠这种公权力来牟取私利，为此，那些崇尚"不流芳百世，就遗臭万年"的野心家就会千方百计地攫取这个职位及其权力，从而出现了袁世凯这样的窃国大盗以及随后以武力获取权力的各路军阀。显然，这两类人物的分离随着选举范围的扩大日益严重。例如，华盛顿尽管由全票当选为总统，但他从未把自己当成总统候选人，也从来没有为竞选付出过任何努力，后面几任总统竞选之间的竞争也往往是"君子之争"。但后来的总统竞争却逐渐演变为功利主义者攫取权力的舞台，因而总统选举越来越激烈，竞选花费也越来越大，而选出的总统之素质却日渐低下。

民主悖论和统治权悖论

1. 缘起：米歇尔斯的寡头铁律

随着民主选举范围的扩大，选择的结果还会导致强人占据高位，甚至导致独裁。这就是社会学家米歇尔斯（Robert Michels）提出的寡头铁律：民主制度必然会导致独裁。米歇尔斯定律的基础是：组织的必要性和不断增强的政治领导的独立性。结果就是，一小撮独立的、踌躇满志的政治领袖驾驭着民主运动的浪潮，而总能把他们的意志强加于多数人集团。多恩（Van Doorn）演绎了米歇尔斯的理论：民主意味着多数人的意志；多数人的意志意味着一种组织，即显示力量的多数人联合；组织需要领导，以使力量准确击中要害；领导意味着多数人服从；多数人对少数人领导的服从即为寡头决策。这样，本着民主的精神，从一致同意规则发展到多数通过规则，最后的结局却是寡头决策或独裁。

分析如下：一个由 25 人组成的社会中，只需要 9 个人同意某个议案就可使得它通过了。具体的做法是：将这 25 人分成五个区，每个区 5 个工人，因此，只要三个区中的多数同意，就可以使一项议案获得通过。同样，在一个 36961（199×199）人的社会中，只需要 1000 人就可以使一个议案获得通过，并且，随着社会中人数的增加，议案通过的比例也在下降。实际上，现代许多政党的主要决策机制都是民主集中制的：由党代会选举中央政治局委员，再由政治局委员选举政治局常委，最后由政治局常委确定总书记，然而，这些政党在历史上几乎都曾出现过领导人独裁的现象。

2. 寡头铁律的含义

米歇尔斯寡头铁律之所以会出现，是依赖于一个重要假设：每个人都基于个人理性原则，在公共决策中不愿承担过高的私人决策成本。用布坎南和塔洛克的分析就是：在直接民主的领导者眼中，直接民主仅仅是就多数参与来说有意义；多数参与给每个参与者个人带来的高决策成本；而这些决策成本如此之高，以至于所有个人都乐意接受由少数人作出决策的决策准则；这些少数人集团总是由同一群人组成，而这些人即使由他们付出所有的成本，他们追求政治权力或（和）公共品得到的收益；决策始终由同一个少数集团作出，就导致寡头决策的形成。也就是说，直接民主中的多数人参与导致了寡头决策的形成；独裁的产生并非是领导者攫取了权力，而是多数人的自动弃权；寡头决策并不是决定性的一致或故意产生的，而是一种危险的法律造就的。

米歇尔斯的寡头铁律也意味着，在民主的形式下，有可能使少数人支持的候选人获胜；同时，在多数通过规则投票中往往存在多数对少数的强制，或者由于投票悖论问题的存在而导致人们最不喜欢的东西出现。例如，麦迪逊和汉密尔顿两位宪法起草者接受的是休谟的分权说，为了控制个人野心和制止权力的可怕结合，他们所设想的共和国也是立法之上的，明确界分了国会的"宣战权"和总统作为武装部队总司令的权力；但是，后来还是总统的权力逐渐控制了武装力量介入的对外事务，如由肯尼迪、约翰逊和尼克松总统操纵的越南战争就是在没有正式的国会宣战的情况下进行的，里根总统则暗中援助尼加拉瓜反政府武装力量并积极支持两伊战争的伊拉克。显然，尽管美国已经确立了三权分立体系，但仍然使得一权逐渐独大。

显然，寡头铁律是在自由而开放的条件下形成的，因而波普尔将之称为"民主悖论"和"自由悖论"。民主悖论和自由悖论表明，各国选择的结果往往导致集体决策权的旁落，并最终导致社会组织发生异化，而异化的结果便是它的目的发生了改变：不再为所有成员服务，甚至也不是为功利主义意义上的最优社会福利服务，而是成为某一小部分人攫取利益的工具。

3. 统治权悖论及其成因

由于选举出来的不是那些最具有协调能力并服务人民利益的人，反而是那些最具统治力并对人民实施控制、监督的人。为此，波普尔提出了民主选举中的"统治权悖论"。事实上，希特勒、墨索里尼、东条英机等都是通过政党选举上台的。为此，波普尔强调，我们在努力获得最好的统治者的同时也应尽可能地为最坏的统治者做好准备。

波普尔写道："全部的统治权理论都是悖论。例如，我们可以选择'最聪明的人'或'最优秀的人'作为统治者。但是，'最聪明的人'用他的智慧也许会发现不应由他，而应该由'最优秀的人'来统治，而'最优秀的人'用他的善良也许会决定应该由'多数人'统治"，而"多数人"的统治往往或导致智慧和道德低下的人当政。也正是因为民主的这种缺陷以及对"谁是最适合从事政府领导工作的人"充满了争议，结果，往往是那些"最强"的人取得管理权，反民主的理论也由此主张少数人有权使用暴力夺取国家权力，从而达到统治大多数人的目的，因为只有这些少数派才真正理解统治的力量。因此，"评价某人是不是最佳人选，主要看他是否具有独立的统治能力、智慧能力和号召力，看他是否具有干预违背大多数人的意志奋勇向上，从而出人头地，成为统治者的胆识和本领，如此等等"。

当然，统治者悖论的出现根本上在于民主体制还是不完善的，政治信息和决策是不透明的以及民众的认知水平还存在欠缺。相反，在一个真正的法理型社会，当政者仅仅起对民众利益的协调作用而不能把公权力当作牟取私利的工具，这样，就不会出现这种悖论。而目前大多数人之所以都希望有一个强势领导人，就在于我们的社会还没有真正实现由卡里斯马型向法理型的转变。其实，在法理型社会，女性往往是更适合的行政人员，因为女性一直以来就在从事家政管理工作，积累并发展了合作性本能，不但能更好地贯彻法理型中的协调功能，产生较少的代理问题，而且还可以弥补刚性法律之不足，使之更为灵活。

 误入歧途的 MBA 教育

1. 缘起：MBA 在中国的迅猛发展

MBA 教育可以追溯到 1881 年宾夕法尼亚大学成立的第一个商学院——沃顿商学院，即使从 1908 年哈佛大学商学院率先设立正式的两年制 MBA 教育项目算起，MBA 教育已有 100 多年的历史，这 100 年间，其发展速度为所有其他专业望尘莫及。尤其在中国，自从 1991 年国家批准清华、复旦、人大、南开等九所院校试办 MBA 以来，目前国家认可的 MBA 招生院校已扩大到近 240 所。尤其是，自 2007 年爆发全球性经济危机以来，中国的 MBA 教育不但没有萎缩，反而出现了新一轮的增长态势。同时，在全球化情势下，中国大学的 MBA 教育明显呈现出多样化的发展趋势：①中国人的追求越来越国际化，到国外接受 MBA 教育的中国人迅速增加；②课程设计日益国际化，不仅教育课程越来越注重国际案例和英文，而且越来越多的外国学生来中国大学接受 MBA 课程；③目标对象日益专门化，不仅有专门为外国学生提供了解中国的政治、经济、文化状况的国际 MBA 项目，而且也有专门针对国内特定人士的全英文教学 MBA 项目；④学习实践越来越全球化，不仅越来越多的大学推行 MBA 海外游学项目，有的大学还要求每个 MBA 学生都必须有全球化经历。

2. MBA 教育发展的现实性

MBA 教育在当前中国社会有现实的需要，它有助于培养工商界管理人

才，这包括管理方式的转变、决策水平的提高、经营理念的提升、国际视野的拓宽等。同时，有助于中国的工商管理者熟悉国外社会和经济环境，理解不同社会的文化历史和思维方式，从而扩大经济贸易交流和增进国际竞争能力。国际商贸规则迄今都是欧美发达国家制定的，都根植于西方社会的文化价值和行为规范，而且，世界经济形势迄今还主要由欧美发达国家所主导，它们牢牢地掌控着国际经济交往的基本规范。在这种情势下，中国企业和商人只有首先熟悉并遵守这些既定的规范，才能有效地利用这些规则而最大限度地获取自身利益。显然，工商业人士对国际商贸规则的了解和掌握的主要途径就是大学所开设的 MBA 课程。当然，随着中国经济的进一步壮大以及中国企业竞争力的进一步增强，中国企业和商人就应该逐渐掌控国际商贸规则的制定权，只有这样，才能从根本上改变整个国际商贸的环境，在国际商贸中获得更大的收益份额。关于这一点，可以借由斗鸡博弈或跟随博弈得到清晰的说明，在如图 3-28 所示的博弈矩阵中，发达国家已经制定了规则，中国企业就只能遵守这种现有规则。

中国		发达国家	
		制定规则	跟随
	制定规则	0, 0	10, 5
	跟随	5, 10	7, 7

图 3-28　商业规则主导权博弈

事实上，国际商贸的竞争主要体现为一个分割蛋糕的过程，现代大学的 MBA 教育就是为学员提供如何在既定规则下获取更大利益分配的技巧，主要是有关如何利用现有规则以及利用自身力量制定规则以获得更多分配收益而非通过创新以创造价值的理论。但是，人类社会的发展根本上取决于蛋糕的做大而不是分割，主要以正和博弈而非零和博弈为基础。劳德代尔悖论（Lauderdale Paradox）就表明，公共财富和私人财富是不和谐的，公共财富并非个人资财的简单加总。相反，两者间往往呈现反向关系：当物品变少时，由稀少性决定的价值所构成的私人财富会增加，而由使用价值构成的公共财富则会减少。显然，现代大学的 MBA 课程教导未来管理者的恰恰是如何瓜分财富而非创造价值，而如果人人都注重财富瓜分，那么人类社会必将陷入绝境。在很大程度上，当前美国社会的收入差距不断拉大和产业发展日渐萎缩就归咎于它的教育：过分推崇不创造价值却能获得丰厚收益的管理者，从而导致高等教育出现严重偏颇，导致高技能的工程师越来越缺乏。

3. 中国大学 MBA 教育的问题

当前中国大学的 MBA 教育之所以潜含隐患，根本上就在于决策和思维课程设计的偏至。MBA 课程中灌输的主要是主流博弈思维，这体现在生产、定价、管理和组织各方面，是一种将商场竞争视为零和博弈的思维和策略。事实上，主流博弈思维关注博弈方之间的对抗性甚于协作性，并主要适用于零和博弈的情形，如军事战争、体育比赛等领域。迪克西特（A.K.Dixit）和奈尔伯夫（B.J.Nalebuff）就将博弈思维视为"关于了解对手打算如何战胜你，然后战而胜之的艺术"。但是，主流博弈思维却不适合人类的日常生活互动，因为现实生活中的绝大多互动都体现了变和博弈的特征，都存在通过合作以实现集体收益增进的可能。事实上，日常生活中的需要满足更体现在关系的融洽、行为的协调和有效的合作上，而且，大量的经验事实和行为实验也都表明，人们往往能够缓和相互之间的利益冲突，囚徒困境并不是普遍现象。那么，商场竞争果真是一种"零和博弈"吗？一个"零和博弈"的市场还会有真正的发展吗？

同时，课程设计上往往偏重新古典经济学理论，推崇经济人的行为和决策方式，充斥了"吐痰论""冰棍论""烂苹果论"等赤裸裸的经济人灌输。相反，伦理学、社会文化学之类的课程却很少开设，从而导致对人类发展更为重要的人文价值和社会责任等遭到漠视。事实上，流行的 MBA 课程都告诉学员，只要不违法的就是可行的，而根本不考虑它应有的社会责任，或者，把弗里德曼的"企业的社会责任在于赚取利润"当成圣旨而到处传播，于是，各种避法措施在 MBA 课堂上公开教授。正因如此，接受 MBA 教育的工商管理者往往很容易蜕变为不折不扣的经济人，通过他们在当今社会的商业、经济以及管理岗位中承担越来越重要的角色而把这种经济人行为传染到整个社会，以致整个国民越来越经济人化。大量的证据也显示，企业腐败的始作俑者往往是高级管理人员，官僚贪污者中高学位的比例也越来越高。正是由于受这种教育的工商管理者缺乏基本的社会责任，从而也就难以得到社会大众的信任和拥护，根本上也就缺乏领导社会前进的能力。同时，随着充满利己心的管理者逐渐充盈于工商领域，导致商业中机会主义盛行，那些讲究社会公道、崇尚合作以及固守"义中取利"的儒商就只能被逆淘汰。这样，整个社会陷入了无道德的囚徒困境：经济竞争越来越扭曲，社会秩序也越来越无序。事实上，如果没有 MBA 这种教育，大家都不把私利、机会主义和竞争当成三位一体的教条，那么商场秩序将更为有利于合作，所以，现代的 MBA 教育实在是弊大于利，是目前商场秩序混乱的重要渊薮。

其实，任何现象的产生都有供给和需求两方面的因素。在需求方面，市场经济的迅猛发展，导致企业无论在国内还是国际上都面临越来越激烈的竞争，因而企业就迫切需要有一批对公司的现代化运作机制、市场竞争规范等都比较熟悉的管理人才，需要一批对国外商业文化以及公司法规都比较熟悉的国际人才。尤其是市场经济中的锦标赛薪酬体系，导致岗位之间的收入层级不断扩大，因而越来越多的人希望通过 MBA 教育进入管理岗位。而在供给方面，则是由于随着市场经济的膨胀和商业主义的盛行，高等教育的目的被歪曲为商业的一种手段，现代大学日益"注重实效"并成为生产注重实效的知识和注重实效的人，体现在为公司提供大量训练有素、遵守纪律的专业人员。相应地，中国大学的教育就呈现出这样两大特点：一方面，实用主义和功利主义日益膨胀，学校对学生的培育也从知识水平和基本素养转向了极具个人色彩的技能和社交方面，以致高校成了技能的训练场所；另一方面，教育产业化趋势取得跨越式大发展，学费开始比录取分数线在高校的招生中占据越来越重要的地位，以致各种高收费教育项目不断排挤基础教育。显然，MBA 教育正体现了实用化和产业化两大倾向的结合，各大学都努力通过扩大 MBA 教育的供给来获取最大化的市场收益。

社区中的种族自我隔离

1. 缘起：美国社区的自我隔离

我们知道，现代美国在法律上重视种族平等，调查也表明，居住在城市里的美国人大多数都赞成种族混居的社区模式。例如，在密尔沃基、洛杉矶以及辛辛那提等地区，当白人居民被问及希望自己邻居中黑人的比例时，有超过半数的人"更愿意"这一比例达到20%或更多，有1/5的人希望白人和黑人各占一半，大多数黑人则更愿意白人和黑人各占一半。但是，现实生活中的种族隔离却依然非常普遍，几乎没有几个种族混合居住的社区。例如，在洛杉矶，超过90%的白人只和少于10%的黑人居住在一起，而70%的黑人只和少于20%的白人居住在一起。

那么，如何理解偏好与现实悖反的情形呢？谢林最早通过演化博弈对此进行了剖析：可能是各家各户选择住所的博弈均衡导致了社区的自我隔离。事实上，博弈思维不仅可以用于个体行为的分析和预测以及激励机制的设计，还可以用于预测和解释宏观社会经济现象。比如，当小贩努力向下班后匆忙回家的人兜售他的蔬菜时，每个小贩都会努力占据马路边的摊位，这样互动的总体结果就是，实际市场就会从菜场移到马路边。当每个同学都试图在课堂上做其他事情（如讲话、准备考试或者看其他更有趣的课外书）而不愿被老师发现时，他就会努力避免坐在离老师最近的位置，这样互动的总体结果就是，前面几排座位往往就会空着。

2. "逐渐没落的研讨会"

这里以谢林提出的"逐渐没落的研讨会"为例加以分析。

最初有人组织一个 25 人的学术团体，他们希望在大家有空的时候举行经常性聚会以讨论一些大家都感兴趣的问题。第一次聚会的出席率很高，达到了 3/4 甚至更高，只有少数人时间上有冲突；到第三次或第四次时，出席率就不会超过一半了；过了不久，就只有少数人参加了，乃至最后这个团体聚会也被放弃了。为此，最早加入团体的成员都对团体的失败表示遗憾，而且都认为，如果别人对研讨会给予足够的重视并经常参加的话，他们也会一直坚持参加的。那么，这个团体为何会没落下去呢？在很大程度上，就在于个体行为之间的连锁反应：不管有多少人在场，总会有两三个人感到不满意；当两三个人退出后，人数的减少又使另外两三个人感到不满意……这样就引起了连锁反应，从而导致团体的解体。

当然，也有的学术会议越办越兴旺：第一次聚会有 25 个团体会员参加，同时还吸引了另外 5 个人旁听；结果，经常参加会议的人就变成 30 个人，而这又可能吸引另外 5 个人来参加；结果，经常参加会议的人就变成 35 个人，而这又可能吸引更多的人来参加……这样的连锁反应使得会议规模不断扩大，最后不得不提高参加会议的门槛。

那么，这个团体会朝哪个方向发展呢？这就涉及临界点：在这个临界点上，人们就乐意参加，而在这个临界点下，人们则认为这个数量还不够而放弃参与。显然，在图 3-29 中，在 p 点之下，愿意参加的人数少于期望参加的人数，因而人们会陆续退出，从而导致研讨会的解体；而在 p 点之上，愿意参加的人数超过期望参加的人数，从而有更多的人不断加入研讨会中，由此产生连锁反应导致研讨会越来越兴盛；而当参加人数达到 q 点时实现均衡，因为在 q 点之上，愿意参加的人数少于期望参加的人数，从而任何偏离 q 点的参加人数都会回落到 q 点规模。

3. 种族隔离现象的博弈分析

由此，我们可以进一步分析欧美社会的种族隔离现象。无论人们喜欢何种形式的种族混居模式，但或多或少地都具有某种形式的种族主义。也就是

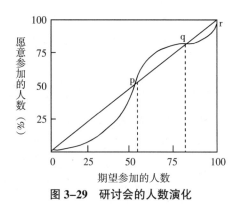

图 3-29 研讨会的人数演化

说，承受种族混居的程度存在非黑即白之外的灰色地带：无论是黑人还是白人，对于最佳的混合比例多少存在着不同的界限。例如，尽管很少有白人坚持认为社区的白人比例应达到 95%或者更高，但对只占 5%或更低的社区又会缺乏归属感。因此，当一个地方的黑人居民的比例超过一定的临界水平，这个比例很快就会上升为 100%；相反，当这一比例跌破一个临界水平，也很快会变成白社区。

我们用图 3-30 表示社区的动态发展：如果一个社区变成了完全种族隔离，即全部是白人，那么下一个迁入者也很可能是白人，即使白人的比例下降到 95%和更低，新迁入者是白人的可能性仍然很高。但是，如果白人的比例继续下降到一定水平，下一个迁入者是白人的概率会急剧下降，最后直至白人的实际比例降至 0。如果这个社区变成了全是黑人，那么下一个迁入者也很可能是黑人。在这种情况下，均衡将出现在社区种族混合比例等于新迁入住户种族混合比例的水平。显然，从图 3-30 可以看出，它一共有三个这样的均衡：全部是黑人、全部是白人和混合的某一点。

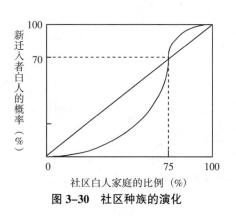

图 3-30 社区种族的演化

假设，白人和黑人混居的均衡点是 70：30，由于偶然的原因，一个黑人家庭搬走了，而进来一个白人家庭，那么这一社区的白人比例就会稍稍高于 70%，那么下一个搬进来的人是白人的概率也将高于 70%，这个新住户加大了白人比例向上移动的压力，如此类推，整个社区将变得越来越隔离，直到新住户种族比例等于社区人口种族比例。因此，虽然 70：30 是绝大多数人比较偏好的混居社区模式，但是这个种族混居比例却不是一个稳定的均衡。为了防止这个由于偶然的搬迁造成的社区种族失衡，一些社区就制定特别政策来维持种族和谐混居模式。如有的社区禁止在房屋前挂出"出售"的牌子，以免这一信息传遍整个社区，引起恐慌。推而广之，在欧美社会不仅存在基于肤色和种族的自我隔离，也存在宗教、民族和原籍的自我隔离，如中国人往往聚在一起而形成了唐人街。

4. 再论：美国为何强调个人主义

在很大程度上，正是由于美国是个移民国家（欧洲也有很多移民），每一种族、肤色乃至宗教之间存在天然的分界，并形成了大量的天然种族共同体。因此，为了防止种族共同体间的排斥和对抗，欧美尤其是美国就转向对个体主义的强调，注重对特定共同体界限要打破，而试图在健全法律的基础上实现个体间的交往信任。

相反，如果过分强调集体主义文化，那么在西方社会就会强化种族共同体的力量，造成种族共同体之间的壁垒和隔阂，也就会造成种族之间的争斗和对抗，这就如早期美国社会出现了以种族和肤色为特点的各种黑帮一样。当代著名政治学家蒂利（Charles Tilly）在《集体暴力的政治》中就强调，明显的政治暴力涉及边界的激活和加强，要求和代表某个"我们"总是表明将我们与"他们"分离开来的边界，而我们—他们边界的激活经常促进伤害性互动。也就是说，欧美社会之所以努力壮大个人主义，与其特定的社会背景有着密切关系。

不过，中国社会显然面临着另一种情形：中国社会中的民族、宗教和种族较为单一，不存在非常坚硬且自我强化的共同体，共同体的边界也不是一成不变的而是具有高度流动性，它随着对"己"的认知不同而逐渐扩展，这就如从血缘共同体扩展到亲缘共同体再到业缘共同体一样。因此，中国社会并不会也不应像欧美社会那样强调至上的个人主义。

低效却流行的夸特键盘

1. 缘起：无效的 QWERTY 键盘

QWERTY（夸特）键盘是 1873 年斯科尔斯（Scholes）设计的一种排法，但一般认为，QWERTY 键盘之所以成为标准的设计并不是因为它比其他可能的设计更为有效；相反，它的设计是为了减慢打字者的速度。事实上，由于早期的打字机总是卡住，因而 QWERTY 排法的目的就是使最常用的字母之间的距离最大化。但到了 1904 年，纽约雷明顿公司已经大规模生产这一排法的打字机，从而使这一排法成为标准。然而，今天的电子打字机和文字处理器已经不存在子键卡位问题，而且，一些新的排法已经出现。例如，德瓦克（A.Dvorak）发明的 DSK 式键盘从人类学的角度讲要比 QWERTY 键盘更合理。即使考虑到训练费用，20 世纪 40 年代美国海军的实验也表明，由于 DSK 效率高，受训后的打字员 10 天的工作就可以弥补训练费用。

但是，由于偶然的原因，QWERTY 键盘却成了现在的流行键盘，究其原因，只要绝大多数打字员被训练成 QWERTY 键盘的使用者，目前绝大部分制造者就不情愿单独生产 DSK 键盘；而当绝大多数的键盘都是 QWERTY 键盘时，绝大多数的打字员又不情愿练习使用 DSK 键盘。究其原因，使用者在对产品的使用中要付出成本，这就是学习成本。如果他要换一种产品，则原先所付出的学习成本就变成了"沉淀成本"，就失去了任何价值。作为理性的消费者或使用者就希望尽量使这种"沉淀成本"发挥作用，创造收益。因此，当雷明顿牌打字机越来越多地被放在人们的书桌上，习惯于使用这种设计的人就越多，而愿意使用其他设计的打字机的人就越少。使用 QWERTY 配置的打字员越多，想当打字员的人学会使用这种配置的打字机就越重要。这样相互强化，就使得一个偶然性的结果成为永久不变的定论。

2. 键盘竞争的演化博弈分析

在如图 3-31 所示博弈矩阵中：显然，（DSK，DSK）、（QWERTY，QWERTY）是两个纯策略的纳什均衡，而且（QWERTY，QWERTY）均衡对双方来说都是更优的选择。

制造者		打字员	
		DSK	QWERTY
	DSK	3，3	1，1
	QWERTY	1，1	2，2

图 3-31　键盘演化博弈

但是，在动态博弈中，由于策略的不确定性导致了键盘的制造和使用之间动态的相互强化的结果发生了变化，相互强化的结果使得最终锁定在（QWERTY，QWERTY）均衡。我们可以用如图 3-32 所示扩展型博弈树得到更清楚的表示。

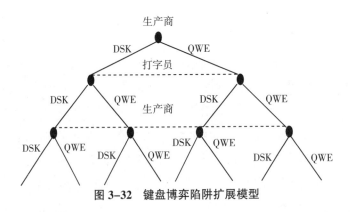

图 3-32　键盘博弈陷阱扩展模型

在上述多重纳什均衡博弈中，我们假设双方采取混合策略，对打字员而言，采取 DSK 式键盘的概率是 π_p，而采取 QWERTY 键盘的概率是（$1-\pi_p$），同样，对制造商而言，采取 DSK 键盘的概率是 π_f，而采取 QWERTY 键盘的概率是（$1-\pi_f$）。因此，在给定制造商策略的情况下：

打字员选择 DSK 式键盘的期望得益为：$3 \times \pi_f + 1 \times (1-\pi_f) = 1 + 2\pi_f$；

打字员选择 QWERTY 式键盘的期望得益为：$1 \times \pi_f + 2 \times (1-\pi_f) = 2 - \pi_f$。

显然，只要 $2 - \pi_f > 1 + 2\pi_f$，即 $\pi_f < 1/3$，打字员的最佳选择就是 QWERTY 式键盘。由于偶然的原因，雷明顿公司生产了大量的用 QWERTY 配置来制造的打字机，这样打字员就有很低的 π_f 信念，从而选择 QWERTY 式键盘。同样，在给定打字员高概率选择 QWERTY 式键盘的情况下，制造商对打字员选择 QWERTY 式键盘的信念（$1-\pi_p$）增强，从而也会选择 QWERTY 式键盘。这样，通过双方信念的相互强化，结果使得流行 QWERTY 式键盘的配置被锁定了。

另外，考虑 ｛(1/3，1/3)，(1/3，1/3)｝也是该博弈的一个混合策略均衡，而它的回报是（1/3）×（1/3）×3 +（1/3）×（2/3）×1 +（2/3）×（1/3）×1 +（2/3）×（2/3）×2 = 5/3，显然比纯策略的回报更少，因而混合策略是更差的选择。

事实上，随着机械打字机被电子打字机和电脑键盘取代，即便是现有的 QWERRTY 键盘存货也不能像以前那样阻挠改革，因为现在各键的排法只要改变一个小晶片或改写某个软件就能完全改变。但是，由于没有任何个人使用者愿意承担改变社会协定的成本，因而个人之间未经协调的决定把我们紧紧束缚在 QWERTY 之上。这可以借助图 3-33 来解释，其中，在横轴上显示使用 QWERTY 键盘的打字员的比例，纵轴则表示一个新打字员愿意学习 QWERTY 而非 DSK 的概率。如图 3-33 所示，假如有 85% 的打字员正在使用 QWERTY，那么，一个新打字员选择学习 QWERTY 的概率就有 95%，而他愿意学习 DSK 的概率只有 5%；相反，假如 QWERTY 的市场份额低于 70%，那

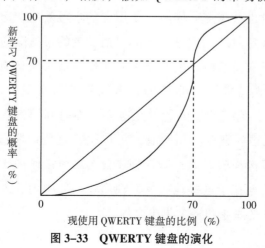

图 3-33　QWERTY 键盘的演化

么，大部分新打字员就会选择 DSK，而不是 QWERTY。

3. 现代社会中的竞争方式

与键盘相似，IE 浏览器是使用得最广泛的浏览器，但它并不是最完美的浏览器，而是有许多缺点。那么，为什么仍然有大量用户使用它？IE 浏览器是微软公司开发的浏览器，与同公司的 Windows 系统捆绑，用户安装 Windows 系统则默认安装 IE 浏览器，而 Windows 系统则是大多数人使用的操作系统。由于初始使用 IE 浏览器的人数众多，有些网站就默认只有 IE 内核的浏览器才能进入。在此情形下，即便有用户有机会且有意愿使用其他浏览器（如 Firfox、Opera、Chrome 等），但也仍会选择 IE 浏览器或至少在使用其他浏览器的同时保留 IE 浏览器。因此，人们选择 IE 浏览器的可能性更大了，IE 浏览器仍然拥有大多数的用户。

显然，这些例子揭示了目前新经济领域正在崛起的收益递增规律，当代现实生活中最明显的表现就在电脑软件业上。斯坦福大学经济学教授阿瑟（W.B.Arthur）说，在高科技社会中，即使只有两个或三个可以推翻收益递减而获取收益递增的特征，都意味着领先的优势越大，进一步领先的优势也就越大，这就是"积极的反馈"；相反，一旦丧失了优势就会导致进一步的优势丧失，如苹果公司、IBM 公司等都是明证。

这些公司之所以具有收益递增的现象，就在于这些产品之间具有强互补性，从而使得使用的价值具有递增趋势，这就是网络效应，网络的范围越大，我们需要加入网络的可能性就越大。就如饭店里的酒与菜，酒香给人的效用越大，菜的需求量也就越多。同时，使用者的学习效应，对一件产品使用得越多，使用它也就越便捷，这也是产品对消费者的束缚效应。因此，微软公司可以斥巨资开发视窗软件，但几乎没有花什么钱来生产更多的拷贝。而实际上，微软公司放到货架上的拷贝越多，它的销售量就越大，这样使用 Windows 的人越多，为其开发的软件就越多，而可利用的软件越多，购买和使用 Windows 的人也就越多。相似地，新 IT 公司之所以愿意落户在硅谷，就在于硅谷是网络资源集中之地；影视创作公司之所以倾向于在好莱坞或加利福尼亚南部安家，就在于这些地区是影视产业的集中地；人们之所以涌向城市，也就在于城市是商业和资金集中之地。

并不合理的七天星期制

1. 缘起：一周为何是七天

几乎在世界所有的地方和民族，时间都被划分为星期。当然，尽管星期的周期通常包括五天或六天的工作日以及和两天或一天的休息日，但这种制度界定往往是随意的，因为其中并没有任何自然的事件，比如月球的自转，与星期相对应。事实上，历史上的不同社会曾存在过不是七天的星期制度，例如，在秘鲁，印卡斯人建立了十天的星期制度，而在古墨西哥，一个星期有五天。当然，目前流行的星期制是七天，那么，这种星期制度是如何形成的呢？要解释这一问题，首先要明白星期的功能。

2. 星期制的形成分析

在早期的农业社会，农民们只能通过固定的集市才能交换到他们所需要的作物，并且能够卖掉自己的作物。假设这个集市在远离各个乡村的城市，那么，农民每次将自己的作物带到集市需要花费一定的交通成本。同时，由于农作物往往是易变质的，带到集市的产品必须被卖掉，否则会损坏。因此，农民就必须选择去集市的时间，如果那天所有的农民都去集市，那么商品得到有效配置的可能就越高，从而收益也就越大。这样，经过反复的超博弈，市场就会形成一定的时间长度，这就是星期。星期制度是一个协调均衡，因为没有行为人愿意选择偏离它，如图 3-34 所示的博弈矩阵。

		农民1		
		隔5天	隔7天	隔9天
农民2	隔5天	6, 5	3, 4	2, 3
	隔7天	5, 5	8, 10	0, 0
	隔9天	3, 2	0, 0	14, 11

图 3-34　星期博弈

显然，这种时间长度往往是偶然形成的，这受人们开始聚集在集市相互见面的巧合所影响。因此，在一个给定的社会里最终演化而来的星期的长度可能不是帕累托最优的。事实上，在如图 3-34 所示博弈矩阵中，尽管五天和七天长度的星期劣于九天的星期，但仍可能被演化成为一个均衡的方式。正如瓦萨夫斯基（Varsavsky）在其《为什么一周有七天》一书中指出的，今天已经成为事实的七天星期制度并不是一个有效率的星期的长度，而一个九天的连续工作周更加好，因为它比习惯上的星期制度更好地适应了今天生活中的技术上的一些实际情况。究其原因在于，一旦由于巧合而形成了七天的星期长度，那么这种制度也就会一致延续下去；这可以运用演化博弈进行分析，实际上也是一个多数与少数的博弈。

为分析星期的形成，我们来看如图 3-35 所示的简化的标准博弈模型：假设传统流行的星期制度是七天，其中有少量变异者采取九天的星期制度，并且，这些变异者种群所占的比例是 ε。由于 ε 是一个很小的数，因而我们可以近似地将变异者占剩余种群的比例视为它占整个种群的比例 ε，那么：

		固守传统的多数农夫	
偏离传统的少数农夫		隔7天	隔9天
	隔7天	6, 6	2, 5
	隔9天	3, 4	9, 9

图 3-35　简化的星期博弈

采取七天制的多数农夫的期望收益为：$6 \times (1-\varepsilon) + 4 \times \varepsilon = 6 - 2\varepsilon$；

采取九天制的少数农夫的期望收益为：$3 \times (1-\varepsilon) + 9 \times \varepsilon = 3 + 6\varepsilon$。

显然，只有当 $6 - 2\varepsilon < 3 + 6\varepsilon$，即 $3/8 < \varepsilon$ 的时候，少数变异农夫的收益才可能更大，星期制度才可以得到革新。事实上，七天制的星期是西方的习惯，但在与世界其他地区的交易过程中，由于它成为交易的多数，因而它们的习惯成为世界性的惯例。当然，随着社会的发展，交通信息的便利以及产品性

质的变化，人们也不再依赖一个固定的集市进行交易，在这种情况下，星期制度也很有可能会得到改变。事实上，目前人们的作息日也日趋多元化了。

3. 中国古代的作息制演变

经济学往往试图通过成本—收益的理性分析来对社会事物加以解释，但实际上，它更可能是其他历史事件造成的，这种历史事件并非是出于经济上的考虑。

例如，在漫长的历史演化中中国就没有形成一个相对固定的星期制度，而是一直在演变，直到民国时期才引入欧美体制而将一个星期定为七天。在汉代时，官员们每五天休息一天，这个假日被称为"休沐"（休息和洗头的日子），这一惯例一直延续到隋代；在汉亡后的分裂时期，在南方发生了一个变化，在南朝的梁代，每 10 天才有一次常规性假日，这后来被唐代直到元代所继承，这被称为"旬假"或"旬休"，一般是每个月的第 10 天、第 20 天和最后一天（第 29 天或第 30 天）；而到了明清以后，基本上就没有假日了。

关于中国星期制度的变迁，杨联陞认为，这首先与官方要处理的政府职责的持久增长有关，其次可能与皇帝权力的加强有关，皇帝越来越成为官员们的监工。至于星期长度的确定，杨联陞认为，因为汉代的官员循惯例住在衙门而不是家中，洗沐的假日就要让那些家住得比较近的官员们能够在短期内往返一趟。而到了南北朝之后，官员们在他们的官衙值夜成为一种制度，而平时则住在家里，因而五天便回去一次变得没有多大必要了。

为何遵守现行交通规则？

1. 缘起：并行不悖的交通规则

我们可以将交通行驶规则简单成如下两类博弈矩阵。其中，如图 3-36 所示博弈矩阵表示随机两队人马相遇时的情形，两队人只有遵守相同的交通规则时才可以获得最大效用；如图 3-37 所示博弈矩阵则表示单一个人在路上行走的情形，他只有遵守大多数人所遵守的规则才可以获得最大效用，否则不仅会给大多数人造成麻烦，也会损害自身利益，这也就是我们都知道的"逆水行舟"的道理。也就是说，无论在何种情形下，在拥挤大道上的人们只有沿着相同的边侧（左侧或右侧）行驶，才能保障道路通畅。

	左侧	右侧
左侧	5, 5	0, 0
右侧	0, 0	5, 5

图 3-36 交通规则博弈一

多数人		某个体	
		左侧	右侧
	左侧	5, 5	3, -3
	右侧	3, -3	5, 5

图 3-37 交通规则博弈二

当然，上述交通规则博弈也表明，均衡是多重的，"右侧通行"和"左侧通行"一样具有约束力，如中国大陆和香港地区就存在两种不同的规则。那么，人们究竟以哪侧为行驶规则呢？一般来说，这就主要由习惯或法规决定。

2. 规则演变的路径依赖

在绝大多数情形下，规则都是人们在长期的互动中逐渐演化而成的，而这种基于习惯的规则一旦形成，就具有了强大的自我发展生命力，从而很难改变。同时，在特定情势下，一个强大的力量冲击，也会使一种惯例被另一种惯例所取代，或者创造出一种规则，而且，凭借权力强制引入一种惯例或规则往往会产生制度本身的自我约束性，并在权力的强制力消失以后仍可能作为稳定的制度继续运作。这也就是习惯或制度的自我强化效应。杰斐逊就写道：一个人如果允许自己说一次谎，那么他在第二次和第三次说谎的时候就会发现比先前容易得多，并且最终养成说谎的习惯。

就交通规则而言，在法国大革命之前，法国及欧洲其他许多地区的马车按习俗是靠左行驶的，而行人面对行驶而来的马车是靠右的，故靠左走就与特权阶级相联系，而靠右走则被认为更为"民主"。因此，法国大革命之后，这一惯例因象征性原因就被改变了。后来，随着拿破仑军队的扩展，这种新交通规则就被移植到其占领的一些国家，并形成了自西向东的扩散：如西班牙就较早地实行向右行驶的规则，"一战"后与之接壤的葡萄牙开始实行，奥地利也自西向东地一个省一个省地转变一直持续到1938年德奥合并，同时期的匈牙利和捷克斯洛伐克也开始了被迫转变，到1967年瑞典成为欧洲大陆上最后一个靠左行驶改为靠右行驶的国家。

再如，现代铁路的轨道标准宽度轮距是4英尺8.5英寸，为什么这样呢？原因如下：罗马战车是5英尺，也就是两匹马屁股的宽度，罗马人以此为他的军队铺设了欧洲的长途老路；相应地，英国的马路轨迹就是4英尺8.5英寸，英国的载货和载客的马车被做成5英尺，其轮距标准就是4英尺8.5英寸（5英尺减去4英寸轨道宽度，再加上由于一些细小的技术原因而留出了半英寸）。同时，最先造电车的人是以前造马车的人，因而他使用了和马车制造者相同的工具和标尺，就成了电车轨道宽度；进一步地，英国的铁路又是由电车制造者设计的，他们使用了其最熟悉的宽度。这样，当英国的移民制造美国铁路时，就照旧使用了他们熟悉的英式铁轨，并逐渐成为国际通行的轮距标准。而且，由于美国火箭也必须用火车从犹他州运到发射地，因而航天飞机的火箭也一样是两匹马的宽度。当然，俄罗斯却有意选择了与众不同的轨宽，这在很大程度上是为了使入侵变得困难，或者是为了传递它们没有侵略意图的信号。同样，阎锡山 20 世纪 30 年代在山西省也采用了与众不同的轨宽，主要是为了防止蒋介石的中央军和日本的入侵。

由此可见，一个外生冲击（如法国大革命）产生了系列的动态反应，而且这种反应是持续的和自我强化的。事实上，即使那些并不是最有效的制度与习惯，也可能仅仅因为历史上曾由于采用的集团处于支配地位，而渗透到了新加入的人群之中。例如，作为国际商业用语的英语，就并不见得是最完善、最方便和最有效的语言，但由于早期英国以及随后美国的强大而得到推广，今后也可能成为长期的世界通用语言，即使在使用英语的国家衰落以后也是如此。所以，1993 年诺贝尔经济学奖得主诺思和保罗·戴维（Paul A. David）就指出，在制度变迁中存在着一种自我强化机制，使制度变迁一旦走上某一路径，它的既定方向会在以后的发展中得到强化。也即，人们一旦确定了某一选择，就会对这种选择产生依赖性。这种初始选择本身就具有发展的惯性，具有自我累积放大效应，从而不断强化自己。

3. 制度变迁的路径锁定

制度变迁往往会陷入路径锁定之中，这也是为什么原来有效的制度往往会变得无效的原因。这里以超速驾车问题为例来解释这种路径依赖困境。

如果大多数司机都超速，那么，你也就会有超速动机。原因有二：①驾驶的时候道路上车流速度一致时比较安全；②紧跟该超速车辆时被抓住的机会较小。相反，如果大多数司机遵守超速限定，超速驾驶会变得越来越危险，而且被抓住违规的机会也越来越大。用图 3–38 表示超速司机数目的动态发展：横轴表示愿意遵守限速规定的司机的百分比，A、B 分别表示每个司机估计自己守法、超速得到的好处。显然，该博弈均衡是，如果都不遵守限速，则你也不会遵守限速；若大家都遵守限速，你也会遵守限速。最后，变化趋势变成其中一个极端。因为，跟随你选择的人越多，这个选择的好处就越多。也即，一个人的选择会影响其他人：假如一个司机超速，就能提高其他人超速行驶的安全性；假如没有人超速行驶，谁也不愿意成为第一个超速行驶的人。

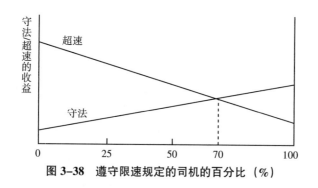

图 3-38　遵守限速规定的司机的百分比（%）

4. 反思现代经济学的解释

这里，我们还可以进一步审视现代主流经济学在经济问题解释上的荒唐性。

例如，一些经济学人基于收益—成本的静态分析而编造了交通规则"左侧通行"向"右侧通行"的演变：早先的骑士是佩刀的，靠左行驶是为了便于在与敌人相遇时快速攻击，而后来随着枪支取代了刀，于是就开始靠右行驶了，因为这样更有利于拔枪射击。问题是：这种分析如何解释目前两类交通规则依然在很多国家或地区并行呢？另一种说法是：以前驾马车去集市必须右手握鞭，而靠左行驶会伤及过路人。问题是，现在开车主要不再是去集市且不再用鞭子了，但为何就不能靠左行驶了呢？

在很大程度上，制度的形成并非是基于效率的改进，而是偶然的外生冲击或者权力的介入，现实世界中的社会制度也并非都是有效的。事实上，正是几千年前两匹马的屁股决定了今日铁轨的宽度，这往往难以为现代主流经济学所理解，却可以用路径依赖效应进行很好的解释。

"磨洋工"与 X-低效率

1. 缘起：广泛存在的"磨洋工"现象

哈佛大学教授莱宾斯坦因（Harvey Leibenstein）将除资源配置效率之外影响效益的组织效率称为 X-低效率，导致 X-低效率的主要原因是，生产者由于机会主义而产生的偷懒行为，或在职闲暇引起的实际劳动支出不足和实际劳动效率下降，其根源在于信息的不完全和不对称。为此，莱宾斯坦因提出用"劳动力利用不足"一词取代发展经济学的"隐蔽失业"一词。事实上，在此之前，科学管理之父泰罗（Frederick Taylor）很早也已经指出工厂中的两种"磨洋工"现实：①由于人厌恶工作的天性造成的本能性"磨洋工"行为；②由于缺乏有关管理的不科学的人事体制和人事关系造成的体制性"磨洋工"行为。此后，麻省理工学院教授魏茨曼（Martin Weitzman）分析了利润分享制实践中呈现出的囚徒博弈：如果每个人都更努力地工作，集体中所有成员的境况就会变得更好；但每个人都有偷懒的动机，当成员足够大时，一个人减少自己的努力，团队中任何一位成员的人均产出和报酬都不会受到很大影响。在缺乏有效的监督手段以经济机会主义盛行的情况下，其他工人往往只能通过减少自己的努力支出，从而以"以牙还牙"的方式惩罚偷懒的工人；这样，在长期的反复博弈中，最终出现一个非合作的超博弈，导致分享制的崩溃。

　　当然，在不同社会以及不同企业中，"磨洋工"现象的程度是有显著差异的。一般认为，当前中国企业的"磨洋工"现象要比西方企业严重得多，国有企业的"磨洋工"现象又要比私营企业和外资企业严重得多。为什么会出现这种差异呢？这涉及社会文化和惯例对人类行为的影响。

2. 劳动努力程度的调整

事实上，在社会互动中，人们所采取的行为往往源于内在的动机，这种动机与社会文化和习俗有关，而博弈结果根本上取决于人的内在动机和对未来的预期。例如，在一个初始状态缺乏良性竞争的社会或公司中，往往存在普遍的懒散行为，因此，一个刚踏入社会或进入公司的新人就会预期到其他人的偷懒倾向，因而一般也会采取偷懒行为，这样，演化均衡就是整个社会处于低努力水平的状态，这在发展中国家比较明显。相反，在一个初始状态具有高度竞争的社会或公司中，一个刚踏入社会或进入公司的新人往往预期到其他人的努力程度较高，从而一般也会采取较高的努力行为，这样，演化均衡就是整个社会处于高努力水平的状态，这在发达国家就较明显。

因此，在企业组织中，努力水平的决定往往不仅是个人的事，而更重要的因素是工作团队长期形成的规范。经营者的努力习惯由同类团队标准决定，企业新的经营者根据这一传统习惯来确定自己的努力程度。新的经营者会根据周围或社会业已存在的标准不断地调整自己的努力程度。20 世纪 30 年代美国管理学家梅奥（George Elton Mayo）领导的霍桑实验就发现，工人中间存在着某种与公司按编制建立的正式组织不同的非正式组织，这种非正式组织支配着工人的努力程度：对工作不得太用力气，否则就被视为"工资率破坏者"；也不得过分降低工作效率，否则就会被视为"诈骗者"。

图 3-39 反映了新的经营者调整自己努力的过程：R_0 是新经营者的初始努力水平，如果他观察到的习惯努力水平较高，他就会提高自己的努力水平，直到与习惯水平 R' 一致；如果他观察到的习惯努力水平较低，他就会降低自己的努力水平，直到与习惯水平 R_1 一致。

关于其中的机理解释如下：从动态演化博弈的角度看，假设行为是异质性的，有人偷懒也有人努力。如果大多数人都努力工作，那么个体周围恰好存在一群偷懒者的概率就小，从而相互接触也不会促生该个体的偷懒动机，同时，那些少数偷懒者的偷懒行为会受到大多数人的制约，从而会有效地约

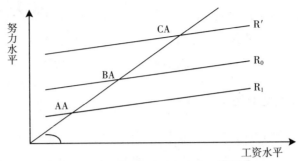

图3-39　经营者对劳动努力水平的调整

束偷懒行为的蔓延。但是，如果某人周围有50%以上的人存在偷懒倾向，那么个体周围恰好存在一群偷懒者的概率就大，相互接触就会促使该个体也跟着偷懒，同时，偷懒者的偷懒行为也就得不到有效惩罚，从而会促使偷懒行为的扩散，最终将引起整个社会的普遍偷懒行为。由此可见，人的行为主要受两大因素的影响：①周围环境的影响，与社会所存在的制约机制有关；②与他所掌握的信息状况有关，如果了解整个社会的状况，那么也许少数的偷懒行为就不会形成扩散效应。

　　显然，这种现象可以用博弈思维加以解释：在不完全信息的动态博弈中，后行动者采取的策略往往受先行动者行为和所发送信号的影响，而后行动者的行为又强化了先行动者的策略选择，这种相互强化效应就成了演化博弈理论的基础。而且，社会博弈中的信息不完备时，即使人们由于"颤抖"而发生了对遵从这种惯例的偏离，但只要偏离的程度是相当低的，那么，绝大多数人在绝大多数时间里依然会趋于遵从同一惯例，这就是所谓的"局部认同效应"。正因如此，一种惯例一旦生成，它就倾向于在一定时期长期存在，这也就是所谓的"继续均衡效应"。这意味着，习俗的演化存在着一种正反馈机制：一种惯例被人们遵从的时间越长久，遵从它的人越多，则这种惯例越稳定，能够继续生存的时间也越长，这就是所谓的"吸同状态"。

3. 再论："打埋伏"行为

　　正是基于个人理性原则，在中央计划经济体制中，企业往往还滋生出一种"打埋伏"行为，其直接目的是降低完成计划任务的风险，提高企业劳动者的货币与非货币收益。同时，基于正反馈机理，在时间序列中，"打埋伏"

行为往往还会长期化，从而存在一种打埋伏的累积效应或再生产机制：企业本期的打埋伏水平和打埋伏的能力依赖于以前各期的打埋伏水平，依赖于打埋伏历史。最后，导致一个不可逆的低效率扩展过程，存在着一种得以长期维持的"打埋伏常态"。

破窗效应与中国式现象

1. 缘起：中国式过马路

在当前中国社会，几乎每天都在上演这样的剧幕：繁华的十字路口，一些行人敏捷地在交通灯下穿过车流，更多的行人则在犹豫等待，而当等待者看到足够多的行人穿越马路时，他们也会安全地加入这一人流，这样，随着横穿马路的人越来越多，司机也只能停下来让行人通过。相反，在人流稀少的十字路口，因为等待观望的行人不多，少数冒险冲过路口的人通常会回头张望，看有没有人跟在他们后面，当过街的行人太少而不足以改变路口的交通状况时，这些冒险的行人也不得不退回到路边来。事实上，每一个信号周期，至少有四五个人闯红灯，原本大家都在耐心等红灯，但只要有一个人往路口向前靠一下，后面的人就会跟着过来，有一个人试着闯红灯过街，后面总有两三个人跟着过去。这就是近期网络上流传的"中国式过马路"现象，即"凑够一撮儿人就可以走了，和红绿灯无关"。

2. 更为广泛的中国式现象

由"中国式过马路"扩散而来，社会上就流行开了"中国式××"一词以对那些不遵守规则而"随大溜"现象的一种调侃。例如，你仿我效地翻越马路护栏被称为"中国式跨栏"，你仿我效地随地吐痰被称为"中国式吐痰"，你仿我效地将地摊从路边移到路中央被称为"中国式摆摊"，你仿我效地拥挤在学校门口接送孩子被称为"中国式接孩子"，你仿我效地在学校附近租房陪孩子一起学习被称为"中国式陪读"，你仿我效地拥上还未停稳的公交车被称为"中国式等车"，你仿我效地在节日看望领导被称为"中国式问候"，你仿我效地给医生送礼被称为"中国式看病"，你仿我效地接待各路来访人员被称为"中国式接待"，你仿我效地给各种领导送礼被称为"中国式送礼"等。事实上，在中国送礼的规模之大已经造就了一个庞大的礼品回收行业。一些礼品回收店店主就直言不讳地说，来卖高档烟酒的多是收礼的人，而来买的大多是送礼的，但这些东西到最后也没几个人真正消费，都在我们这些店之间不断地循环。

为了更好地理解这一点，这里再举"中国式帮忙插队"为例加以说明。在排队买票或候机的时候，往往有一些人"一溜烟"地直接跑到最前面，用卖萌的笑脸和十万火急的口吻恳求排在队伍第一位的人，"我的火车马上要开了，求您先帮我把票取一下吧"。然后递上自己的身份证。排在第一位的人虽不情愿，却往往会接过身份证成人之美。这样，随着一个又一个队伍最前排的人顺水推舟、成人之美，导致队伍半天不能前移。于是，队伍中有人开始伸长脖子紧密观察，有人开始小声嘀咕，有人甚至也跃跃欲试，但很少有人会站出来加以制止。之所以会这样，很大程度上就在于，帮助一个人插队对排在窗口的第一个人并没有多少损害，因而他往往会顺水推舟地提供帮助，但这样一来，排在后面的人就会遭受越来越大的损失。

"中国式××"现象充盈在当前中国社会的各个领域，是当今中国社会的普遍现象。例如，在学校的草坪上，如果看到其他人从草坪上穿过，我也会跟着穿过草坪；在车站买票时，看到别人挤上窗口，我也会马上挤过去；在课堂上，看到其他同学迟到时，我也会不顾忌迟到；在遇到红灯或者拥堵时，只要有车占用非机动车道或者对侧车道朝前挤，立马就会有更多的车辆跟过来；本来没有路的草地上，只要有人从上面走，立马就会有更多的人踩出一条路来……事实上，几乎在任何场所，只要出现了"带头大哥"，都会有大群人不顾既有规则地跟随。为什么会出现这种现象呢？就在于人们的行为往往受法不责众的"从众"心理的驱使，只要大家一起过马路，就没有车敢撞我们，交警也不能罚我们。尤其在规则意识很不强的当前中国社会，人们往往缺少独立的价值和规则判断，从而形成了"随大溜"的趋势，这些现象的出现很大程度上反映出当前社会规则的缺乏。

3. 中国式现象与破窗效应

同时，"中国式××"现象也凸显了"破窗效应"：一个房子如果窗户破了，没有人去修补，隔不久，其他窗户也会莫名其妙地被人打破；一面墙，如果出现一些涂鸦没有被清洗掉，墙上很快会布满乱七八糟、不堪入目的东西；一个很干净的地方，人们不好意思丢垃圾，但是一旦地上有垃圾出现之后，人们就会毫不犹豫地抛，丝毫不觉羞愧。斯坦福大学心理学家菲利普·辛巴杜（P.Zimbardo）1969 年进行了一项实验：他找来两辆一模一样的汽车，把其中的一辆停在加州帕洛阿尔托的中产阶级社区，而另一辆停在相对杂乱的纽约布朗克斯区，其中，停在布朗克斯的那辆车的车牌摘掉，顶篷被打开，结果当天就被偷走了，而放在帕洛阿尔托的那一辆，一个星期也无人理睬；接着，辛巴杜用锤子把那辆车的玻璃敲了个大洞，结果仅过几个小时，它就不见了。

这些现象都可归因于人的心理意识。例如，看到"第一扇破窗"时，就会引发人们这样的心理意识：窗是可以被打破的，没有惩罚。这样想着，不知不觉，我们就成了第二双手、第三双手。同样，大热天走在街上，买根雪糕吃完，半天却找不到丢包装纸的垃圾筒，此时如果看到地上是脏的，我们就会想：环境早就脏了，我扔的这点儿垃圾起不到关键性作用，但如果地上很干净，我们所丢的垃圾就显得很突出，也更可能会招来其他人异样或不满的眼光。同样，如果家里打扫得干干净净，那么前来做客的朋友就不会随便吸烟，至少也会请主人帮他找一个烟灰缸，但如果家里随处可见的尘土和纸屑，那么客人也就很少找主人要烟灰缸，而是直接把烟蒂扔到地上。

破窗效应表明，环境中的不良现象如果被放任存在，会诱使人们仿效，甚至变本加厉。例如，底特律目前之所以治安败坏，就在于失业导致人员的大量迁移，留下了大量具有破窗的房子，因而罪犯也就乐意潜伏在这样的社区。因此，即使底特律的房子只要数百美元一栋，也很少有人去买。为此，要避免今后的积重难返和法不责众显现，就必须防微杜渐，从微小的小恶开始抓起。例如，纽约的地铁曾被认为是"可以为所欲为、无法无天的场所"，针对纽约地铁犯罪率的飙升，纽约市交通警察局长布拉顿采取的措施是号召所有的交警认真推进有关"生活质量"的法律，他受"破窗效应"启发而全力打击逃票，因为调查发现每七名逃票者中，就有一名是通缉犯，每二十名逃票者中，就有一名携带凶器。抓逃票行动进行了一段时间后，地铁站的犯罪率开始下降，治安大幅好转。

道德的人和不道德的社会

1. 缘起：五十步笑百步

"中国式××"现象实际上给出一个悖论：一方面，这些现象引发的社会议论，说明大多数人痛恨这些陋习；另一方面，这些现象之所以出现，又在于大多数都在重复着这些陋习。比如，就"中国式送礼"而言，大家都知道这是一种腐败现象，是源于制度的不健全或者执行的无力，因而人人都在痛骂贪官，痛骂不正常的社会风气，痛骂漏洞百出的制度建设，但是，一些人在义愤填膺之后，转回头又忙于送礼。这在很大程度上受制于功利主义的行为态度，他们本身也是最大化利益的追逐者。他们知道，在现实生活中，办事就要送礼，尽管送礼未必一定能办成事，但不送礼肯定办不成事。因此，面对送礼这一种精神煎熬，他们就会采用实用主义态度：送礼一时煎熬，不送礼一辈子煎熬；送礼一时没面子，不送礼一辈子没面子。在某种程度上，当前那些痛骂"中国式××"的现象只不过是"五十步笑百步"。试问，有多少人从来没有采取过那些"中国式××"行为呢？同时，也正是这么一想，他们对自己的"中国式××"行为又开始变得心安理得起来。

2. 道德的人和不道德的社会

"中国式××"现象表明，人们的行为在不同情形下往往呈现出某种人格分裂。一方面，就置身事外的评论而言，个人的态度和行为往往是理智的和理性的，能够客观地看到该现象的弊端；另一方面，一旦他置身于实际情形中，其行为就会受到社会群体的影响。同时，尽管个体行为往往是理性的，但群体之间情感的相互感染会衍生出集体的非理性。社会学大师涂尔干（Emile Durkheim）就写道："个人在公共场合中，受到集体的影响，不知不觉地发生了与集体同样的感情，与他个人以往未受感染时的感情相比，可能会很不相同。……社会影响不仅可以使人做出违背性情的事，而且可以使人做出惊人之举。单独的个人，大多数都不会出大乱子，但当他加入人群中去以后，就可能会随着群众而形成暴乱。"① 在很大程度上，正是个体理性和集体理性之间存在这样的不一致性，导致了我们往往对相识的人保持较高的道德水平，而对那些陌生人则往往体现出非常冷漠乃至非道德的行为。一般公认，中国人的私德良好，却缺乏公德，因此，尽管中国人在家里热情待客，但在公共场所却往往不遵守秩序。

当然，这种行为分裂现象不仅出现在当前中国社会，而且也出现在西方社会，在古今中外都比较普遍。正是基于这种现象，作为 20 世纪西方最有影响的基督哲学家之一，尼布尔（Reinhold Niebuhr）就写了本《道德的人和不道德的社会》来刻画这一悖论问题。

尼布尔生活在人类社会发生剧变的时代，他目睹了 20 世纪初大工业化进程中出现的激烈劳资斗争和经济危机，看到了美国黑人所遭受的种族歧视以及他们为争取平等权利而进行的艰苦努力，见证了人类历史上规模最浩大的自相残杀——两次世界大战，经历了世界分裂成东方和西方两大阵营后的漫长冷战及热战。为此，尼布尔就对个体道德与群体道德进行了严格的区分，并把这两种道德的差异归因于人本性中自私和非自私的两种冲动：一方面，人的生命能量力图永久地保存自己和按照自己独特的方式实现自己，这种自私的自然冲动主要表现为生存意志、权利意志和自我维护；另一方面，人是唯一具有充分自我意识的存在物，他的理性赋予他一种超越自我去追求生命永恒性的能力，促使他在自己和他人以及社会利益之间寻求平衡和和谐。但是，人在社会群体（包括国家、民族、阶级、团体等）中却主要表现出利己的倾向，因为群体之间关系的基础是群体利益和权利；个体在处理群体问题

① 涂尔干（又译迪尔凯姆）：《社会学方法的规则》，胡伟译，华夏出版社 1999 年版，第 6 页。

时不可能为了其他群体而牺牲本群体的利益，个体的无私冲动在群体中受到了抑制，这就形成了"道德的人与不道德的社会"之间的矛盾。

在尼布尔看来，人不仅同低等动物一样具有群体生活的利己冲动，而且还有利他的善性，耶稣的伦理"对个人来说是可能的，对群体来说是不可能的"，从而强调个人道德高于群体道德。事实上，阶级、民族和国家等共同体往往都是建立在利益基础之上的，维护阶级、民族和国家利益的行为也就是一种较大范围的利己主义，在集体行动的逻辑下这种利己主义更为极端；而且，任何社会道德其本质都是特定社会群体（国家、民族、阶级等）利益的体现，是群体间不同利益协调均衡的手段，而当利益均衡被打破并且协调失败时就会诉诸强制和暴力。正因如此，在政治家慷慨激昂的宏论间，在道德家义正词严的说教中，在爱国者和民族主义者的激情里，在宗教信徒狂热追求的背后，都隐藏着利益的动机，都为利益所左右。因此，尽管西方社会往往认为，民主制度下往往会缓和侵略，但历史事实却往往相反，因为社会民主化的发展在协调成员利益，从而缓和共同体内部争斗和掠夺的同时，往往可能产生更大规范的利己主义，从而导致共同体之间出现更为剧烈的冲突。

3. 集体暴力的群体心理学分析

实际上，群体心理学的创始人、有"群体社会的马基雅维利"之称的法国社会心理学家勒庞（Gustave Le Bon）在《乌合之众》一书中指出，群体只知道简单而极端的感情，提供给他们的意见、想法和观念，他们或者全盘接受，或者一概拒绝，将其视为绝对真理或绝对谬误。因此不要试图提供给群体任何仍具有可讨论性的观念，必须以绝对的断言闯入他们的头脑。同时，勒庞认为，在观念简单化效应的作用下，用推理和讨论的方式说明问题，这样的怀疑精神不但不让群众喜欢，且可能使其生出足以致人死命的愤怒。为此，勒庞又考察了政治领袖煽动群众头脑的三种方法：断言法、重复法和传染法。勒庞认为，这些方法不需要领袖人物有多么高超的思辨能力和怀疑精神，而仅仅需要他有一个偏执和强硬的态度，在反复不断的重复之下，黑色恐怖的世界也会变得像蓝天白云一样广袤、自由、美好。在这里，勒庞强调，群体的民主权利如果没有受到恰当的宪政力量的约束，就很容易转变为其反面而成为一种暴虐的权力。例如，平时在超市购物时面对大量的商品时，人们很少有偷窃行为，但在暴乱发生之际，却有不少人砸烂商店橱窗四处劫掠。在这种情形下，个人道德就不再起作用，取而代之的是个人心理和道德的沦丧，群体意志的勃起。为此，勒庞指出，尽管群体行为的结果看上去非常恶劣，但参与其中的个人动机，却很可能与卑鄙邪恶的私欲丝毫无涉。

相应地，借助于勒庞的群体心理学，当代著名的社会政治学家蒂利（Charles Tilly）在名著《集体暴力的政治》一书中深入地剖析了这样五个常见问题：①为什么集体暴力会一拨接一拨，有高峰，也有低谷？②为什么长期相处的不同类型人群之间会在"干戈"与"玉帛"之间相互转换？③那些和平共处的两大群体之间为什么会迅速"反目为仇"？④在不同的政治制度下，为什么集体暴力的水平与形式存在很大的差异？⑤维持和平的暴力专家（警察与军队）为什么以及如何在暴力与非暴力之间相互转换角色？蒂利认为，当集体暴力发生时以及它们进行形式上的相互转换时往往存在着相似的原因，存在着一些规律性的机制，这就是身份的激活和社会群体的相互影响。事实上，当个体融入到群体中时往往失去个人意志和立场，而群体的意志则进驻到个体当中，在个体不自知的自觉状态下顺利完成从外物到内化的转变。勒庞还指出，群体中个人的特点即是"有意识人格的消失，无意识人格的得势。"因此，为了回答上述五个问题，蒂利根据集体暴力的协同性及其后果的显著性，划分了七种类型：个人攻击、争吵、机会主义、协同破坏、暴力仪式、破裂的谈判与分散攻击，同时，通过历史事件的比较，蒂利发现了十几种存在于这些过程中的机制，这些机制制造了看上去难以捉摸的集体暴力事件。

既好斗又偏激的民主社会

1. 缘起：革命中的暴行

勒庞在《乌合之众》中记述法国大革命的一个场景：在士兵和群众攻占巴士底狱后，狱长并没有得到公正的审判和对待，而是被人群捆绑并殴打折磨，人们大声疾呼着如何处置他，烧死、吊死或者别的什么。此时的人民在背负革命名义之下施行着暴行，一个因为好奇而赶来凑热闹的屠夫看着众人对狱长的羞辱和折磨，也狠狠地踢上一脚，痛打一顿，得到了人群的欢呼，他志得意满，因为他的行为被赋予了革命的崇高意义。

文明的现代人为何会有这种野蛮举动呢？在很大程度上，这反映了群体性运动的狂热特性。进一步地，群体性行动为何会呈现出这种极端特性呢？这就需要剖析社会互动的行为机理。在社会互动行为中，任何人的行为都不仅仅考虑自身的偏好，而是要揣摩相关人士的偏好，必须把自己的决策建立在预测其他局中人的反应之上，在沟通不畅的情况下，可能会出现一些极端化和非理性的行为。

2. 好斗而偏激的民主社会

流行的观点往往认为，在专制社会中，那些武人和政客为了个人的私利往往会将社会推向灾难，所谓"一将功成万骨枯"。的确，历史上的英雄人物之所以能够赢得伟大的尊号，无不是凭借战争、征服、革命和神圣的十字军而杀出一条血路来的。所以，梁启超宣称"英雄者不祥之物也"。正因如此，对于那些上了政治舞台的"英雄"，一个自由主义者的基本考虑就是：应该且能够控制他到什么程度？而其基本途径就是建立民主的监督体制，让公共决策体现更多人的意志，从而提防当政者对权力的滥用。

与此相对应，人们往往认为，民主社会中的决策体现了公众的集体意志，从而具有相对稳定性而不易为短期的触发因素所影响，相应地，民主国家的行为更为理性，更热衷于维护和平。尽管近代欧洲在某种意义上要比东方国家更为民主，但殖民和侵入正是他们发动的，而且，从更广泛的历史中，我们也可以看到：战争往往是借着民主和集体的名义发动的。

例 1 罗马从君主制转变到共和国体制后实行的就是权力制衡民主制：一是执政官，具有君主政体的性质；二是元老院，具有贵族政体的性质；三是公民大会，具有民主政体的性质。其中，执政官一般是公民大会产生的，但是，正是这种民主选举的执政官制度使得罗马变得更加好斗，领土扩展得更为迅速。正如法国启蒙思想家孟德斯鸠（Baron de Montesquieu）所说，"每个国王在他的一生里都有野心勃勃的时期，但在这之后就会纵情于其他享乐、甚至是懒散的时期了。然而共和国的领袖是年年更换的，他们总是想在他们的任职期间成就赫赫的功业以便重新当选，因此他们每时每刻都不放松表现自己的雄心，他们劝说元老院建议人民发动战争，他们每天都向人民指出新的敌人"，而且，"只有在征服了什么地方或是取得了胜利的时候，执政官才能得到凯旋的荣誉，因此他们把战争进行得极其激烈，他们作战时是一直冲向敌人"。

例 2 日耳曼人像古罗马人一样非常重视组织和纪律，在早期的日耳曼公社制度中也有民众大会以及民选王的制度，有学者把条顿（泛日耳曼）民族的政治理念视作人类现代宪政民主政制的三大渊源之一。在早期日耳曼公社中，民众大会是最高权力机关，它有权决定部落中的一切重大事务，包括立法等事项，并具有审判的功能。在日耳曼部落的民众大会开会时，所有成年男子均全副武装参加，由王来主持，但在开始时王的权力并不大，王由民众大会选出，一般出于显贵家族。随着氏族贵族和军事贵族势力的增强，在日耳曼部落中也曾出现过"贵族议事会"，有关战争、媾和、土地分配以及对外交涉等重大事务，都先由贵族议事会审议，然后再在民众大会上讨论。然而，正是这种日耳曼宪政体制促使日耳曼人对罗马发动进攻，促使了罗马帝国的解体和灭亡：日耳曼人的分支盎格鲁—撒克逊人窜犯不列颠，另一分支法兰克人则入侵高卢，其他分支如汪达尔人远征直达罗马帝国管辖下的非洲，西哥特人则冲向君士坦丁堡。

3. 美国的机会主义行为

进入现代社会之后，特别是在当前多元的世界中，西方国家所暴露出来的侵略性和功利性更为浓厚。例如，美国当代著名政治活动家诺姆·乔姆斯基（Noam Chomsky）在《失败的国家：国力的滥用和对民主的侵害》一书中就指出，美国以照亮世界其他国家的自由和民主的灯塔自居的形象从来就是一个谎言，但自伍德罗·威尔逊执政把在全世界推广民主视为美国的公开使命以来，美国的言行就完全不一致。事实上，在许多对外干预行动中，华盛顿往往支持最残酷实施暴力的一方；如美国曾推翻了伊朗、智利、危地马拉和"一长串其他国家"的民主政府，而西班牙的弗朗哥、菲律宾的马科斯、伊拉克的萨达姆却都曾被美国视为可靠的同盟者。举伊拉克为例：为了沟通对抗伊朗，华盛顿曾对萨达姆政权提供了无限的支持，不仅提供各种金钱和武器的援助帮助萨达姆消灭各种反对派，甚至能容忍诸如伊拉克空军飞机攻击美国军舰"斯达克"号并造成37名舰员丧生的事件。至于"后来萨达姆升级为'巴格达的野兽'，并不是因为他犯下了无数的罪行，而是他偏离了美国人给他画好的路线，其情形和相比之下不过是小巫的诺列加一样，诺列加的罪行大多发生在他身为美国人仆从的时期"。

当然，美国确实在一些场合也表现出尊重民主选举，也会支持海外的民主国家，但显然，这都依赖于一个基本前提：符合自身战略和经济利益。哈佛大学政治学教授亨廷顿（Samuel P. Huntington）就宣称："民主要提倡，但如果这将使伊斯兰原教旨主义者上台执政，就该另当别论；防止核扩散的说教是针对伊朗和伊拉克的，而不是针对以色列的；自由贸易是促进经济增长的灵丹妙药，但不适用于农业；人权对中国是个问题，但对沙特阿拉伯则不然；对石油拥有国科威特的入侵被大规模地粉碎，但对没有石油的波斯尼亚的入侵则不予理睬。"也就是说，美国言行不一的背后却有着"合理的一致性"：一切都是出于获取最大化的利益这一目标。相应地，美国还把自己的利益与人类的利益等同起来，认为自己有一种教化全世界的使命感，有责任把自己的制度推广到全世界。正是基于这种思维逻辑，美国往往根据自己的战略需要选择盟国，同时，它对待盟国就像对待仆人一样，用的是赤裸裸的蔑视态度。

正因如此，美国在很多问题上我行我素，与国际社会背道而驰，比如美国单方面退出阻止全球气候变暖的《京都议定书》、终止与俄罗斯签署的《反弹道导弹条约》、反对建立国际刑事法庭和不顾联合国安理会的反对悍然出兵伊拉克等。当这些行为与其所标榜的那些价值观相悖时，就用"例外"和"不得已"来为其所作所为辩护，也正是这种"例外"使美国免除了自己遵守它要求别国所遵守的规则的义务。事实上，这并不是双重标准，而是马基雅维利主义的唯一标准："人类统治者的邪恶准则……只顾自己，不顾他人。"为此，美国经济战略研究所所长克莱德·普列斯多维兹（ClydePre Stowitz）在《无赖国家：美国的单边主义与好心的失败》一书中就把美国视为最大的无赖国家：美国人虽然反对强力占领别人的领地，自己却在全世界驻军，承担着全球军事使命；美国鼓吹自由贸易，自己却补贴国内的钢铁、纺织品和农产品，甚至向国际市场倾销某些农产品，造成国际市场的混乱。

事实上，由于长期受民主法制以及基督教伦理的熏陶，西方社会的信任度更高，西方人在商业上也比东方人更讲究诚信。但是，另一个现象却不得不引起我们的反思：美国政府会讲诚信吗？布什上台为何马上就放弃了克林顿时期承诺要签署的《京都议定书》？显然，这些都体现了西方社会在集体行动中的功利主义和机会主义。

4. 民主社会中的机会主义分析

那么，为什么在民主体制下会出现这种明显的功利主义和机会主义行为呢？从公共选择和个人选择之间的差异出发，我们可以比较容易理解西方个人行为和群体行为的不一致性。一方面，对市场上的个人行为来说，个人将承担他行为所带来的成本和收益，因此，他需要维持信誉从而获得今后的合作剩余。西方的个人由于受长期市场竞争和协作的熏陶，故而常常表现出更强的诚信。但另一方面，在政治的群体行为中，任何个人并不单独承担其行为所带来的全部成本和收益，因此，就存在更强的功利主义和机会主义倾向。

对美国这样的大国而言，团体表现出了非常强大的力量，如果这个团体表现出机会主义的话，其他国家是难以约束的（至少短期内是如此），这是西方国家尤其是美国政府表现出极强的机会主义倾向的原因。

正因如此，我们往往可以发现，集体行为往往比个体行为更容易走向极端：集体行为往往表现得更为保守也更为狂热、更为迟钝也更为迅疾、更富有牺牲也更残酷无助等。例如，俄罗斯基督教哲学家别尔嘉耶夫（Nicolas Berdyaev）就指出，"在暴动、革命与反革命的游行示威、宗教运动中，常会发现群众很快地被鼓动起来，但又很快比任何革命者都趋向保守"，他把这种特征称为群众奴性，具体表现为"个体人格晦暗、匮乏个人独创性、亲近给定因素的量化力量、极易于感染的盲动能力、模仿、重复……"。实际上，集体的狂热特性不仅可以从法国大革命、纳粹屠杀犹太人、苏联的肃反运动中得到体现，同样也可以通过现代社会投票中所呈现的"理性无知"等现象而得到展示。

最后机会与五十九岁现象

1. 缘起：褚时健的悲剧

红塔集团董事长兼总裁褚时健的沉浮常常引起社会的针砭。1979 年，已到"知天命"之年的褚时健被委任到濒临破产的玉溪卷烟厂，到 20 世纪 90 年代中期，他就将玉溪卷烟厂从云南省数千家默默无闻的小烟厂之一发展成为向国家上缴利税达 1100 多亿元，规模排名亚洲第一、世界第五的烟草帝国，固定资产从几千万元发展到 70 亿元，"红塔山"卷烟品牌无形资产被评估为 332 亿元。但是，作为中国最优秀的企业家，褚时健 1990 年的月收入只有 480 多元，加上奖励总共只有 1000 多元，结果，这位"烟草大王"1996 年因私分国有财产而被控贪污和巨额财产来源不明罪，并被判处无期徒刑。1997 年褚时健被收押时对预审人员说："1995 年 7 月，新的总裁要来接任我，但没有明确谁来接替。我想，新总裁接任之后，我就得把签字权交出去了。我也辛苦了一辈子，不能就这样交签字权，我得为自己的将来想想，不能白苦。所以，我决定私分了 300 多万美元，还对身边的人说，够了！这辈子都吃不完了。"

褚时健事件反映的就是中国市场化改革以来逐渐盛行开的"五十九岁现象"：一些官员在即将离退休前夕大肆贪污受贿，国有企业厂长经理在退休前一反几十年守法努力工作的常态而大肆侵吞国有资产。之所以有此突出现象，就在于，这些岗位的领导一般都在六十岁退休，因而五十九岁就成为关键的一年。所谓"五十九岁现象"，也就是指即将离任的干部利用最后的在位机会"大捞一把"而自毁晚节的现象，其手段包括运用特权送子女出国、依靠远亲充当"白手套"明码要价、低价转让国有资产、亲属违规获取土地使用权、扶植亲信上台以给自己留"后路"等。

2. "五十九岁现象"解析

当然，"五十九岁现象"只是一种象征性的提法，现实中那些晚节不保的往往在几年前就开始疯狂敛钱了。据某省委组织部干审处对县处级以上违法乱纪人员的统计显示，50岁以上的高达76%。

之所以出现"五十九岁现象"，主要源于这样几种心态：①"有权不用，过期作废"的机会心态。对长期与权相伴的老干部而言，越是接近退休就越有一种丧权的危机感：自己好不容易才爬到今天的位置，一旦离位便什么也没有了，因此，他们就会趁最后手中还有权，抓紧时间好好享受一番或大捞一把，因为退休之后再也没有机会。②"人走茶凉，朝不保夕"的顾后心态。在位时的在职消费极大地提高了官员的消费水准和个人效用水平，但一旦离职退休就会失去这些在职消费，凭那些合法收入根本无法维持在职时的福利水平，因此，他们在离任前就要考虑如何维持离休后的物质生活，尤其是为子孙后代着想而不惜铤而走险。③"火中取栗，蒙混过关"侥幸心态。由于监督和约束体系的不健全，当前中国社会存在普遍的严重的贪污腐败现象，只要自己不是最贪的，根据法不责众原则惩罚也不会落到自己身上，为此，他们在贪污受贿时也处处小心，尽力把屁股擦干净，把人事安排好，从而降低退休后出事的概率。④"劳苦功高，理应享受"的补偿心态。这些人之所以能够取得高位往往在过去作出了较为辉煌的业绩，但自己获得的往往是一些虚名和升迁，而得到的实惠并不多，而当他们年龄快"到点"时，再勤勉廉洁也不可能晋升提拔了，因而就开始为两袖清风的清贫日子感到极为不平衡，并试图在经济上寻求一些额外的补偿。

我们这里用一个动态博弈来解释"五十九岁现象"。假设：①每个阶段的贪污金额和被抓所受惩罚都相同，为10单位；②贪污被抓还将失去自此到60岁退休的历年年薪 e，这里简单假设贴现率为1；③贪污被抓的概率随着博弈阶段的减少而下降，其理由是，任职到届时现任官能有效地处理好本期财务，而下任官则往往不溯既往。这样，越到博弈阶段的后期，贪污被抓的概率越小，被抓所受全面损失也越小，从而贪污的可能性就越大，如图3-40所示。这个动态博弈还揭示出，"五十九岁现象"的出现与网位交接时的审计密切相关，如果审计严，贪污被抓的概率就大，从而就可以大大减少"五十九岁现象"，这也可以在实际生活中得到明显反映。

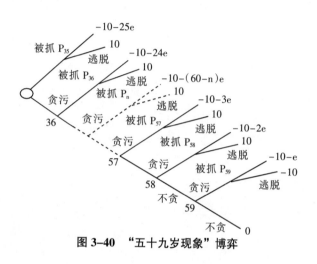

图3-40 "五十九岁现象"博弈

最后需要指出"五十九岁现象"之所以能够盛行，根本上在于权力的集中。①权力集中在少数领导身上，组织内部就出现"一言堂"，还支配权力的临退休者就可以随意采取利己的行为；②权力高度集中也使得在组织内部无法形成有效的制约，贪污腐败现象被发现和举报的概率就大大下降。在这种情况下，周边的亲人以及那些试图从中牟利的掮客也就会极力怂恿当权者利用最后的机会为自己半辈子的付出获取一些补偿，为不确定的晚年提供一些保障，从而就导致了这些大半生都在励精图治的干部们"晚节不保"。在很大程度上，补偿心态在国有企业的高管中就尤其普遍，因为民企高管的薪水成为他们能够直接比较的参照物，也更容易受到其他人的诱导。天津市特种变压器厂厂长何某在审判庭上就说，"我也曾带领全厂职工为企业扭亏为盈，不仅还清了全部贷款还为企业创收2000多万元，如今却因为贪欲将一世英明毁于一旦……"所以，全国人大代表、北京燕京集团湖南燕京啤酒老总孙菊四就直言不讳地说："国有企业老总'五十九岁现象'严重，说到根子上还就是因为责、权、利不明晰，企业经营得再红火，为之呕心沥血的老总得到的却不多，实在不是按劳取酬，到退休前当发现自己要两手空空地离去时，就难免产生腐败现象。"这在很大程度上，也反映了很多企业高管的心声，也是企业高管晚节不保的重要心理动机。

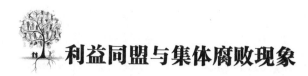

利益同盟与集体腐败现象

1. 缘起：井喷式的窝案

当前中国社会的腐败现象的一个重要特征就是群体化，腐败行为呈现出明显的群体性。其主要特征是：①涉案人员众多；②涉案人形成了具有紧密人身依附性质的关系网；③涉案人在经济上互相利用，结成了利益共同体。因此，一些腐败案败露后，往往引发所辖地区官场的"大面积塌方"，由一人出事的"单案"扩大为一揪一串的"窝案"。这里举一些引发社会广泛讨论的例子：

（1）上海社保窝案：上海市劳动和社会保障局党组书记、局长祝均一，上海市宝山区区长秦裕，上海市市委副秘书长兼办公厅主任孙路一，上海电气集团总公司董事长王成明等9人相继被立案侦查。

（2）重庆地产窝案：重庆市规划局局长蒋勇、重庆市规划局副局长梁晓琦、重庆市国土房管局副局长王斌，重庆市九龙坡区区长黄云等相继被查。

（3）茂名重大系列腐败案：涉及省管干部24人，县处级干部218人，波及党政部门105个，市辖6个县（区）的主要领导全部涉案。

（4）铁道部窝案：被调查和"双规"的高官有铁道部部长刘志军、铁道部运输局局长、副总工程师张曙光、铁道部运输局副局长兼营运部主任苏顺虎、哈大铁路客运专线总经理杜厚智、昆明铁路局局长闻清良、南昌铁路局局长邵力平、呼和浩特铁路局局长林奋强和副局长马俊飞、中铁铁龙董事长罗金宝、铁道部运输局车辆部副主任刘瑞扬及其妻铁路文联副秘书长陈谊菡。

（5）中移动腐败窝案：被调查和"双规"的高官有中国移动集团党组书记和副总经理张春江、四川移动数据部总经理和无线音乐运营中心总经理李向东、四川移动总经理李华、安徽移动董事长兼总经理和中国移动人力资源部总经理施万中、工信部总工程师苏金生、中国移动数据部副总经理马力、中国移动旗下子公司卓望信息 CEO 叶兵。

（6）中石油窝案：被调查和"双规"的高官有前任中石油董事长和现国务院国资委主任蒋洁敏、中石油天然气集团公司副总经理兼大庆油田总经理王永春、中石油天然气集团公司副总经理李华林、中石油天然气股份副总裁兼长庆油田分公司总经理冉新权、中石油天然气股份总地质师兼勘探开发研究院院长王道富、中石油昆仑天然气利用公司总经理陶玉春、中石油天然气总公司研究室原副局级研究员和现任四川省人大委员会主任郭永祥。

（7）海南东方市土地窝案：案件牵出包括原市长、原市委副书记和土地、建设、城投等部门负责人在内的 25 名干部。

（8）武大后勤窝案：武汉大学后勤保障部部长江建勤、副部长闵启武、总经理朱山河、副总经理何力、维修队长彭烈相继落马。

（9）温州菜篮子集团案：涉及温州菜篮子集团有限公司董事长兼总经理应国权、党委书记兼副董事长郭洪远以及 9 名副总经理、3 名总经理助理、人力资源和财务 2 名部门处长。

（10）广州市车管所窝案：60 万元买通官员，10 万辆次"病车"免检上路。其他在查的有一汽窝案、铁岭警界窝案等。

2. 圈子文化和现代朋党

欧阳修在《朋党论》中说，"大凡君子与君子以同道为朋，小人与小人以同利为朋"。"朋党"之说在中国古已有之，而形形色色的政治团体在官僚系统中也不是什么讳莫如深的秘密。那些功利主义的小人以同利为朋，在政治上拉帮结派，经济上相互牵连，结成了利益同盟。事实上，当前中国官场中就盛行着"圈子"文化，社会流行的一句话就是：进了班子还要进圈子，进班子不进圈子等于没进班子，进了班子不如进圈子，进了圈子不进班子等于进了班子。于是，入围的人争宠，不入围的人被剔除，这种示范效果迫使大多数官员去遵从这种游戏规则。在很大程度上，这些官僚将党内同志关系或者工作作风同事关系庸俗化为封建的"兄弟"关系，有的把正常的工作协调职责当做个人牟利的筹码。茂名市原常务副市长杨光亮就经常在公开场合宣传他的做人三件事：当官、找钱、交朋友。2013 年 10 月 10 日《人民日报》就发文指出，当前官场中互称"同志"的人越来越少；相反，裹挟着浓厚封建陋习的"老板""总管""大哥"等庸俗化称呼在某些部门或单位已渗透到党内。

之所以会形成现代朋党以及集体腐败现象，我们可以从两方面理解。①官场文化造就的利益共同体：提携亲信、任人唯亲、老乡相帮。显然，这种官场生态具有两大特点：一方面解决了寻找腐败"合伙人"的问题，降低腐败信息泄露的概率；另一方面又提高了利益共同体成员的忠诚度，降低了腐败活动从内部被告发的可能性。②集体腐败降低了腐败活动的成本：包括机会成本、实施成本以及心理成本。显然，这种集体腐败也有这样两大特点：一方面，一部分集体腐败活动是由部门出面完成而部门内部所有成员均可分享腐败活动收益，因而参与者就会抱有法不责众的心理；另一方面，利益共同体成员是处于一种"利益分享，风险分担"的状态下，这种休戚相关使得众人对腐败事实心照不宣，从而降低了东窗事发的可能性。具体的博弈解释可见第三部分中的劫匪困境。

最后，需要指出的是，在绝大多数集体腐败案中，部门"一把手"都起到关键作用，而下属则"心甘情愿地"参与"一把手"发起的腐败活动。例如，仅在 2011 年，广东省就有 106 名县处级以上党政"一把手"违纪违法被查处，占被查处县处级以上干部人数的 43.3%。在很大程度上，正是"一把手"的参与甚至是组织，下属为了政治和经济利益就不惜下水以分一杯羹，才形成最后拔出萝卜带出泥的"窝案"。之所以集体腐败往往由"一把手"主导，又在于，当前特定的体制导致对领导干部尤其是"一把手"的监督比较薄弱，从而"一把手"就比较容易组织腐败活动；相反，如果缺乏"一把手"的参与，腐败活动就会受到上级的制约，从而也就缺少了成功的必要条件。正因如此，要克服和减少集体腐败问题，关键就在于增强对"一把手"的监督，这包括下位监督上位体系的建立以及发挥社会监督的力量。

干部年轻化中的逆向选择

1. 缘起：屡被质疑的破格提拔

进入 21 世纪以来，我国突击提拔的年轻干部越来越多，干部的年龄不断被突破，以致成为社会舆论的热点话题。在网上随手搜寻一下近几年的消息就可以发现大量叹为观止的年轻官员成长历程。

2009 年 1 月 19 日，中共泰州市委组织部公布：2006 年 7 月才参加工作的 25 岁的孙靓靓任共青团泰州市委副书记。

2009 年 6 月 21 日，湖北襄樊宜城市四届人大四次会议选举的新任市长周森锋只有 29 岁，被称为“最年轻的市长”。

2009 年 6 月底，昆明市公开选拔的 60 名挂职副县级领导干部中一半是“80 后”，其中被任命为昆明市委办公厅厅务委员的为 24 岁的赵臻，被称为“最年轻副县级干部”。

2009 年 10 月，福州市委组织部公示：2008 年 7 月才从清华大学硕士毕业的 27 岁雷连鸣被公选为 36 名副处级干部之一，并排在第二名，公示后担任福州市团市委副书记。

2009 年 10 月 30 日，昆明市第十二届人大常委会第二十八次会议任命 32 岁的李茜为昆明市副市长，被称为美女副市长。

2010 年 2 月中旬，山东省新泰市（县级市）政府网站的一则《新泰市公开选拔领导干部拟任人选公示》内容显示：新提拔的 6 名副局长和 1 名法院副院长，有 6 人是"80 后"，最年轻的王然只有 23 岁。

2010 年 7 月 9 日，辽宁石油化工大学的《干部公示》：2008 年 8 月参加工作并于 2009 年 10 月加入中国共产党的 24 岁王圣淇被任命为国际教育学院副院长，被戏称为"提拔门"。

2012 年 12 月，27 岁的徐韬当选为湘潭县副县长，2013 年 3 月被曝 5 年内 7 次换岗，工作 10 个月便被提拔为副科级，工作一年半从正科级变副处级。

那么，如何看待这些干部的破格提拔现象呢？它对社会治理和有序发展又有何影响呢？其中的关键又在于，这些干部又是如何获得提拔的呢？

2. 干部年轻化政策的社会背景

儒家社会历来存在着尊老现象，儒家社会的管理者也主要是德高望重的长者，小到乡村治理大到国家管制，儒家社会的最顶端管理者似乎都是冉冉长须者。究其原因有这样几点：①年龄越大，社会性往往越强，更容易从社会角度看待和处理社会问题；②年龄越大，社会经验往往越丰富，更容易周全地处理社会矛盾；③德高望重往往需要经历长期的磨砺，从而衍生出了一种按资排辈和资格现象。显然，儒家崇尚贤人治国，圣贤是充分发挥了人之仁性并将"内圣"和"外王"结合起来的人物，而这种"德"和"能"在古代社会尤其是相对稳定的社会往往是年龄和教育的函数。

当然，随着社会发展的加速，社会关系日益复杂化，"能"在管理中的作用就日益凸显，同时，这种"能"越来越依赖于学习和教育，而年龄因素的影响则日益式微。然而，在中华人民共和国成立后的前 30 多年时间内，由于整个社会的发展在很大程度上为政治运动所左右，以致上位者的"能"越来越不能适应社会转变的需要。1980 年 8 月 18 日，邓小平在中共中央政治局扩大会议上所作的《党和国家领导制度的改革》讲话中指出：干部队伍要年轻化、知识化、专业化，并且要把对于这种干部的提拔使用制度化。干部"革命化、年轻化、知识化、专业化"四化方针在 1982 年 12 月的党十二大上被写入党章，此后，干部年轻化就作为"四化"方针之一的提出和推行而推动了干部终身制的废除。

"干部年轻化"政策主要是基于效率原则：①年轻人精力旺盛，能投入更多的时间；②年轻人思维活跃，有助于保持社会的活力和开放性；③年轻人知识现代，有助于促进管理科学和社会更新；④干部青年化也有助于激发青年的工作热情，提高工作动力。因此，在干部年轻化方针提出后的 20 多年里，社会上对干部年轻化基本上都持正面评价。

3. 干部年轻化政策下的逆向选择

然而，由于信息不对称的存在，偏重某些特定的不合理契约往往会激发出大量的逆向选择行为，使干部年轻化政策所提拔的官员往往是那些善于迎合上司和利用规则的人而不是真正为人民做事的人，这可以用不完全信息动态博弈得到说明。因此，随着市场化改革以及商业经济的发展，干部年轻化的实施中就逐渐滋生出明显的副产品，开始引起社会大众的批判。具体表现如下：

（1）为了能够在短期间内取得成效而获得提拔，这些候选人的行为选择往往会功利化，把本职工作当成升迁的一个手段和工具，这就是信息经济学中的道德风险问题。一个明显的现象是，唯 GDP 主义的盛行，一个官员到岗后就开始招商引资，而往往置社会环境、人们福利以及基本基础建设于不顾。

（2）由于短期内还无法观察到个人的"能"与"德"的指标，于是其他诸如学历、"无知下流少女"之类的标准就开始流行，相应地，一些人为了升迁而不断地强化这些指标，这就是中国历史上已有深层教训的官僚僵化现象。关于这一点，只要看看中国官员有多少是出自在职研究生或有党校学历就行了。

（3）干部年轻化还使有才干的人无法长期致力于其专业领域，而往往在某些狭隘领域取得成就后就被提拔到其他往往非其所长的管理岗位，从而出现了"比较弱势"的知识使用，这就是管理学上的彼得原理。这可以明显地从官员的跨地区、跨部门、跨行业、跨专业的调动中看出。

（4）干部年轻化还促使年轻的公务员热衷于钻营之道，将主要的时间和精力都用于关系经营上而不是业务上，平时交流的也主要是官场掌故和处世之道，这是经济学的激励原理反映的。显然，这已成为当前社会根深蒂固而见怪不怪的普遍官僚文化，以致很多时事短信就是这些公务员们编撰的。

（5）干部年轻化为一些人建立关系网提供了机会，几乎每一个官员一上任就开始通过任命来建立自己的班底，尤其是原来没有资本的青年人就成为他今后的嫡系，这就是社会学的关系资本。这一现象已经成了社会的普遍共识，形成了官场上的站队文化。

（6）干部年轻化使功利主义者得到更快的擢升，因为他们更善于且乐于迎合上级的旨意，而那些真正的天下主义者则备受忽视和排斥，这就是大量存在的"劣币驱逐良币"现象。正是对目前这种体制的失望，当今社会埋没了多少"无道则隐"的有志之士呀！

（7）干部年轻化还使裙带关系泛滥，几乎所有领导都希望提拔与自己相识的人，目前流行的"秘书党现象"也就是这种官场生态的集中体现，这也是"赢者通吃"的潜规则。比如，新泰市政府这次拟任的五位副科级有六名是"80后"，原职务多为办事员、书记员、科员等基层职务，而拟出任法院副院长或规划局、审计局、司法局、国有资产管理局的副局长，而且，这些人参加公务员考试的面试成绩都远高于笔试成绩。

（8）裙带主义和监督体系的缺乏还出现直接的子承父业的"官二代"现象，这就是政治学上的绝对权力腐败原理。例如，雷连鸣就被曝是福建南平市市委书记雷春美的儿子，并且，是 2005 年连发六篇期刊论文才得以保送清华研究生，而这六篇论文中两篇是与博士生一同发表，两篇与著名经济金融学家张亦春教授联名发表。徐韬的父亲则为湘潭市某区人大常委会原主任，其母为某区检察院副检察长。

4. 西方社会官员年轻化的依据

当然，年轻官员在哪个国家都存在。例如，2006 年美国匹兹堡市的新当选市长路克·拉文斯塔尔才 26 岁，被称为"美国大城市里年纪最小的市长"；2008 年日本内阁特命担当大臣的小渊优子只有 34 岁，是日本最年轻的内阁成员；2008 年中国香港立法会议员陈克勤只有 32 岁，为特区历史上最年轻者。

问题在于：①西方国家官员选聘程序要公开透明得多；②西方国家的官员在任上也要受到各方面的监督；③西方国家的行政权力和资源被严格地分开。而当前国内社会却缺乏西方社会那种透明的法律体制和严格的监督体系来监督官员行为，往往会激发严重的功利行为和腐败现象。

事实上，中国这些年轻官员都或多或少地会受到质疑。例如，周森锋被揭露论文造假，而在诸多质疑之下，周森锋却不愿意积极回应。再如，赵臻就是不断参与选拔考试而获得擢升的：在国内念完本科后去澳大利亚留学，

2008 年刚回国就赶上昆明公选后备干部而成为共青团昆明市委书记助理，2009 年则再次参加公选而被任命为昆明市委办公厅厅务委员，职级从正科级到了副县级，其间他又做了什么真正的事务呢？中国社会的权力与资源往往紧密结合在一起，从而就造成了更为严重的危害。

同时，西方社会中那些得到擢升的年轻官员，大多是政务官，这些政务官往往是通过选举产生的，并且具有党派属性。正因如此，政务官就具有这样两大特点：①他们往往因政党的轮替而升降起伏，而不存在一直朝上迁升的仕途；②他们所负的责任也不在技术层面，而后者则是公务员或技术官的职责。

然而，中国社会却不存在政务官和技术官的区分，从而就造成极为严重的问题：①中国社会的仕途往往只有上升而没有下迁（除非被揭发出了问题），因而一旦一个庸才占据了重要岗位就可能带来很多问题；②中国社会的"一把手"制使得被擢升的又不懂技术的官员偏偏要干涉技术问题，从而进一步加重了"霍金森病症"。

教授破格晋升中的潜规则

1. 缘起：愈益普遍的教授破格晋升

干部年轻化的危害也体现在当前的高校和学术界，上述官职迁升的八种现象也充斥在当前的高校中。每一个院长、主任上台后便开始擢升一些今后听从自己的青年人，一些年轻人则为了获得赏识而将大量时间和精力用于关系上，同时为了堵人之口而努力满足一些形式主义的学历或者论文指标。当然，学校的院长、主任所做的琐碎工作本身既不复杂却又费事，真正的学者是不愿意将时间和精力浪费于此的，因此，让那些有精力又愿干的年轻人来担任也未尝不可。问题是，在当前中国社会，权力和资源不可分离，一个学术再平庸的人，一旦获得了副主任、主任、副院长之类的职位，就开始掌握了相当大的学术资源，可以获得大量的课题和奖项，成为政府机关的红人和媒体的常客，从而又名正言顺地获得教授职称和博导资格。这样，行政职务的迁升就成为获得学术地位的捷径。

同时，干部年轻化趋势在学术界还使得教授破格晋升逐渐成了常态：当今的教授越来越年轻化，甚至出现了大量破格晋升教授。笔者周围也存在这种现象，近年来南方某经济学院每年都有教授破格晋升，甚至2010年全部三个教授指标都用于破格。为什么会如此呢？在很大程度上，中国大学的教授晋升就是一个选美博弈，具有某些特性的学人往往更容易在职称竞争中获胜。

2. 教授破格提拔的现有依据

教授职称是衡量学术阶位的最高的形式化指标，是一个学者在其学术生涯中所达到的最高境界，一般来说，往往只有作出了显著贡献之后，才可以被授予教授职称，而且，获得教授职称之后就可以有更好的条件和精力来从事进一步的学术探究。由于社会科学领域的研究往往需要更多的知识和更长期的内省，因而其成就的取得和贡献的显现也要相对滞后。正因如此，社会科学领域中教授职称的获得往往需要更长的时间。因此，尽管越来越多的学人获得了教授破格晋升，但他们果真作出了重要乃至相应的学术贡献吗？甚至有比那些按正常条件却没有获得教授职称的学人更高的学术研究吗？同时，这些人被破格擢升为教授后将更多的时间和精力用于学术研究了吗？

目前的教授擢升主要按照一些量化指标，包括文章、课题的数量和等级等，不同单位的偏好有所不同。不过，随着学术排名的竞争，各院校都很注重学术的等级，而这种所谓的学术等级则主要体现了主流的倾向。比如，现代经济学的主流取向就是数量化，于是一些注重数理形式的刊物就被纳入最高等级，在此类刊物上发表文章就容易获得教授晋升乃至破格擢升。在这种机制的激励下，那些以晋升为鹄的的年轻经济学人都会刻意地模仿这种研究取向，力图模仿出这样几篇形式主义的文章而发表，从而产生了当前经济学界的数量拜物教现象。而且，这种逆向选择和自我强化的结果就是，几乎所有反思性和思辨性的课程如经济学方法论、经济思想史、政治经济学等都不受学生欢迎，乃至被排除在现代经济学教学之外。事实上，这种激励对现代经济学的发展造成了严重危害，经济学危机说一直不断。

同时，各高校获得教授职称聘任资格的指标往往是既宽松而又具有弹性的。例如，某经济学院仅要求八篇高水平的专业论文，而且，只需要三篇是第一作者以供外审之需。这又衍生出新一轮的逆向选择：数量化文章对年轻学子来说更容易发表，同时这种文章更容易通过合作而满足数量要求。于是，为了职称升迁，很多年轻学人又热衷于相互"合作"：这篇文章我加你的名字，下篇文章你挂我的名字，结果，只要写上了三四篇文章，就满足了职称聘任的基本要求。当然，在这种宽松的条件下，就会有很多学人都满足职称聘任的基本要求。问题是，学校每年给定学院的教授名额却有限，那么，这矛盾又如何解决呢？于是，那些教授们尤其是职称聘任委员会中那几个教授们的权力就彰显出来了。

目前，大学的教授聘任权主要掌握在学院职称聘任委员会的手中，这些委员们可以按照自己的偏好在所有满足基本条件的学人中进行选择，最后按照所谓的"多数原则"确定名单。那么，职称聘任委员会的教授们又如何进行选择呢？如果具有渊博的知识素养和高度的学术理念，他们当然应该会选择那些学识渊博、成就突出而又持守学术的真正学人，中国目前的学术问题恰恰在于，这种价值主义的教授实在太少了；相反，到处充斥着知识狭隘者和功利主义者。为此，他们或者根据裙带关系投票给与自己关系密切的人，或者根据学术取向而投票给与自己学术一致的人，或者根据领导的臆想进行投票。考虑到这种情况，一些年轻学人就将很多时间和精力用于关系处理上，努力使自己成为当权者的圈中人，而那些已经占据主任、副主任、副院长之位的学人，则更有条件做好这些工作。

而且，为了更好地评估一个人的学术成就和学术影响，教授晋升也有一个时限要求。例如，一般大学规定，需任职副教授时间五年以上，除非有非常突出的学术成就。但由于"学术突出"本身就含混不清，结果这一条就形同虚设，相反它转化成了领导和官僚的变相权力。如果他们不想聘任你，那么，就以"需要突出成就"为借口；如果他们青睐你，那么就说这是投票的结果。于是，尽管充满了实质不正义，投票悖论也尽显其中，但所有这些投票结果却往往以符合程序而成了合理、合法的依据，从而不断出现教授破格晋升现象。相反，即使知识再渊博、成就再突出，只要"朝中无人"（或者没有师承关系，或者不属于同一学术共同体），就往往会被这些教授们刷选掉，那些学术上的特立独行者尤其会面临这种命运。那些职称委员会本身就是由平庸的教授组成的，他们更倾向于投票给平庸者。加尔布雷思就曾指出，平庸者往往"可以获得晋升机会，在更大的职责范围内发挥他的庸才。而且，他的升迁常常会受到同事们的欢迎，因为和一个有才华的人相比，他对于愚蠢行为的忍耐度更高"。

3. 教授破格晋升的衍生问题

事实上，学者是道统的承继者和阐释者，大学则是学者承继和维护道统的重要舞台，大学能否起到庇护学者以维护道统的作用，关键在于它是否提供了一个自由的思想和交流的环境。究其原因，道统的延续和发展有赖于学者的独立性，有赖于不受外部束缚的自由阐释权，相应地，保障大学之独立和思想之自由一直是千百年来真正的知识分子努力追求的。但不幸的是，随着政治的干预和商业的渗透，大学就日益组织化和社会化，道统逐渐为治统和利统所支配；学术也日益主流化和世俗化，越来越教条化和形式化：先是形成一种经院主义传统，接着这种经院主义被精致化和规范化，进而导向了学术的形式主义。正因如此，当前国内学术界，无论是学者的个人行为还是整个学术研究倾向，都呈现出明显的功利主义和形式主义倾向，研究越来越与现实脱节，八股的文章和无用的研究几乎成了共识。既然你搞的学术没用，我搞的学术也没用，学术只是各自获取其他目的的手段而已，那么，人们在进行学术评判时又何必执着于学术这一旨趣呢？于是，学术水平的评判标准就开始变了，不再基于公认的道统，而是基于各自的利益：如果这种学术对我有利，我就可以给它更高的评价，赋予它更大的价值。

随着市场经济和商业主义的发展，这种利益导向更为强烈。在很大程度上，市场交换和商业发展增强选择机会的同时，也助长了机会主义和实用主义。因此，道统又进一步为"利统"所代替，学术评价不再附在"道统"上，而是基于每个人自身利益的评判。正因如此，在当前的职称晋升中，除校级行政者负责政治审查外，学院学术聘任委员会里的那些教授往往根据裙带关系投票给与自己关系密切的人，或者根据学术取向而投票给与自己学术一致的人，或者根据院领导的意思进行投票，同时，那些学院领导往往更偏好与他关系密切的人，或者能够对其政绩有帮助的人。因此，正是政治和商业对大学和学术的渗透和干预，就造成了道统的中断，造成学术秩序的失范和学者行为的功利。究其原因，学者的言行和学术的评价原本就是以道统为依据的，而政治和商业却瓦解了这一根基，"皮之不存，毛将焉附"，从而就只能依附政治权威和个人的利益进行判断。正因为学者和学术已经逐渐失去了共同的价值体系和评价标准，学术的政治化和功利化也就不可避免了。

最后，需要指出，教授职称本来是为有才华的学者提供一个更好的平台和空间，但目前这种选聘机制却完全颠倒了这个初衷。事实上，由于教授聘任中指标的形式主义、过程的随意主义、偏好的主观主义、选择的裙带主义，往往导致那些功利主义者在教授聘任中拥有优势，既然这些人原本就不是热衷学术的真正理念人，当然也就不会将教授职称视为进一步提升学术的契机，而是打造成扩大社会关系的新平台。表现在：①获得教授职称之后就开始利用这个地位找学生或其他更青年的学人进行合作，而自己则越来越少地从事理论探索和文章写作，这进一步助长了论文的形式主义；②获得教授职称之后就开始寻找赚钱机会，或者搞培训班或者作横向课题，从而将教授头衔作为开拓社会资源的资本；③获得教授职称之后就试图转换跑道，或者找地方挂职或者直接公选其他行政岗位，从而将"赢者通吃"的潜规则发挥得淋漓尽致。试问：中国学术界尤其是经济学界，那些教授们还有多少真正在埋头于学术研究？

终身职制与现代学术困境

1. 终身聘任制的理论和实践

自从不完全信息的博弈理论以及相应的信息经济学发展起来之后，人们就开始利用可理性化策略进行最优机制的设计，目前国内高校正在大力模仿的、源于欧美大学的教师聘任制和教授终身制就是这一思想指导的产物。自20世纪60年代后期起，西方的高等院校中就逐渐兴起了 Publish or Perish 的做法：凡在大学任教职的，都必须在规定的时期内发表一定数量的高质量文章，否则就会被革职，或不能升职；相应地，如果满足要求，就可以续聘、升职、加薪乃至被授予终身职位。这就是高校雇佣制度中不同于企事业的终身职制：一个教师如果不存在严重的道德问题，就几乎没有什么原因可以终止他在系里的地位，即他永远不会因为无法胜任而遭解雇。那么，欧美高校为什么要实行终身聘任制？且以发表论文的数量作为标准呢？

从理论上看，这种终身职制有助于选拔一些有才华的年轻人。其实，在没有实行终身职制的年代，学校中拥有解雇权力的是在位的全体教员，但相对而言，他们的利益与系所的发展状况并不紧密；相反，那些在职的博弈方却有激励把有才华的局外人排除在外。如果在大学里对系里的全体员工进行考评，并罢免最不称职的人，那么，各个系将订立不同的雇佣制度。显然，已成立的系，其成员就不情愿雇用第一流的年轻人，因为这些年轻人比系里的人更有成效，结果，系里就有很强的激励去雇用低素质的新人，最终导致系里全是低素质者。

当然，高校也不是对所有人都实行终身职制，否则，也可能是浑水摸鱼，导致综合素质不高。因此，一般来说，就需要一个筛选机制，而这基本上都是通过科研来考核的，因为一流学术刊物上发表论文需要某些技巧。显然，只有才能高者才能花较少的时间准备一份适合高质量刊物的论文；如果考核不及格，教师就必须离开学校，即使他提出以扣除大笔工资为条件也是如此；而一旦考核合格，就被授予终身教职。因此，从其实施目的来说，这符合激励理论的基本思路。

于是，现代高校中终身职制所依赖的评价标准就具有这样的特点：抛弃面对面的直接评价，而选择更为迂回的间接评价，本来通过学者之间交流就可以直觉认识的学术水平，现在就非要转化成某些数量的东西。在很大程度上，这种定量化的评价体制在形式上远多于实质内容：一个人无论知识如何渊博、思想如何深邃、观点如何新颖，只要没有在主流刊物上发表一定数量的文章，就无法取得教授职称；相反，一个人无论知识怎样浅薄、思想怎样呆滞、观点怎样陈腐，只要他通过各种手段在主流刊物上发表了一定数量的文章，就一定可以获得教授职称。

2. 终身聘任制引发的学术困境

终身职制的施行给学者的研究和学术的发展带来了极其严重的不良影响，主要效应表现为：学人行为的道德风险和逆向选择、学术发展的专业化和功利化、论文写作的形式化和庸俗化。

第一，学人行为的道德风险效应。这主要表现在学人会选择有利于早出成果和容易发表的研究内容和研究方式，具体表现为：研究领域集中于应用研究、研究方式偏好数量工具、研究形式采取合作方式。首先，理论研究需要非常高的抽象思维和非常广的知识积累，理论创新尤其需要坐"冷板凳"的精神，这与终身职制的激励取向是背道而驰的。相反，应用性研究往往只是掌握了教材上的理论后，找些经验材料加以验证和解释就行了，这不仅简单得多，而且更容易引起世人的兴趣，杂志也更偏好此类"现实"文章。其次，由于思想的创新往往需要长期的学习和内省、需要对各种知识流派的比较和契合，因而那些还无法形成思想洞见的学人希望更早地发表文章，就不得不采用复杂数学符号加以装扮，掩盖文章内在的空洞思想。最后，终身职制对文章发表的数量有一定要求，那么通过相互挂名式的合作就容易满足这种数量要求，而且论文的合作还往往将写作能手、数据处理能手、交际能手等结合起来，"三个臭皮匠"合起来所取得的学术"成就"竟然远比一个"诸葛亮"大得多。显然，正是受到当前这种终身职制的激励，20世纪70年代以来，越来越多的经济学人开始热衷于所谓的"应用研究"，热衷于数理建模和计量实证，而且绝大多数文章都署着多人名字，甚至往往是分属不同单位的几个学者"合作"的产物。

以前学术研究往往源于具有相同学术背景的学者之间长期的交流、探讨和争鸣，即使如此，论文写成后主要还是某个人的署名，其他人的观点只是出现在引文中和致谢中，而现代论文的合作者往往相距千里、平时根本没有多少时间会在一起探讨，而且越来越多的"合作"发生在学科和语言都很不相同的作者之间。显然，正是在这种终身职制的激励下，西方学者为了获得职位晋升而不得不努力寻求与其他国家的学者进行合作这种合作文章更容易蒙骗那些编辑和审稿"专家"而得以发表。这里存在一个明显的悖论：如果研究自己更为熟悉的本国问题或者理论性问题，那么其存在的问题往往也就容易为编辑或其他匿名评审者识别，以致这样的文章反而难以发表，相反，如果研究自己很不熟悉的他国问题，由于有对方合作者提供显得比较可信的数据，尽管其合作者所提供的数据也可能存在严重的缺陷，但由于它显得来源有据且形式漂亮，反而更容易通过编辑或其他匿名者的评审，这样的文章往往更容易发表。

第二，学人行为的逆向选择效应。这主要表现为那些把学术当作敲门砖而在政、商、学各界游刃有余的功利之人更乐意并擅长通过各种途径满足这种要求，从而逐渐占据了学术的主要职位并进一步垄断相关资源，从而产生了"劣币驱逐良币"的现象。究其原因，终身职制要求教师在短时间内证明自己的科研才能，那些刚进入高校的而没有终身雇佣合约的青年助理教授，没有几篇文章在名学刊发表，即使博士后任职六年多也会遭解雇。要知道，在西方高校，获得博士学位的时间变得越来越长：从原先的五六年延长为七八年，有的甚至要十年，而且，在进入高校获得正式工作之前往往还需要三年的博士后研究工作，此后的几年又要结婚、生子。在这种情况下，那些前路茫茫的后起之秀就只有模仿杂志上的"主流"文章（包括形式和内容）以求尽快发表文章，而根本顾不上文章的质量如何，是否有真正的思想创建等。这种以论文数量为根据的晋升体制特别有利于两类人：①有利于那些从事数学建模的人，因为这种分析相对不需要更广的知识，而是可以把研究的范围集中；②有利于那些在把学术视为敲门砖的人，因为他们更擅长那些形式和规范，而不关心是否有真正的价值。相反，对那些追求学问的真正知识分子而言，这种体制往往成为他们取得成就和认可的障碍；究其原因，学术理念使得他们往往痛心于写一些毫无意义的官样文章，而且，真正的学术洞见往往源自对前人文献的批判式梳理。

第三，学术发展的过度专业化。这主要是指学术日益分立，本身属于一个整体的社会科学各分支之间日渐分裂，甚至在同一学科之内也进一步细分，同时，每个人都局限于非常狭隘的特定领域做细枝末节的"研究"，这就如同用放大镜来探索大象的纹理而试图了解大象究竟是什么。其原因主要有二：①终身职制的职称审定主要以专业刊物上所发表的文章数为衡量标准，这就迫使学人放弃非"专业"的爱好，否则就成为当今学界的"玩物丧志"；②尽管社会现象是整体的，因而需要进行知识的契合，但这种知识是一般青年学子所不具备的，因而他们也会主动选择专业化的道路。就前者而言，曾为经济学发展做出重要贡献的韦伯、帕累托、凡勃伦、康芒斯、加尔布雷思、熊彼特、米塞斯、哈耶克、奈特以及诺思、奥尔森等甚至在当前中国经济学界也难以被评为经济系教授，因为他们的文章很少能够符合《经济研究》之类刊物对形式规范和量化实证的要求。就后者而言，正如美国著名社会学家科塞（Lewis Coser）指出的，这种"规则要求知识训练，要求服从固定的学术标准，注重资深者的贡献，尤其是要尊重各种专业领域的界限。那些企图创造一个新起点的人，可能被认为是'靠不住'的'外人'而不予信任。这种强调使有潜力的通才失去了勇气，年轻学者很容易感到，从事狭隘问题的研究要比从事大范围问题的研究更稳妥"。事实上，在这种激励机制下，那些打算在高校就业的博士生在选择博士论文选题时，就开始考虑选题是否有利于在主流专业刊物上发表，是否可以拆成几篇标准的经济学论文、是否有助于参加专业会议等。这些都导致现代学人的知识越往上就越狭窄，但这种对社会认知已经完全"只见树木不见森林"的学人竟然深受圈内人的好评。

第四，学术发展的过度功利化。这主要是指大多数青年学子只是为发表论文而读书和写作，而且刻意选择那些容易被人认可的研究领域和研究方式，或者容易带来收益的应用政策研究。究其原因，新思想和新理论的出现要综合各方面的知识，需要经历长期的知识积累和沉淀，这可以从历史上众多的思想大师身上得到鲜明的体现，但是，终身职制并不利于知识的沉淀，也不允许青年学子像斯密、穆勒、康德那样对学术进行毫无节制的反思，那样心安理得地"徜徉"于社会科学各分支以及各流派之间。事实上，由于这种学术制度为那些已经获取终身职位的教师们提供了一个相对宽松的生活条件，因而绝大多数教师都仅仅把发表论文视为一个可以换取安定生活的手段，而不在乎自己是否取得真正的认知，更不在于为现实提供真正的决策参考。一个明显的例子是，除了少数对学术情有独钟的学者之外，绝大多数教师在取得终身职位之后，就开始将大部分时间用于学问之外，比如旅游、娱乐等。经济学方法论专家科兰德（David Colander）写道，"许多我曾与之交谈过的学院派经济学家同意，大部分所谓的应用政策工作实际上只是终身职位的一张入场券。那些相信这种说法但正在从事合意的应用政策工作的研究者，无论如何都会用每个人都在这样做这种借口，为他们正在做的事情进行辩护。如果他们不这样做，他们将不会得到终身职位并且将会失业。他们是正确的。不成文的方法论原则认为：如果一本杂志愿意接受这篇文章，那么它就是一篇值得写的文章"。

第五，论文写作的形式化和庸俗化。论文写作的形式化主要是指"研究"论文逐渐形成了一种"规范"套路，而庸俗化则指论文越来越没有实质内容、缺乏思想，从而也根本无法解决现实问题。显然，这种形式化和庸俗化的取向在现代经济学论文中表现得非常明显，科兰德指出，"应用经济学的杂志随处都有——并且每天都在增加，但是这些杂志上的许多文章只是教学练习。这些文章采用一般的最大化模型；有时通过简单地定义一些术语，略微将模型修改一下；而展现在这个特殊案例中，修改过的一般最大化模型看起来是怎样的形式"。而且，在知识分工乃至分立的现代社会中，标准的经济学论文基本上都是基于一定分解的研究思路，从而不能全面地认识这个社会系统，因而那些所谓的应用性"政策研究"的实际应用价值往往非常有限。正如科兰德所说："这样的文章对于真实世界的政策只给出一点或几乎没有给出任何指导，因为它们没有回答那些与政策相关的问题。假设合理吗？模型实现的目标和研究者选择的规范性目标一致吗？提出的政策建议在行政上具有可行性吗？"这可以从两方面进行说明：①这种数理文章往往是在高度抽象的条件下展开的，是个"象牙塔"的产物；②政策的应用本身不在于逻辑推理而在于对各种理论进行选择，而如何选择则在于对现实情形的认知，因而运用政策性研究的关键在于对现实作详尽的分析和描述。正因如此，一些批判家指出："主张经济学模型的科学性与在经济模型基础上的预测和政策建议的性质完全是两码事。由于居高不下的失业率或者不可预测的交换率，难道不应该使得经济学家更谦虚一点吗？"

第六，学术发展的路径依赖和锁定。在终身职制的激励下，上述各种效应还存在着相互影响和强化，从而产生自反馈和自强化效应。比如，逆向选择效应使得那些功利而热衷数理的学人更容易获得晋升，这些热衷于数量建模和计量实证的人又更乐于采取合作方式，而且这方面的合作更容易避免语言障碍，因此，国际上的这种合作在技术化和数量化研究方面往往显得更为普遍，从某种意义上讲，论文合作倾向与经济学的数量化发展又是相互促进的。同时，由于这些人更容易专业化，更容易满足当前这种终身职制的评价标准，从而使得欧美学术的主流化趋势日益强化，学术界中的功利主义倾向日益盛行。究其原因，绝大多数教师首先是考虑饭碗问题，而其为评职称的初期研究投入又进一步决定了他以后的研究路线和研究领域。事实上，那些原先已经在数理建模上投入了时间和精力的学人，一般不愿意把这些数理训练的投入视为不会产生任何收益的沉淀成本，还会继续从事原先进行过的数理研究，沿用以前的研究方式，而且，数理建模和计量实证是更容易被重复使用的研究方式，一旦掌握了这方面的基本知识，今后也就比较容易写出相关的文章。而且，在美国一些被认可的学术杂志通常都被那些领导主流潮流的常青藤院校所控制，同时又进一步被领导经济学主流化的那些泰斗们所支配，出自这些学校或出自这些泰斗门下的博士更容易在这些熟门熟路的杂志上发表文章，更容易在高校中找到工作，更能尽可能早地获得终身职位，这又强化了主流化的研究。

人为加剧的经济大危机

1. 缘起：松下幸之助的胜利信念

松下幸之助在《秘密是分享》一文中写道："我们将会赢而你们会输，你们对此无能为力，因为你们的失败是一个内在的疾病。你们的公司建立在泰勒原理之上，更糟的是，你们的头脑也泰勒主义化了。你们强烈地相信，正确的管理意味着管理者在一方而工人在另一方，一方的人只是在思考，而另一方的人只能工作。对你们来说，正确的管理是一门将管理者之思想顺畅地转移到工人之手的艺术……而我们意识到……一个公司只有不断地接受所有员工的思想才能够生存……是的，我们将会赢而你们会输，因为你们不能够清除掉你们脑袋里的僵化的泰勒主义，而我们从来就没有。"

这是一篇针对现代西方企业的挑战宣言，它体现了不同管理理念对企业发展以及员工行为的不同影响。不同的企业文化社会关系产生不同的行为信念和预期，从而产生完全不同的博弈结果。在很大程度上，泰勒主义的管理方式，导致了西方企业中管理者和生产者之间的矛盾冲突，导致了企业关系的不和谐，甚至人为加剧了经济危机。本文就此作一剖析。

2. 欧美企业如何人为加剧危机

一般认为，经济萧条主要是源于有效需求的低迷，经济危机则是因为消费能力的骤然下降，而消费能力骤然下降又与大量失业有关。因此，经济危机的重要表现就是严重的失业，严重的失业导致有效需求急剧下降，有效需求的急剧下降又导致商品的严重滞销，这反过来又进一步加剧失业。在经济危机爆发之前，社会失业只是较为严重，但爆发后为何突然呈现出巨大下降呢？很大程度上，这是各企业人为的结果。

事实上，要扭转经济危机爆发之前的经济萧条，可以通过分摊工作、降低工资等方式加以解决。一般地，通过工作分摊，可以在很大程度上维系工人的消费能力，防止突然的大幅度下降；同时，通过将工资降到一定程度，就有助于岗位的维持并会增加就业人数，从而有可能消除非自愿失业。正因如此，这些措施有助于缓和经济危机。但在现实世界中，每当经济不景气时，企业（尤其是欧美大企业）往往首先是通过解雇工人和制造失业的方式来应对，从而会导致需求的急剧下降，并引发一连串的多米诺骨牌效应。

例如，韦尔奇在 1981 年接手通用电气公司（GE）时，为了使企业更具有竞争力就主要采取了两个步骤：①改革企业管理的组织结构，将原来 8 个层次减到 4 个层次甚至 3 个层次以构建扁平化结构；②采取铁腕手段裁减员工和压缩规模：出售了 110 亿美元的 GE 资产，并解雇了 17 万名员工，从而得了"中子弹杰克"的绰号。正因如此，尽管由于韦尔奇在任期内使通用电气的股票上涨了 400 倍，以致通用电气的股东们"爱死了"他；但是，通用电气的工会"很不喜欢"他，很多员工至今不肯对韦尔奇释怀。特别是这种管理方式还对通用的未来发展造成了难以消除的影响：当通用公司遇到危机时，工会和员工都不愿意进行合作以共渡难关，而是不断以罢工等方式应对公司的降薪计划。

那么，企业为何选择解雇和制造失业而非分摊工作和降低工资的方式来应对开工不足呢？这在于每个人基于个人利益所产生的逆向选择行为。正是基于这一思路，2001 年的诺贝尔经济学奖得主斯蒂格利茨（Joseph E. Stiglitz）等就提出了效率工资理论。

效率工资理论认为，实际工资的高低会影响工人的生产效率，而工人的生产效率又会影响企业的利润，因而，工资的高低就起到生产效率的筛选作用。要提高企业的生产效率，有两个途径，一是挑选高质量的工人，二是激励工人的工作。因此，支付高于市场出清的效率工资就有这样几个原因：①一个人的工作能力越强，他要求的最低工资也越高，因此，如果支付较低的工资，则只会吸引能力较低的生产者。②在低工资下，个人的机会主义非常强，因为此时他偷懒被发现而导致的机会成本丧失很小，他可以在同样工资下轻松地找到另一家单位，而高工资则使他的损失增大。③如果整个社会都用高工资来防止工人的这种"打埋伏"行为的话，虽然某个企业不能凭高于平均水平的工资本身来防止这种行为，但由于整个社会的实际工资超过均衡水平的工资，造成失业，而失业则提高了所有工人的机会成本。④在经济不景气时，一个企业降低工资时，最先离开的将是最优秀的工人，这意味着，企业工资的降低将导致整个企业工人的质量下降，因而企业一般不愿轻易降低工资。

如图 3-41 所示，如果只有企业 A 降低工资应对经济危机，那么，它将失去高能力的雇员；相互作用的结果，就形成（解雇员工，解雇员工）均衡。因此，企业争相采取解雇工人而非降低工资的方式来应对经济危机，也是基于个体利益最大化的博弈结果，体现了一种囚徒困境。显然，要解决这一问题，关键是要存在某种机制（文化习俗、非正式协定等）促使所有企业都以降低工资而非解雇员工的方式来应对危机。

企业 A		其他企业	
		降低工资	解雇员工
	降低工资	0, 0	-10, 5
	解雇员工	5, -10	-5, -5

图 3-41 "经济危机"博弈

3. 日本企业应对危机的行为

与欧美企业不同，日本企业更关心工人的利益，在面临危机或困境时很少解雇工人，而是尽可能保持高的就业率。在出现真正的"雇佣过剩"时，日本企业主要采取先后顺序的三个步骤：①"时间调整"，即限制加班、临时停工、增加休息日等劳动时间的调整。②"人员调整"，一是与外部劳动市场接触上，实行不补充欠员、削减录用专职人员的办法；二是终止或削减企业内非正式从业人员即临时工、计时工的续约。③"内部劳动市场的调整"，即将人员从过剩部门向人员不足或过剩程度不十分明显的部门派遣、借调、永久性的转职。例如，日本企业家稻盛和夫在其 42 年的经商生涯中缔造了两个世界 500 强公司：27 岁创办京都陶瓷株式会社（现名"京瓷"），52 岁创办第二电电株式会（现名"KDDI"是日本第二大通讯公司），并创造了京瓷 40 余年从未亏损的奇迹，带领企业冲破了两次石油危机、日元升值危机和日本泡沫经济危机。稻盛和夫是如何带领企业渡过危机的呢？稻盛和夫认为，经营者要以身作则，这样才能够要求自己的部下和自己采取同样的行动，为此，他主动减薪 30%，而底层的系长管理职位则减薪 7%。

  正是这种不同的管理理念使得美、日企业经历危机的后果也不同，我们可以通过比较 2010 年丰田汽车因召回事件而面临巨大危机时的工会行为与 2009 年美国通用、福特等汽车公司在遇到经济危机时的工会行为而略见一斑。在 2009 年的经济危机中，美国通用、福特等公司的工会宁愿公司破产、倒闭也不愿意降低工资，掀起了一起又一起的罢工浪潮。究其原因，这些工人平时感受不到管理层的善意，自己之所以能够获得工资仅仅是因为为公司创造了利润，而一旦利润下滑，这些管理者随时准备牺牲工人的利益。而在 2010 年的召回事件中，丰田汽车公司的工会宣布取消原定的工资谈判年度集会，理由是："丰田公司对顾客和经销商已造成了不少麻烦。身为公司的一分子，在面对如此的情况时举行集会并要求加薪的行为是不合适的。"